“十三五”国家重点研发计划项目
(2019YFD0901200；2018YFD0900800)

中国沿海鱼类 第3卷

Fishes of Coastal China Seas (Volume Ⅲ)

庄 平　张 涛　赵 峰　等　著

中国农业出版社
北　京

图书在版编目（CIP）数据

中国沿海鱼类．第3卷／庄平等著．— 北京 ：中国农业出版社，2021.12
ISBN 978-7-109-28862-1

Ⅰ．①中… Ⅱ．①庄… Ⅲ．①海产鱼类－研究－中国
Ⅳ．① Q959.4

中国版本图书馆 CIP 数据核字 (2021) 第 211934 号

中国农业出版社出版
地址：北京市朝阳区麦子店街18号楼
邮编：100125
责任编辑：杨晓改 郑 珂 文字编辑：蔺雅婷
版式设计：艺天传媒 责任校对：周丽芳
印刷：北京华联印刷有限公司
版次：2021年12月第1版
印次：2021年12月北京第1次印刷
发行：新华书店北京发行所
开本：787mm × 1092mm 1/12
印张：$28\frac{2}{3}$
字数：700千字
定价：280.00元

内容简介

本书为《中国沿海鱼类》系列著作第3卷。作者在对东海南部和南海等海域进行的科学考察中，共采集并鉴定了鱼类150种，隶属3纲、13目、51科、119属。每种鱼均有原创的原色照片和手绘模式图，详细介绍了其主要形态特征、生物学特性、地理分布和资源现状等内容。书末附有每种鱼的形态检索图，便于读者快速查找和区分。本书图文并茂，通俗易懂，可以作为大专院校和科研机构的参考用书，也可以作为渔业渔政管理人员的工具书，还可作为广大民众的科普读物。

本书著者名单

著　者　庄　平　张　涛　赵　峰　杨　刚　刘鉴毅
冯广朋　章龙珍　黄晓荣　王　妤　宋　超
张婷婷　高　宇　王思凯　耿　智　梁前才

绘　图　庄立早

前　言

海洋鱼类是全球海洋生态系统的重要组成部分，全球已有记载的鱼类超过 3.2 万种，其中海洋鱼类约为 1.9 万种。中国海洋鱼类超过 3 700 种，约占全球海洋鱼类的 20%，是世界海洋鱼类生物多样性最丰富的国家之一。我国海洋鱼类以浅海暖水性种类为主，暖温性种类次之，冷温性种类较少；鱼类种类的多样性呈现南高北低的趋势，南海区种类超过 2 300 种，东海区约 1 750 种，黄海区和渤海区仅 320 余种。

我国是世界上研究和利用海洋鱼类最早的国家之一。据史料记载，在新石器时代，我国人民即能捕捞鳓、黑棘鲷、蓝点马鲛等多种海洋鱼类；夏朝时已"东狩于海，获大鱼"；秦汉以后，对鱼类资源有了一些保护措施，如"鱼不长尺不得取"；明朝屠本畯的《闽中海错疏》，对福建沿海 129 种鱼类的习性、渔汛期做了较详细的记述；清朝郝懿行的《记海错》和郭柏苍的《海错百一录》，记有海鱼的生长、繁殖和生态等方面的知识；新中国成立以后，国家对我国的海洋鱼类进行了大规模普查，先后出版了《黄渤海鱼类调查报告》《东海鱼类志》《南海鱼类志》等著作，并开展了对鱼类生理、生态和遗传等方面的研究。

近年来，作者承担了一系列有关中国沿海鱼类调查研究的科研任务，获得了大量沿海鱼类资源的新资料，并且拍摄了大量原色照片，计划将这些资料整理编撰为《中国沿海鱼类》，分为多卷出版。本书为《中国沿海鱼类》的第3卷，以东海南部和南海等海域的调查资料为主。

书中每个物种均列出了其中文名、学名、英文名、别名（同物异名和地方名）及分类地位，其中，中文名主要参考《拉汉世界鱼类系统名典》（2017年），学名主要参考Fishbase和Catalog of Fishes数据库，分类系统主要参考*Fishes of the World*（2006年第四版）。每种鱼都附有原创的活体或标本的原色照片和手绘模式图，配以文字，简明扼要地介绍了其主要形态特征、生物学特性、地理分布和资源状况。本书可以作为大专院校和科研机构的参考用书，也可以作为渔业渔政管理人员的工具书，还可作为广大民众的科普读物。

2021年6月

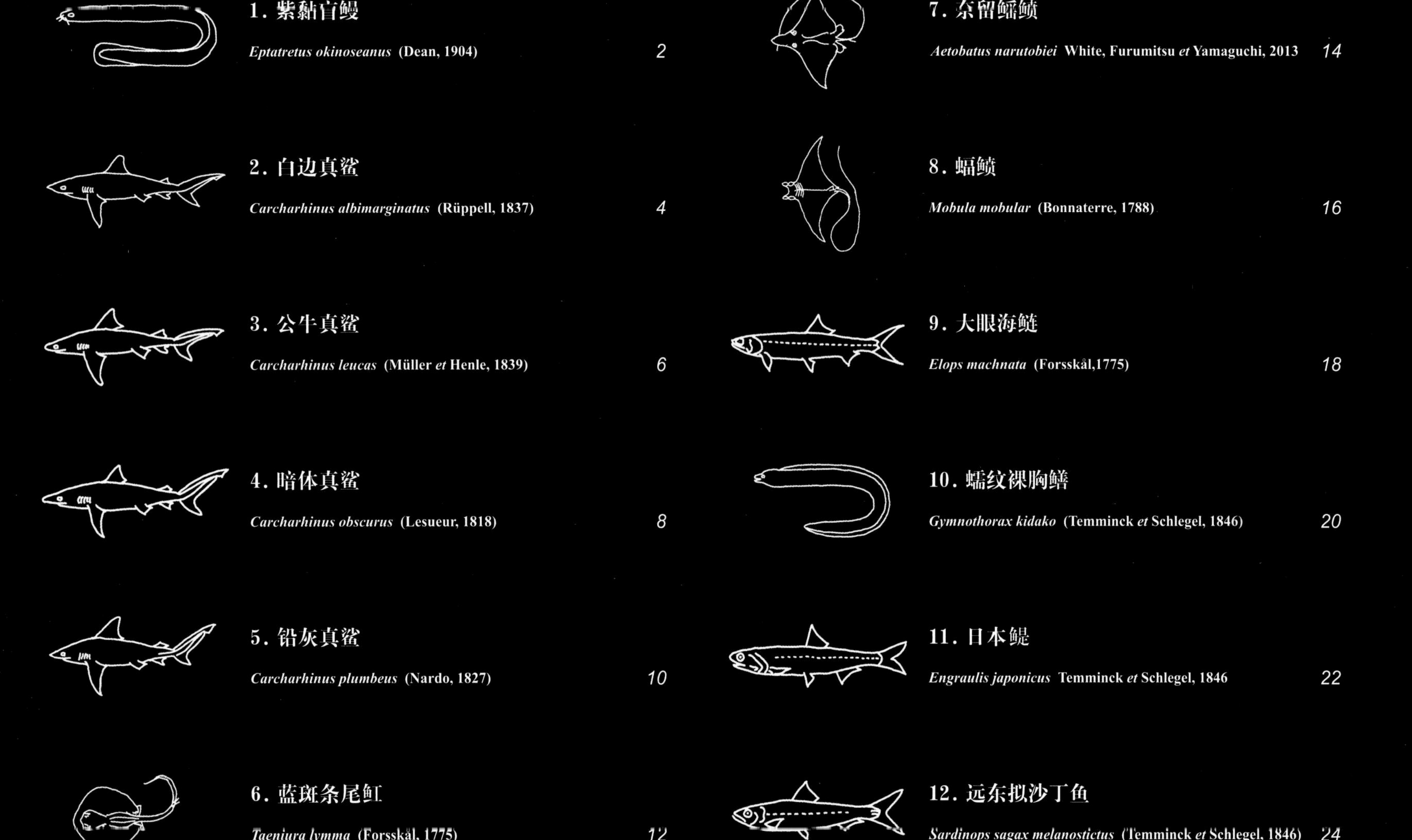

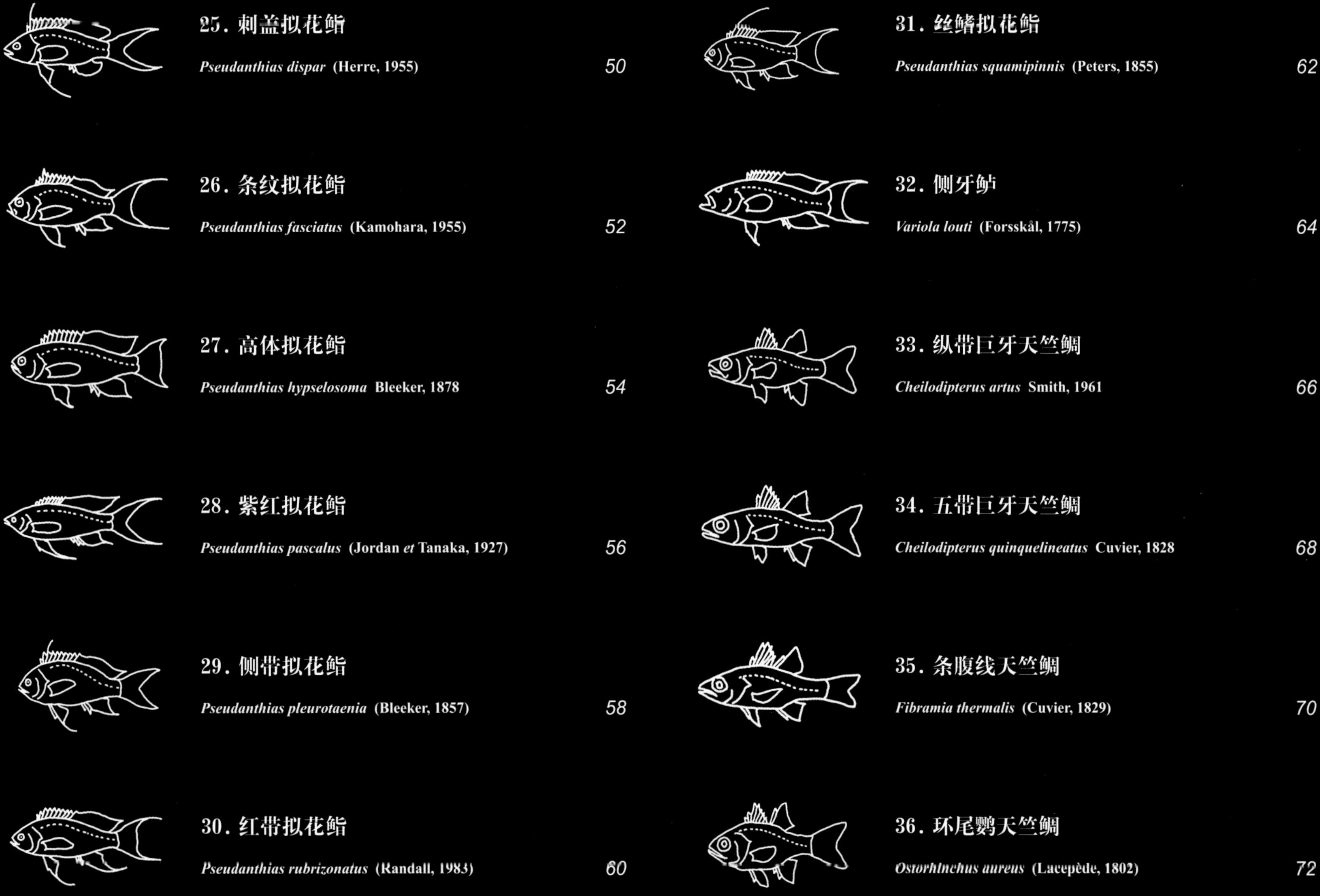

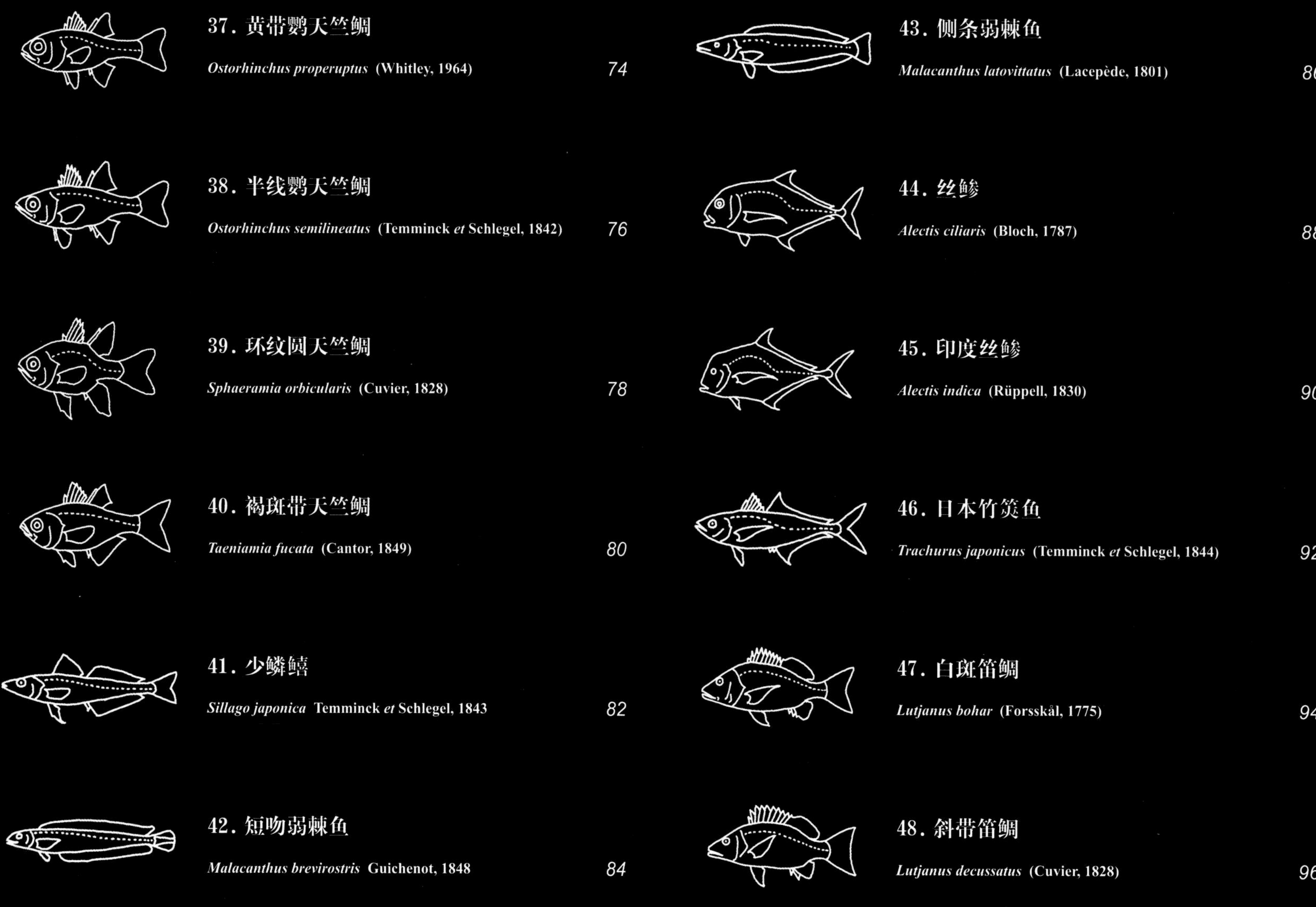

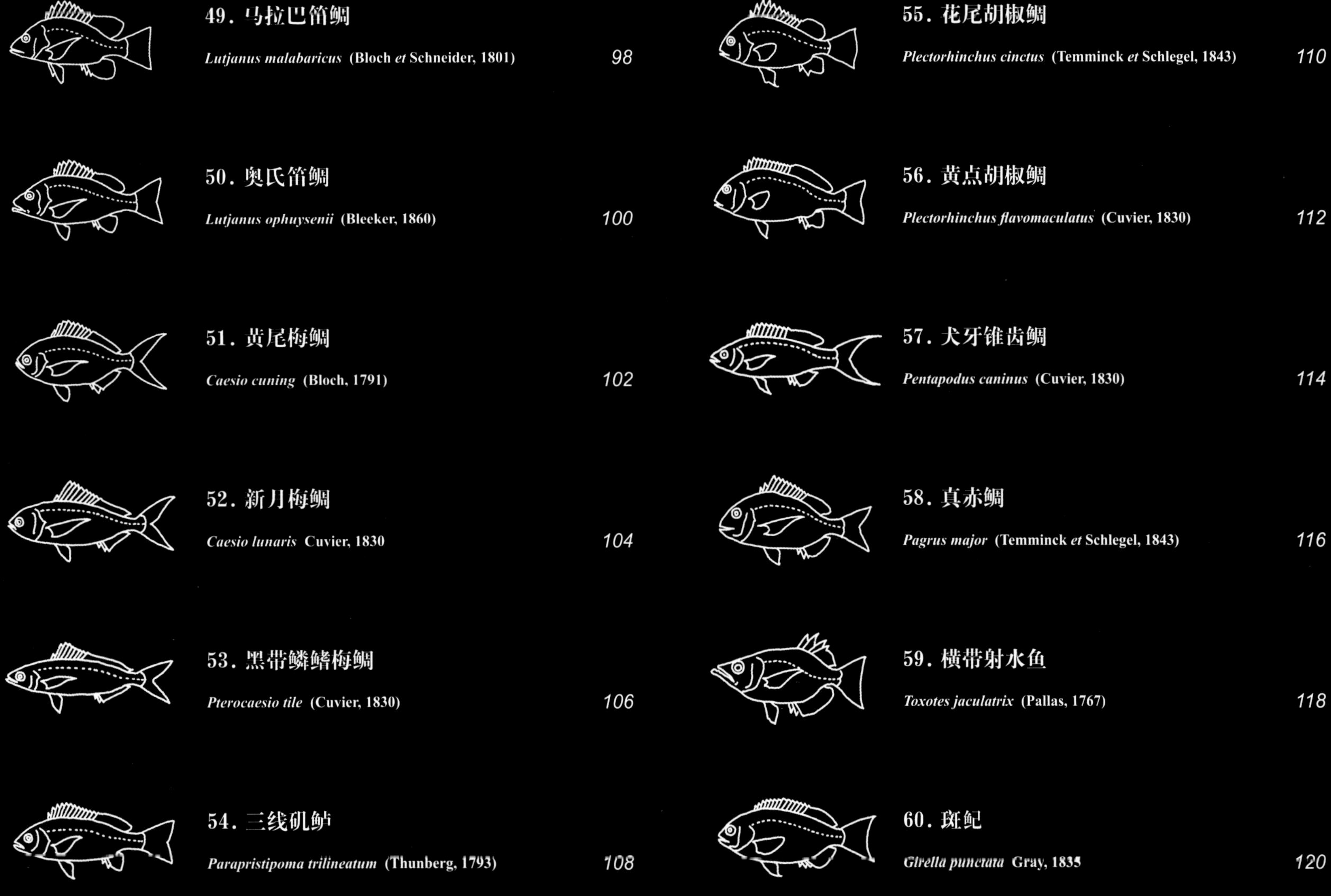

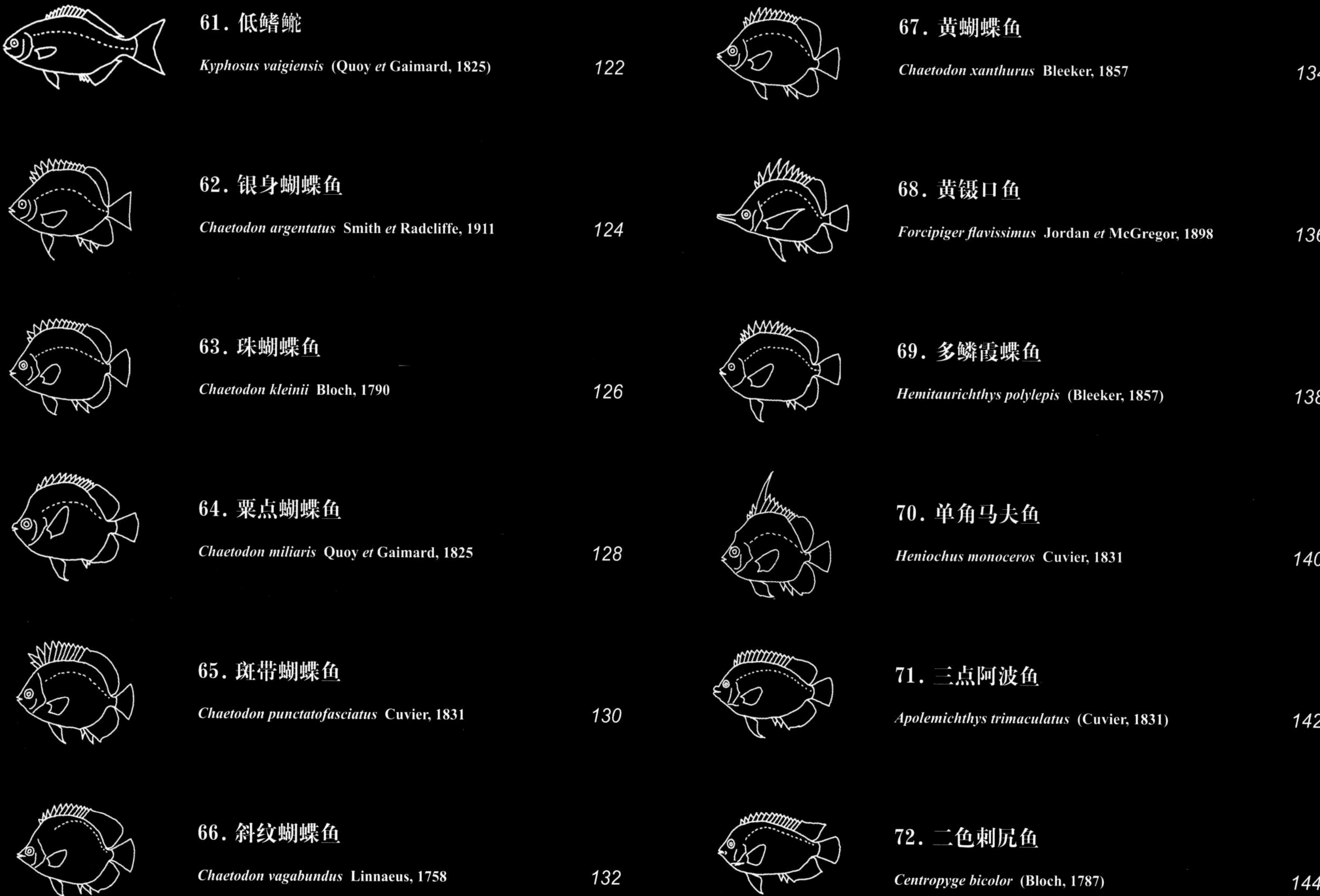

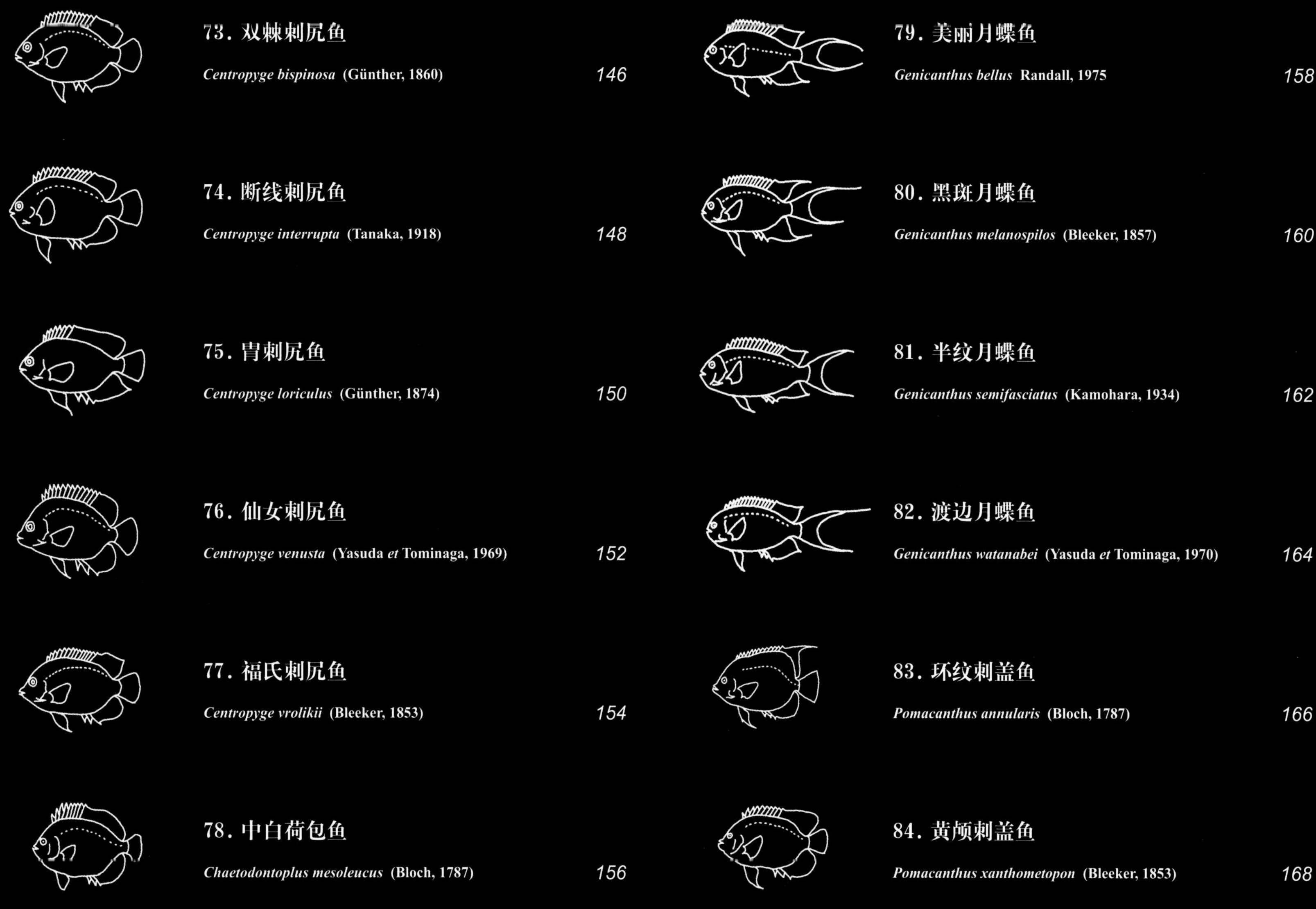

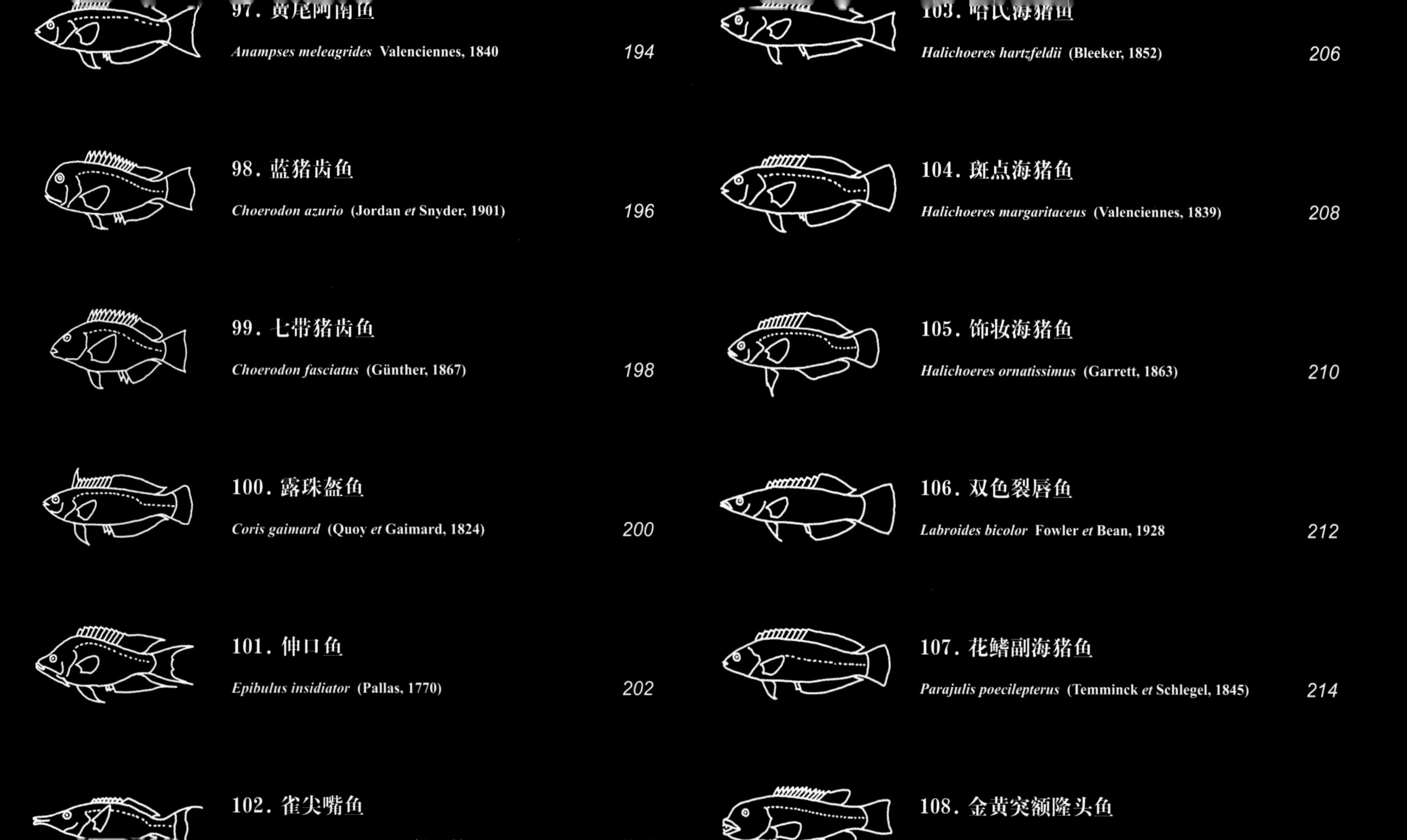

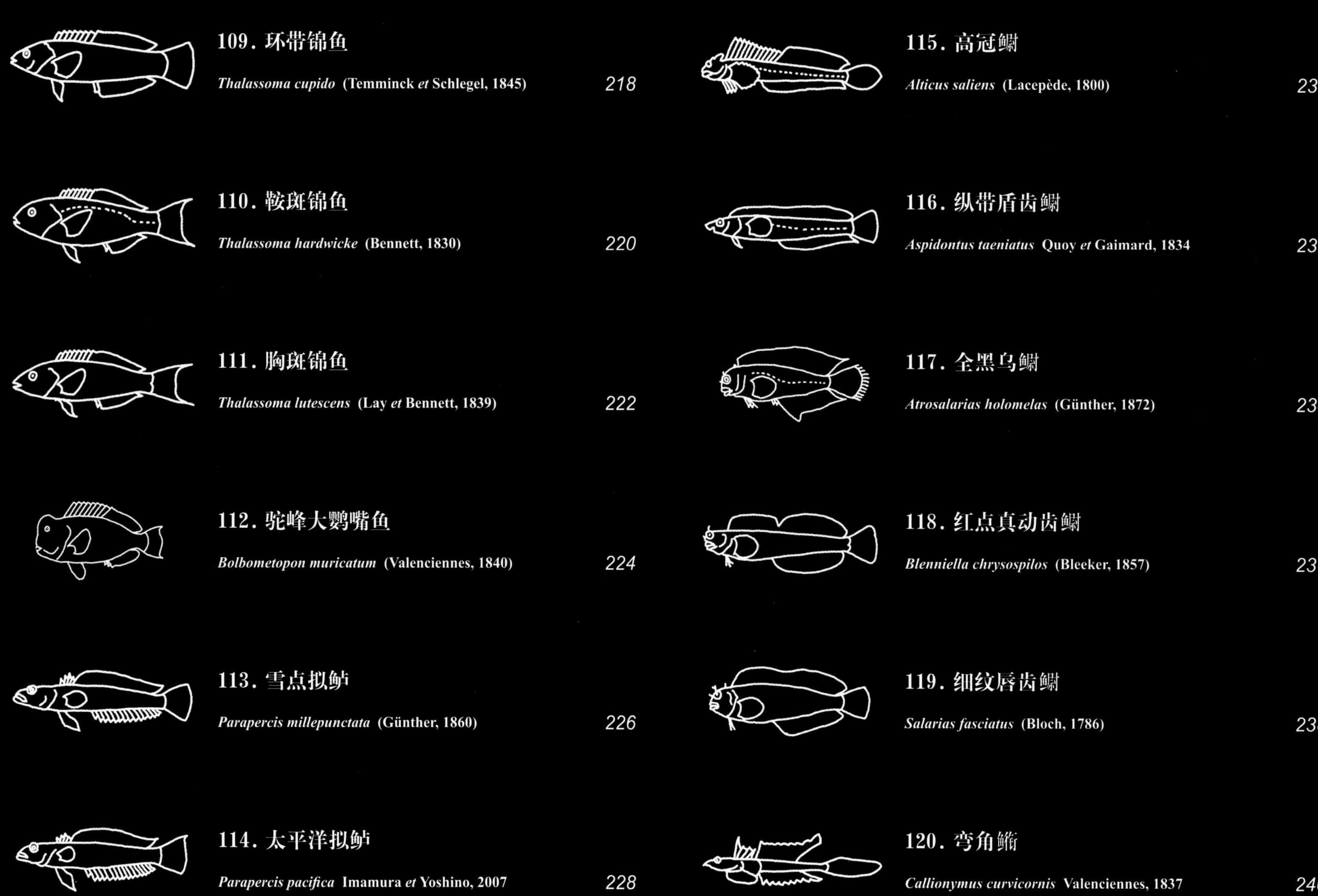

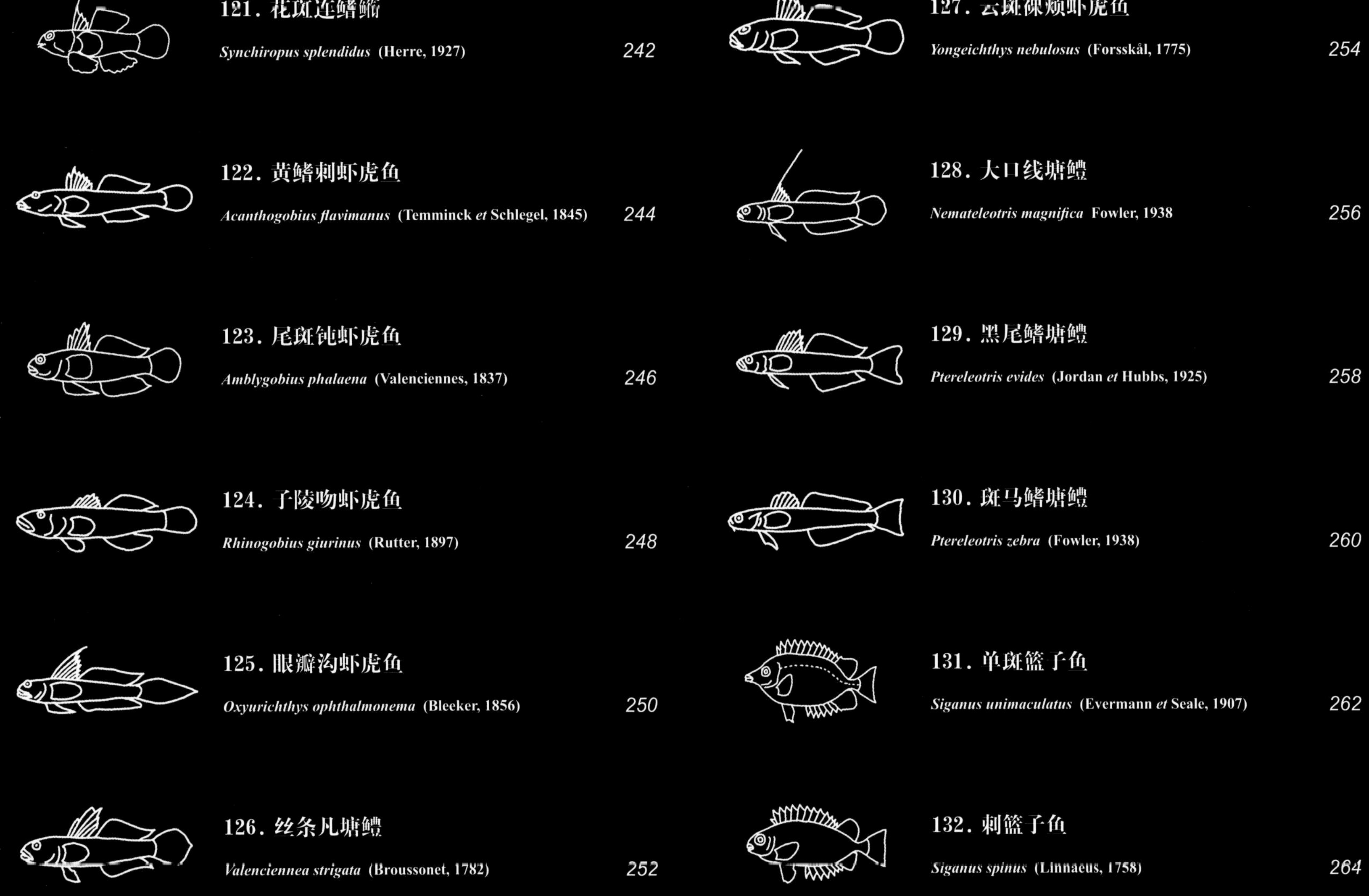

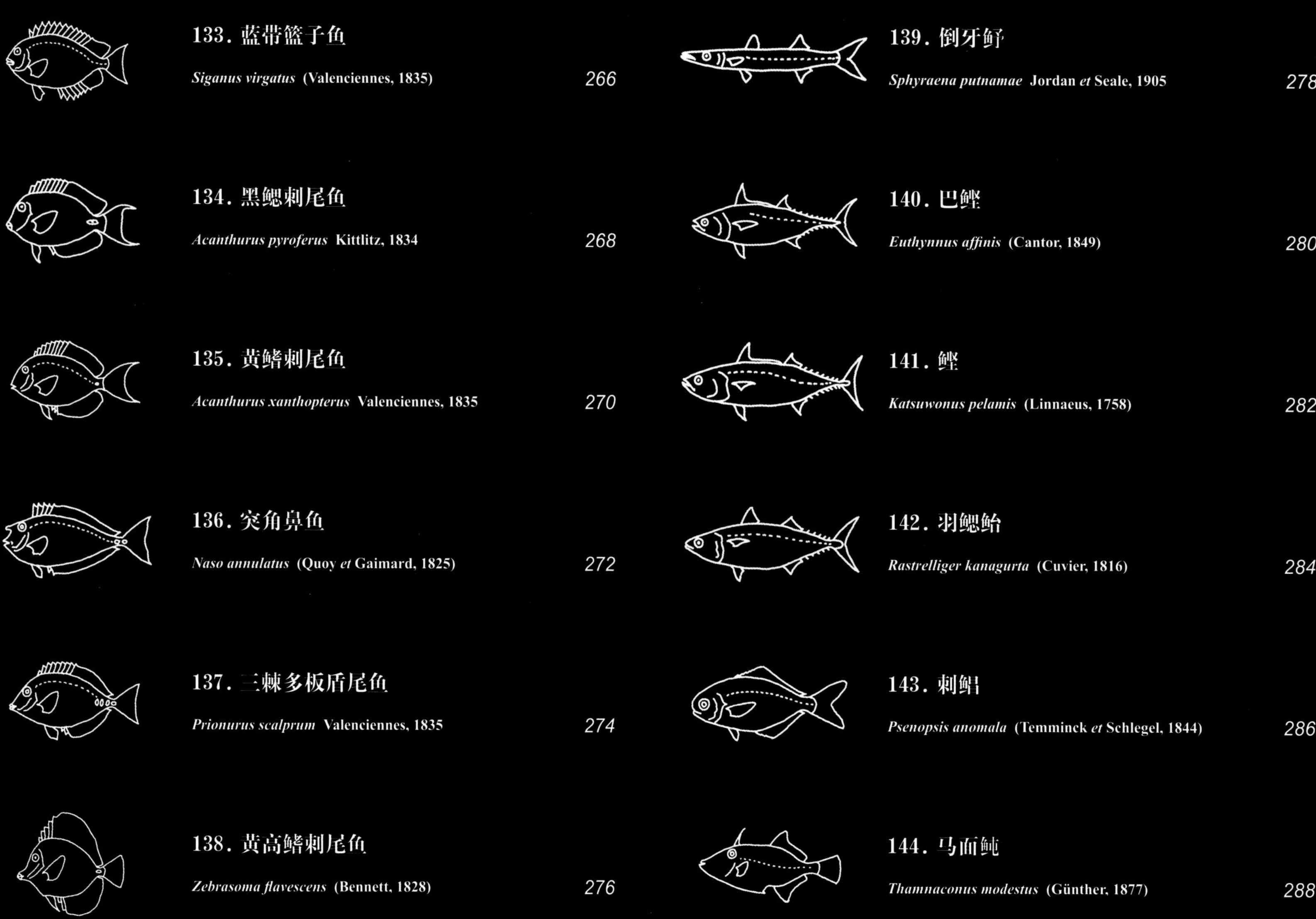

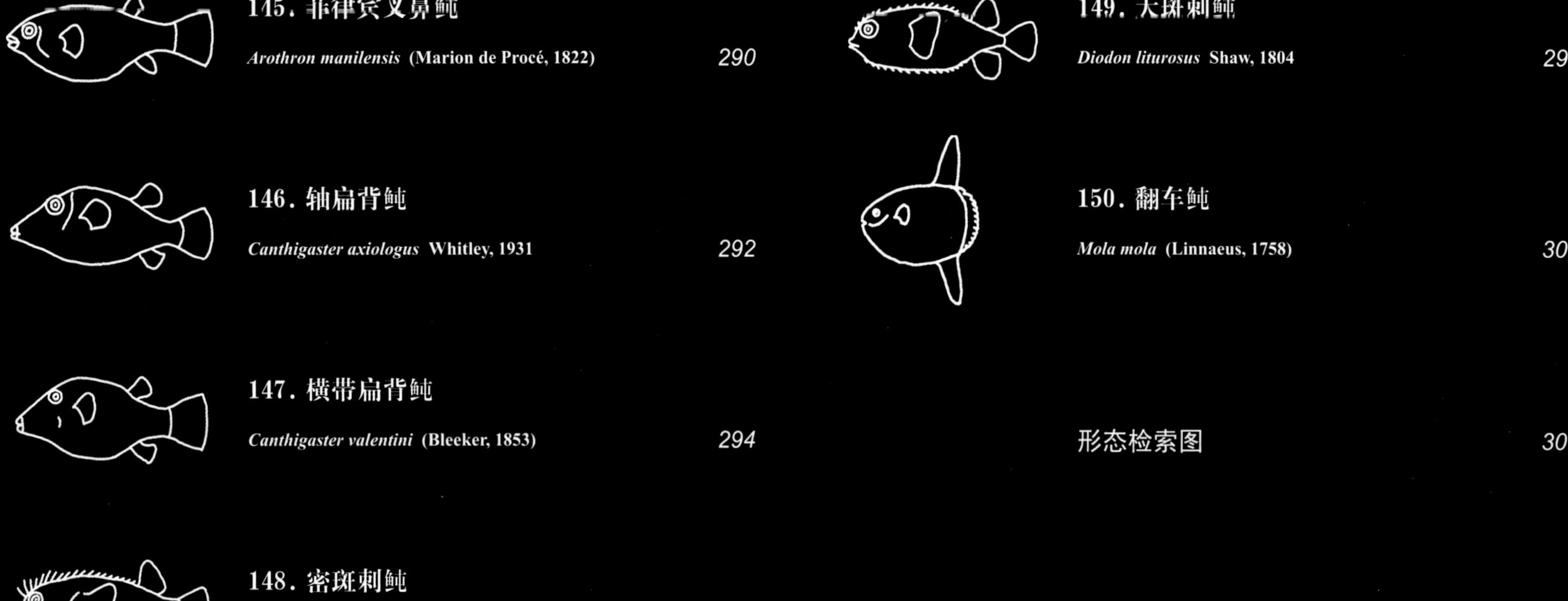

1.紫黏盲鳗 *Eptatretus okinoseanus* (Dean, 1904)

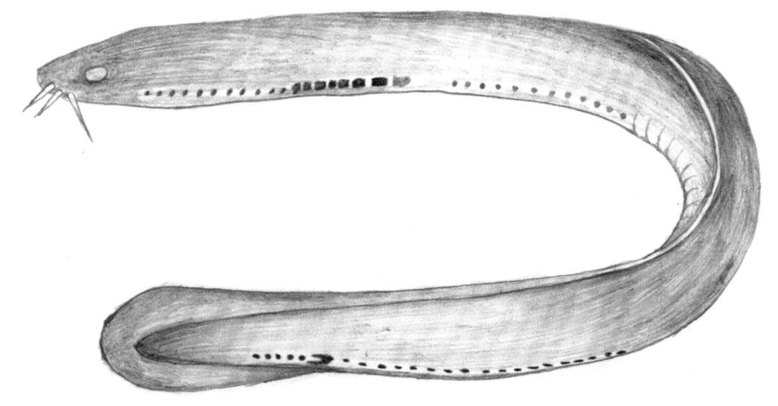

【英文名】purple hagfish

【别名】青眼鳗、无目鳗、鳗背、龙筋

【分类地位】盲鳗目Myxiniformes
盲鳗科Myxinidae

【主要形态特征】

体呈鳗形，前部圆筒状，后部侧扁，尾部颇短。头长，圆筒形。眼退化，埋于皮下。鼻孔1个，位于吻端近背中央，具鼻须2对。口前腹位，呈纵裂缝状；无上下颌，无唇；具口须2对，上须尖长，下须短而宽扁。腭部前方正中具一钩状角质齿。舌发达，前部每侧具2行黄色梳状角质齿，外行齿13~14枚，前3枚齿基部愈合；内行齿11~13枚，前方2枚齿基部愈合。外鳃孔每侧8个，距眼较远，呈直线状排列。腹部下方两侧各有1列黏液孔，87~97个。肛门位于体后部，近尾鳍基部。

体无鳞。无背鳍，尾鳍宽扁，圆形，腹面正中至体中部具一低平皮褶。无腹鳍和胸鳍。

体呈紫黑色或紫褐色，口、外鳃孔和腹部皮褶正中线色浅。眼区白色。

【近似种】

本种与蒲氏黏盲鳗（*E. burgeri*）相似，区别为后者外鳃孔6对，体呈灰褐色，体背面正中具一白色纵带。

【生物学特性】

暖温性深海底层鱼类。栖息于水深300~1 020m的深海泥沙底质海区。活动力较弱，主要以死鱼或其他无脊椎动物的尸体为食。捕获时，全身会分泌许多黏液并卷成一团，借以挣扎逃脱。最大个体体长可达80cm。

【地理分布】

分布于西北太平洋区的中国和日本南部。在我国主要分布于东海、南海北部和台湾周边海域。

【资源状况】

较为罕见，一般通过底拖网捕获，经济价值不高，偶见于大型水族馆。黏盲鳗鳃囊、心、肝和肌肉中可分离出一种芳香胺类物质——黏盲鳗素，具有显著刺激起搏点的强烈兴奋作用，并对心肌生化、心肌供血及收缩频率具有稳定作用。

《中国物种红色名录》将其列为易危（VU）等级。

2.白边真鲨 *Carcharhinus albimarginatus* (Rüppell, 1837)

【英文名】silvertip shark

【别名】白边鳍白眼鲛

【分类地位】真鲨目Carcharhiniformes
真鲨科Carcharhinidae

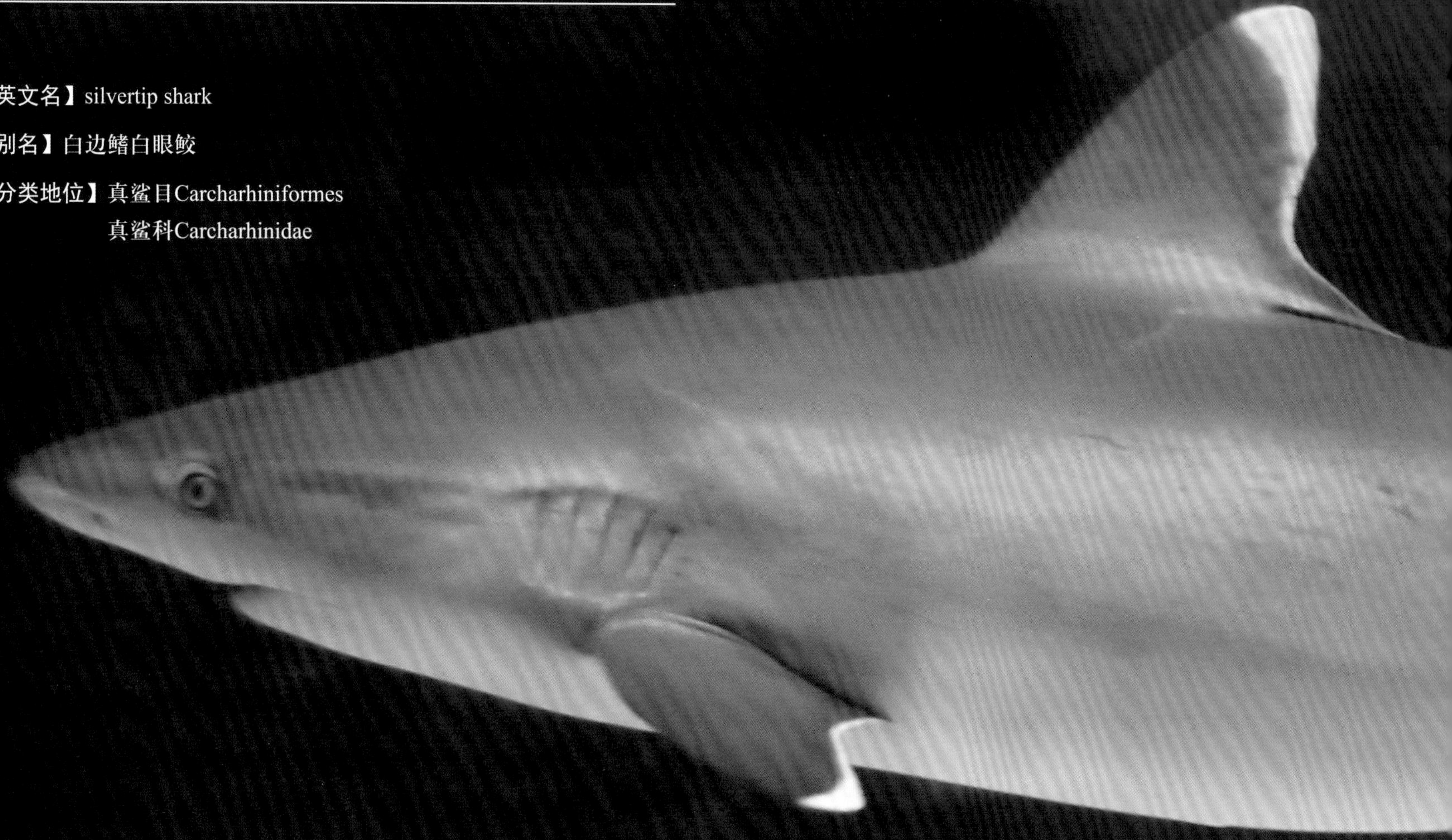

【主要形态特征】

体呈纺锤形，向头、尾渐细小。头宽扁，尾比头和躯干稍短。尾基上下方各具一凹洼。吻短而钝圆。眼圆形，瞬膜发达。鼻孔斜裂，外侧位，鼻间隔宽，前鼻瓣后部具一三角形突出。口闭时上下颌紧闭，不露齿。上颌齿侧扁，亚三角形，边缘具细锯齿，每侧每行12~14齿，齿头稍外斜，1行在使用；下颌齿较狭而尖直，每侧每行12~14齿，2行在使用；每颌正中1小齿，齿缘光滑。鳃孔5个，中大，最后2个位于胸鳍基底上方。

背鳍2个：第一背鳍中大，距胸鳍比距腹鳍近，起点与胸鳍里角相对；第二背鳍小，**起点稍后于臀鳍起点。**尾鳍宽长，为头长的1.1倍，尾端钝尖，后缘斜直，下叶前部显著三角形突出，中部低平后延，后部小三角形突出。臀鳍稍大于第二背鳍。腹鳍比臀鳍大，位于两背鳍间稍后下方，后缘微凹。胸鳍镰形，鳍端伸达第一背鳍基底后端。

体灰褐色，腹侧灰白色。各鳍暗褐色，**端部和后缘乳白色。**

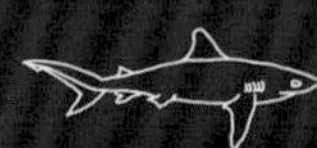

【生物学特性】

热带和亚热带沿岸暖水性中上层鱼类。栖息于从表层至600~800m处，常巡游于大陆架或岛坡处及其邻近海域。游泳迅速，性凶猛，对人有潜在危险。主要以底栖动物及中上层鱼类为食，有时也捕食头足类和魟类。胎生，具卵黄囊胎盘，妊娠期约1年，夏季产仔，每产最多11仔，初产仔鲨全长50~60cm。雄性成鱼全长通常160~180cm，雌性成鱼全长通常160~200cm，最大全长可达3m。

【地理分布】

分布于印度—太平洋区，西至红海和东非沿岸，东至土阿莫土群岛，北至日本，南至澳大利亚。在我国主要分布于东海、南海诸岛、台湾东北和西南部海域。

【资源状况】

中大型鲨类，为南海诸岛重要经济种类，主要通过流刺网和延绳钓捕获。肉质佳，可加工成各类肉制品；鳍可制鱼翅；皮厚，可加工成皮革；肝可炼鱼肝油；剩余物可制鱼粉。可见于大型水族馆中。

IUCN红色名录将其评估为易危（VU）等级。

3.公牛真鲨 *Carcharhinus leucas* (Müller *et* Henle, 1839)

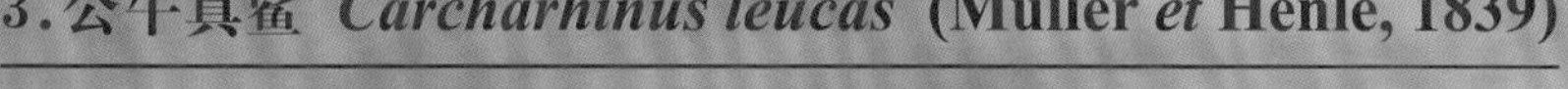

【英文名】bull shark

【别名】低鳍真鲨、公牛白眼鲛

【分类地位】真鲨目Carcharhiniformes
真鲨科Carcharhinidae

【主要形态特征】

体呈纺锤形，躯干粗大，向头、尾渐细小。头宽扁，自胸鳍上方至吻端呈弧形倾斜。尾稍侧扁，尾基上下方具凹洼。吻短钝，吻端广圆。眼小而圆，具瞬膜。鼻孔小，斜而外侧位，鼻间隔宽，前鼻瓣后部具一小三角形突出，后鼻瓣不分化。口圆弧形，口宽大于口前吻长，下颌较短，口闭时齿暴露。上颌齿宽扁，三角形，具锯齿缘，近基部平滑无锯齿，无小齿头；下颌齿具锯齿缘。喷水孔消失。鳃孔5个，前3个较宽大，最后2个位于胸鳍基底上方。

背鳍2个：第一背鳍宽大，呈三角形，前缘斜直，后缘凹入，起点与胸鳍基底后端相对；第二背鳍小，鳍高为第一背鳍高的1/3，起点在臀鳍起点之前或几相对。尾鳍宽长，上叶弧形；下叶前部三角形突出，中部低平后延，后部小三角形突出。臀鳍稍大于第二背鳍。腹鳍三角形，大于第二背鳍和臀鳍，位于两背鳍间下方稍前。胸鳍宽大，呈镰形，前缘斜直，近外端呈弧形凸出，后缘凹入。

体背侧暗灰色，腹侧灰白色。各鳍鳍尖深暗色，体侧具不明显白色带。

【生物学特性】

暖水性近岸鱼类。栖息于近海沿岸、海湾、河口、河流或湖泊，从表层至152m处。本种是唯一能深入淡水河流甚至湖泊生活的鲨类，也是对人类最具危险性的3种鲨类之一[另两种为鼬鲨（*Galeocerdo cuvier*）及噬人鲨（*Carcharodon carcharias*）]。游泳迅速，性凶猛，主要以硬骨鱼类为食，也猎食其他鲨类、甲壳类、头足类等。胎生，性成熟晚，6龄性成熟。雄性成鱼全长通常157~226cm，雌性成鱼全长通常180~230cm，最大全长可达4m，最大体重可达316.5kg，最大年龄可达32龄。

【地理分布】

广泛分布于印度洋、太平洋、大西洋热带和亚热带（40°N—40°S）海域、河流和湖泊。在我国主要分布于台湾东北和东部海域。

【资源状况】

大型鲨类，我国资源较少，主要通过流刺网和延绳钓等捕获。经济价值高，肉质佳，可加工成各类肉制品；鳍可制鱼翅；皮厚，可加工成皮革；肝可炼鱼肝油；剩余物可制鱼粉。可见于大型水族馆中。

IUCN红色名录将其评估为近危（NT）等级。

4.暗体真鲨 *Carcharhinus obscurus* (Lesueur, 1818)

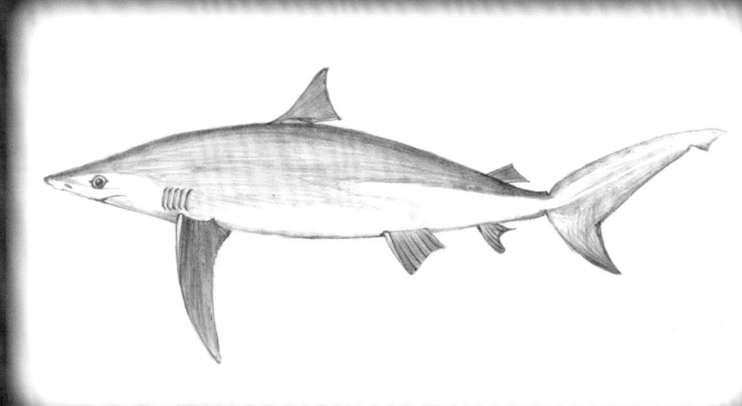

【英文名】dusky shark

【别名】灰真鲨、灰色真鲨、灰色白眼鲛

【分类地位】真鲨目Carcharhiniformes
真鲨科Carcharhinidae

【主要形态特征】

体呈纺锤形，躯干粗大，向头、尾渐细小。头宽扁。尾稍短于头和躯干长，尾基上下方具凹洼。吻平扁，背视广弧形，前缘钝圆，侧视尖突。眼圆形或亚圆形，较小，瞬膜发达。鼻孔颇宽大，斜列，外侧位，前鼻瓣几平直，后鼻瓣不分化。口大，弧形，**口宽几与口前吻长相等，**口闭时不露齿。上颌齿宽扁，三角形，基底宽，边缘具细锯齿，正中齿与第一、二齿齿头直立；下颌齿狭三角形，直立，基底宽，边缘锯齿缘较上颌齿更细。喷水孔消失。鳃孔5个，中间3个较宽，最后2个位于胸鳍基底上方。

背鳍2个：第一背鳍颇宽大，其基底中点距胸鳍较距腹鳍近；第二背鳍小，起点约与臀鳍起点相对。**背鳍间隔正中具一低而明显的纵行皮嵴。**尾鳍颇宽长，上叶仅见于尾端近处；下叶前部显著三角形突出，中部低平后延，后部小三角形突出。臀鳍略大于第二背鳍，起点距腹鳍基

底后端与距尾鳍几相等。腹鳍比臀鳍大，近方形。胸鳍颇宽长，镰形，后缘深凹，外角钝尖，里角圆凸，鳍端伸达第一背鳍基底后端下方或伸达背鳍后角中部下方。

体背侧灰褐色，腹侧及腹面灰白色。胸鳍、腹鳍、尾鳍下叶及背鳍鳍尖暗褐色，但成鱼色淡。

【生物学特性】

暖水性近海上层鱼类。常栖息于暖温带和热带表层至400m深海，幼鲨活动于沿岸，成鱼则活动于外海，有季节洄游习性。主要以硬骨鱼类、小型鲨类、头足类和甲壳类等为食，有时亦捕食哺乳动物，幼鲨有成群摄食习性，大型成鱼对人类有潜在性危险。胎生，每产3~14仔，初产仔鲨全长26~102cm，6龄性成熟。雄性成鱼全长通常280~340cm，雌性成鱼全长通常257~365cm，最大全长可达4.2m，最大体重可达346.5kg，最大年龄可达40龄。

【地理分布】

广泛分布于印度洋、太平洋、大西洋热带和暖温带（40°N—40°S）海域。在我国主要分布于东海和台湾东部海域。

【资源状况】

大型鲨类，主要通过流刺网和延绳钓等捕获。经济价值高，肉质佳，可加工成各类肉制品；鳍可制鱼翅；皮厚，可加工成皮革；肝可炼鱼肝油；剩余物可制鱼粉。可见于大型水族馆中。

IUCN红色名录将其评估为濒危（EN）等级。

5.铅灰真鲨 *Carcharhinus plumbeus* (Nardo, 1827)

【英文名】sandbar shark

【别名】阔口真鲨、高鳍真鲨、高鳍白眼鲛

【分类地位】真鲨目Carcharhiniformes
真鲨科Carcharhinidae

【主要形态特征】

体呈纺锤形，躯干较粗大。头宽扁。尾稍侧扁，较头和躯干稍短，尾基上下方具凹洼。吻宽扁，中长，背视弧形，前端钝圆，侧视尖突。眼中大，圆形，瞬膜发达。鼻孔颇宽大，斜侧位，鼻间隔宽，前鼻瓣后部具一小三角形突出，后鼻瓣不分化。口弧形，**口宽大于口前吻长，**口闭时上下颌紧合，齿不暴露。上颌齿宽扁，三角形，边缘具细锯齿，齿头外斜，外缘有一凹缺；下颌齿较狭而直，内侧和外侧凹入，边缘具细锯齿；上下颌各具一细小正中齿，每侧各具14齿，上颌齿1行在使用，下颌齿2行在使用。喷水孔消失。鳃孔5个，前4个大小和距离约相同，最后1个较狭小，最后2个距离较近，位于胸鳍基底上方。

背鳍2个：第一背鳍颇大，起点对着胸鳍基底后端或稍前；第二背鳍小，**鳍高为第一背鳍高的1/4，**起点与臀鳍起点几相对。背鳍间隔正中具一低而明显的纵行皮嵴。尾鳍宽长，上叶仅见于尾端近处；下叶前部三角形突出，中部低平后延，后部小三角形突出。臀鳍约与第二背鳍等大。腹鳍近方形，稍大于第二背鳍，位于两背鳍间隔中部下方。胸鳍中大，近镰形，后缘凹入，鳍端伸达第一背鳍基底后端或稍后。

体青褐色或灰褐色，腹面白色。各鳍灰褐色，后缘较淡。

【生物学特性】

暖温性近海上层鱼类。栖息于温带和热带近海0~500m海域，也常出现于内湾或河口，但会避开沙滩和珊瑚礁区，有时也集成大群巡游于大洋中。主要以硬骨鱼类、小型鲨类、魟类、甲壳类和头足类等为食。胎生，每产1~14仔，初产仔鲨体长65~75cm。雄性成鱼全长通常131~178cm，雌性成鱼全长通常144~184cm，最大全长可达3m。

【地理分布】

广泛分布于除北冰洋以外的各大洋。在我国主要分布于黄海、东海、台湾东部及东北部海域。

【资源状况】

中大型鲨类，主要通过流刺网、底拖网和延绳钓等捕获。经济价值高，也可入药用，肉质佳，可加工成各类肉制品；鳍可制鱼翅；皮厚，可加工成皮革；肝可炼鱼肝油；剩余物可制鱼粉。可见于大型水族馆中。

IUCN红色名录将其评估为易危（VU）等级。

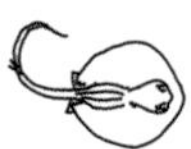

6.蓝斑条尾魟 *Taeniura lymma* (Forsskål, 1775)

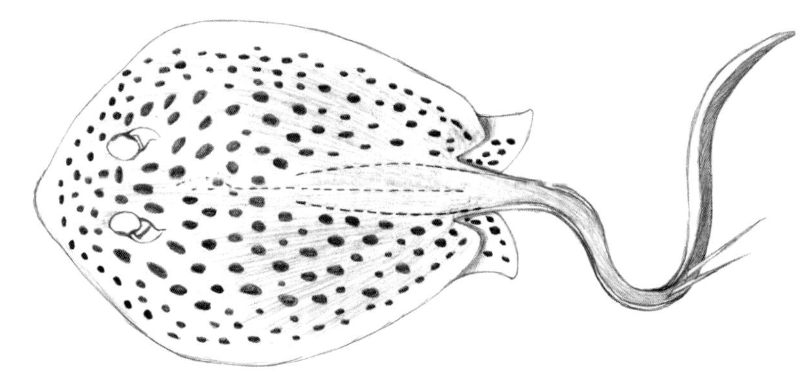

【英文名】ribbontail stingray

【别名】迈氏条尾魟

【分类地位】鲼目Myliobatiformes
魟科Dasyatidae

【主要形态特征】

体盘呈卵圆形，体盘长大于体盘宽。吻短，不尖突，呈圆弧形。眼大，显著突起，眶间距狭窄。口中大，口底中部具较大乳突2个，唇褶深，下唇两侧具突出的乳突。

腹鳍长，外角钝尖。尾长为体盘宽的1.5倍左右，尾后部具2根尾刺，尾后部下方具皮褶，上方具低的皮质嵴。

幼体光滑。成体肩带区具结鳞一纵行。

体背褐色、黄褐色或橙色，腹面白色，具宽的淡黄色边缘。体背及腹鳍散布大的蓝色斑点，最大的斑点直径约为眼径的1/2，尾部背侧具2条蓝色带，尾端白色。

【近似种】

本种常被视为迈氏拟条尾魟（*Taeniurops meyeni*）的同物异名，但后者背部具许多不规则暗褐色圆斑。

【生物学特性】

暖水性近岸底栖鱼类。主要栖息于珊瑚礁附近水深小于20m的海域。白天躲藏在洞穴或暗礁中，晚上随涨潮成群迁徙到浅水沙质底质海域，以软体动物、蠕虫和虾蟹类等为食。卵胎生。最大全长可达70cm。

【地理分布】

分布于印度—西太平洋区，西至波斯湾、红海和东非沿岸，东至所罗门群岛，北至日本南部，东至澳大利亚北部。在我国主要分布于南海和台湾周边海域。

【资源状况】

小型魟类，个体较小，食用价值不高。具有一定的观赏价值，常见于大型水族馆中。

IUCN红色名录将其评估为近危（NT）等级。

7.奈留鹞鲼 *Aetobatus narutobiei* White, Furumitsu *et* Yamaguchi, 2013

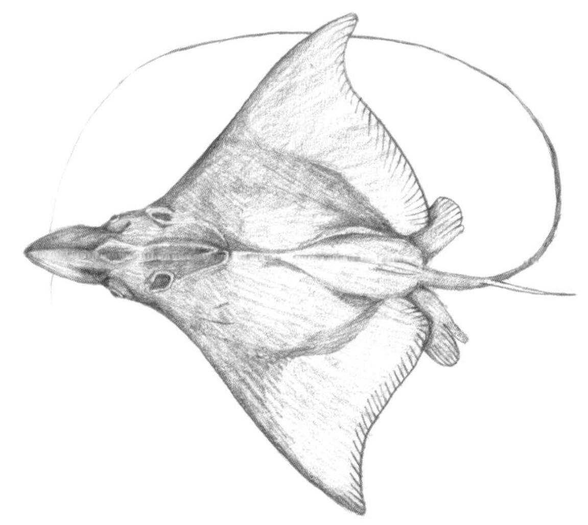

【英文名】Naru eagle ray

【别名】鲂仔

【分类地位】鲼目Myliobatiformes
鲼科Myliobatidae

【主要形态特征】

体盘宽为体盘长的1.7~1.8倍。吻较长，前端钝尖，向头前下斜，突出于腹面上。眼圆形，侧位，稍突出。眼间隔微凸。喷水孔背位，位于眼后。鼻孔平横，只露出1个小的圆形入水孔。口中大，平横；腭膜圆襟形，后缘细裂，基底前部具显著乳突一大群，分作3横行。口底具细小乳突1行，15~16个。齿平扁，宽大，上下颌各1纵行。鳃孔狭小，距离约相等。

腹鳍狭长，后部伸出胸鳍里角之后；鳍脚粗大，扁管状。背鳍1个，小型，近长方形，起点距腹鳍末端比基底长稍小。尾细长，为体长的3.5~4.0倍；尾刺1~2个；无侧褶，上下皮褶均退化。

体光滑，背面绿灰色（幼体褐色），无白斑或蓝色斑点，尾隐具色暗和色浅的条纹。腹面白色，边缘灰褐色。

【近似种】

本种与纳氏鹞鲼（*A. narinari*）相似，区别为纳氏鹞鲼体背密具白色或蓝色斑点，吻较短而宽钝，口底乳突2行。另外，本种常被误鉴为无斑鹞鲼（*A. flagellum*），区别为无斑鹞鲼体背绿褐色，个体较小（最大体盘宽90cm），仅分布于印度—西太平洋区波斯湾至婆罗洲海域。

【生物学特性】

暖水性近海底层鱼类。栖息于温带、热带近海海域，夏季游向近岸，水温低于15℃时返回60m左右的深水水域。主要以双壳类等底栖无脊椎动物为食。卵胎生。最大体盘宽可达150cm。

【地理分布】

分布于西北太平洋区越南、中国、朝鲜半岛和日本南部。在我国主要分布于东海和南海海域。

【资源状况】

中小型鲼类，数量较稀少，无经济捕捞价值。可见于大型水族馆中。

8.蝠鲼 *Mobula mobular* (Bonnaterre, 1788)

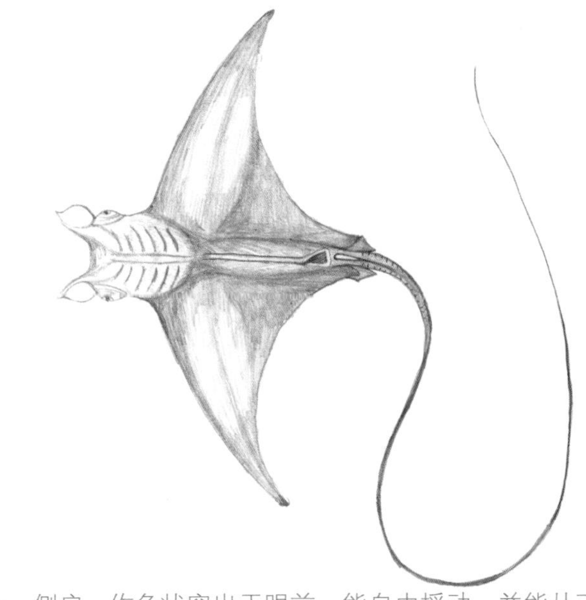

【英文名】devil fish

【别名】日本蝠鲼、日本蝠魟

【分类地位】鲼目Myliobatiformes
鲼科Myliobatidae

【主要形态特征】

体盘宽为体盘长1.8~2.3倍。头颅宽大，微突起，前缘扁薄平切。头鳍中大，侧扁，作角状突出于眼前，能自由摇动，并能从下向外转卷呈"S"形。眼侧位，眼球很大。喷水孔中大，三角形。鼻孔亚前位，位于上颌隅角前方。口下位，平宽，近前端。上下颌各具细齿横带，呈铺石状排列。鳃孔宽大，距离约相等。

腹鳍小而狭长，稍伸出胸鳍里角之后。背鳍1个，比腹鳍稍小，起点前于腹鳍基底。尾细长，几为体盘长的3倍，尾刺1个，短小，背面粗糙，尾的两侧具白色小鳞。

体背面青褐色，腹面白色。头鳍里侧青褐色，外侧白色。

【近似种】

本种与无刺蝠鲼（*M. diabolus*）相似，区别为后者无尾刺，尾长为体盘长的1.0~1.5倍。日本蝠鲼（*M. japonica*）为本种的同物异名。

【生物学特性】

暖温性中上层鱼类。主要以浮游甲壳类为食，也摄食小型成群鱼类，借助头鳍纳食入口；具发达筛板状鳃耙以滤取食物。卵胎生，子宫内壁有绒毛状突起，分泌"乳汁"，供胎儿营养。最大体盘宽可达5.2m。

【地理分布】

广泛分布于全世界温带和热带各海区。在我国沿海均有分布。

【资源状况】

大型鲼类，较罕见，偶尔通过流刺网等捕获。肉可食用，软骨可制保健品，皮可加工成皮革。

《中国物种红色名录》将其列为濒危（EN）等级，IUCN红色名录将其评估为濒危（EN）等级。

9.大眼海鲢 *Elops machnata* (Forsskål,1775)

【英文名】tenpounder

【别名】海鲢、肉午、竹鱼

【分类地位】海鲢目Elopiformes
海鲢科Elopidae

【主要形态特征】

背鳍20~23；臀鳍14~16；胸鳍17~18；腹鳍14~16。侧线鳞96~97。鳃耙7~9+14~15。

体长梭形，腹部平。头略长，其**腹面有喉板。**吻圆锥形。眼大，侧上位。脂眼睑宽。眼间隔微凹。鼻孔距眼前缘较距吻端近。口中等大，前位。口裂稍斜。上下颌等长，上颌末端伸达眼后下方。齿细小，绒毛状，两颌齿排列为窄带状，犁骨齿呈块状。鳃孔大。**假鳃发达**。鳃盖膜不与峡部相连。鳃盖条29~35。鳃耙扁针状。

体被小圆鳞，不易脱落。背鳍与臀鳍基部具鳞鞘。胸鳍和腹鳍基部具腋鳞。具侧线，中部微向下弯曲。

背鳍起点距尾鳍基较距吻端稍近，其最后鳍条不延长。臀鳍始于腹鳍起点与尾鳍基的中央处附近。胸鳍侧下位。腹鳍始于背鳍起点稍前处。尾鳍较长，深叉形。

体背部深绿色，头背部略呈黄色。体侧与腹部为白色。各鳍均呈淡黄色，**背鳍和尾鳍边缘为黑色，胸鳍末端有许多小黑点。**

【生物学特性】

暖水性近海表层鱼类。幼鱼常出现在海湾和河口，成鱼至外海产卵。幼鱼个体发育经过柳叶状变态。常见个体体长50cm，最大个体叉长可达118cm，最大体重可达10.8kg。

【地理分布】

分布于印度—西太平洋区，西至红海和非洲东南岸，东至新喀里多尼亚，北至日本南部，南至澳大利亚西北部。在我国主要分布于黄海南部、东海、南海和台湾周边海域。

【资源状况】

中型鱼类，天然产量不大，主要通过围网、刺网等捕获。肉味鲜美，除鲜食外，还可加工成鱼干，在国内外市场享有盛誉。为印度、斯里兰卡及中国的咸淡水重要养殖鱼类，有一定的产量。

10.蠕纹裸胸鳝 *Gymnothorax kidako* (Temminck *et* Schlegel, 1846)

【英文名】Kidako moray

【别名】蠕纹裸胸

【分类地位】鳗鲡目Anguilliformes
海鳝科Muraenidae

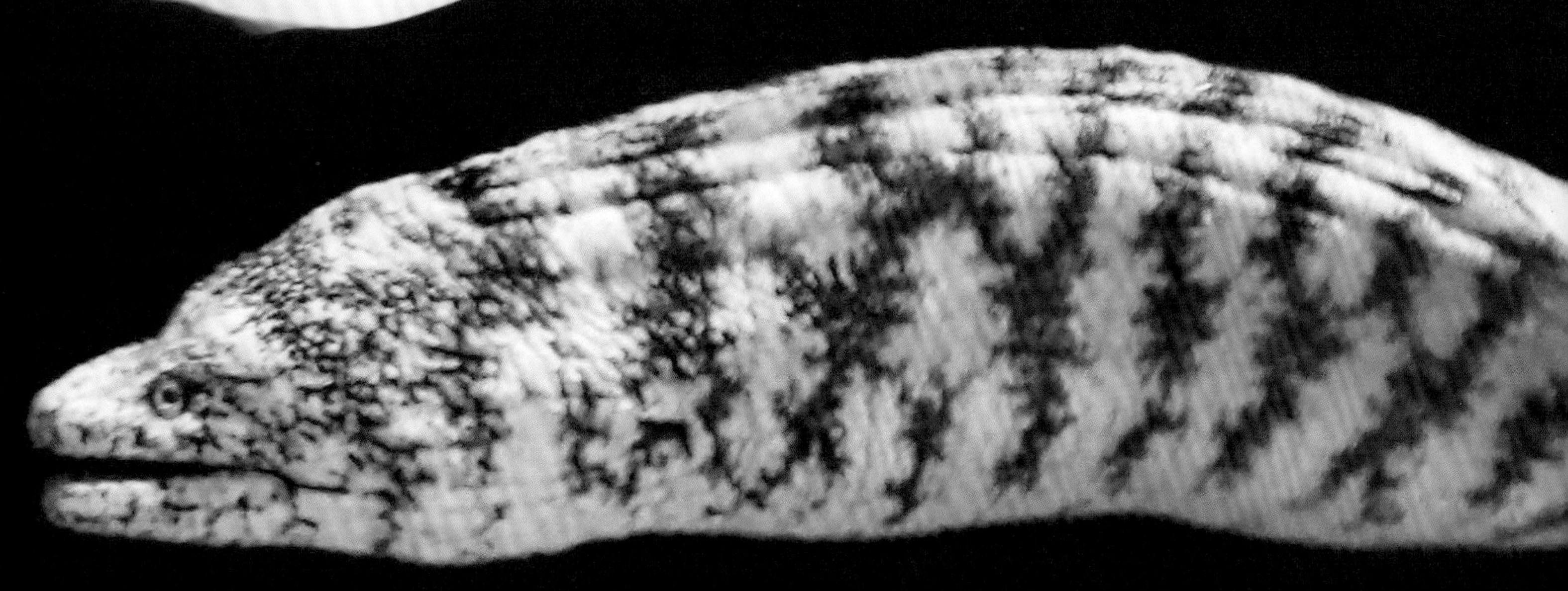

【主要形态特征】

体延长，略侧扁。头较长，体长为头长的7.8倍。眼中大，头长为眼径的11.5倍，眼前缘位于上颌中央的前方。唇无褶。上下颌等长，较尖。鼻孔每侧2个，分离，位于眼的前上方。齿小，尖形；上下颌齿各1行，犁骨齿1行，5~8枚。鳃孔小，侧位。肛门位于体中央稍前方。脊椎骨139~141。

体无鳞，完全裸露。侧线不明显。

背鳍较臀鳍发达，均与尾鳍连续。背鳍始于头部中央的后上方。臀鳍始于肛门紧后方。无胸鳍。

体黄色或褐色，全体环绕30~44条树枝状不规则的暗棕色横带。臀鳍具白缘。颌角具黑痕。

【生物学特性】

暖温性近海底层鱼类。常栖息于珊瑚礁和岩礁海域，多静止在海底，不喜游动。夜行性，主要以鱼类或头足类为食。最大体长可达92cm。

【地理分布】

分布于西中太平洋区，包括日本，中国台湾，小笠原群岛、社会群岛和夏威夷群岛。在我国仅在台湾周边海域有分布。

【资源状况】

中型鳗类，常通过延绳钓和笼壶类捕获，具有一定的食用价值。大型个体常见于水族馆，具有较高的观赏价值。

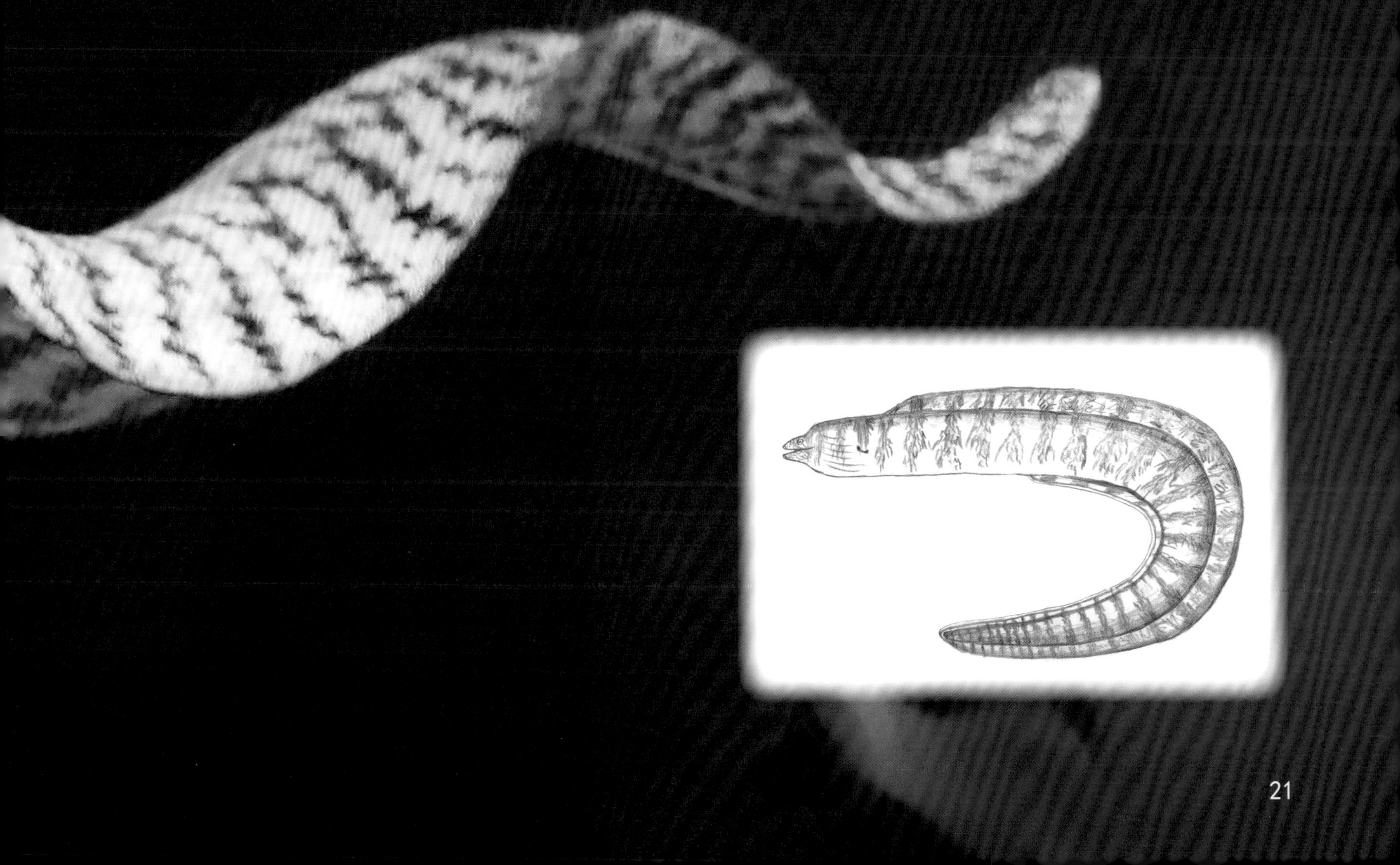

11.日本鳀 *Engraulis japonicus* Temminck *et* Schlegel, 1846

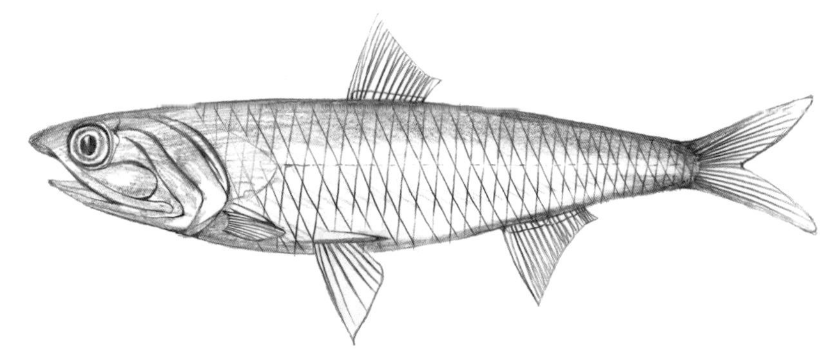

【英文名】Japanese anchovy

【别名】鳀、烂船丁、丁香鱼

【分类地位】鲱形目Clupeiformes
鳀科Engraulidae

【主要形态特征】

背鳍14~15；臀鳍16~18；胸鳍17；腹鳍7。纵列鳞43。

体延长，稍侧扁，腹部近圆形，无棱鳞。头大而稍侧扁。吻尖突。眼上侧位，被盖薄脂眼睑。眼间隔中央隆起。鼻孔距眼前缘较距吻端为近。口前下位。上颌长于下颌，上颌骨向后伸达前鳃盖骨。上下颌及舌上均具细齿。鳃孔大。鳃盖膜不与峡部相连。鳃耙细长。具假鳃。

除头部外，体均被易落圆鳞。无侧线。

背鳍始于腹鳍稍后上方。臀鳍始于背鳍后下方。胸鳍侧下位，末端不达腹鳍。腹鳍始于胸鳍、臀鳍始点中间。尾鳍深叉形。

体背部蓝黑色，侧上方微绿色，两侧及下方银白色。体侧具一青黑色宽纵带。尾鳍灰黑色。

【生物学特性】

暖温性近海中上层鱼类。一般栖息于水色澄清海区，喜阴影；鱼群常随水面云影而移动。集群，趋旋光性强，具昼夜垂直迁移习性。浮游生物食性，主要以浮游硅藻、小型甲壳类和小鱼为食。产卵期3—7月，怀卵量0.8万~2.4万粒，分批产卵，卵浮性。常见个体全长14cm，最大全长可达18cm。

【地理分布】

分布于西太平洋区50°N—7°S，北起库页岛南部、日本海和日本太平洋沿岸，南至中国台湾和广东，菲律宾和印度尼西亚较罕见。在我国主要分布于渤海、黄海、东海、南海北部和台湾周边海域。

【资源状况】

小型鱼类，天然产量较高，曾为我国海洋捕捞产量最高的鱼类，20世纪90年代曾达百万吨水平，是拖网、灯光围网、张网等的主要捕捞对象。因过度捕捞，资源现已严重衰退。可鲜食或加工成咸干品，通常干制加工成“海蜒”。

12.远东拟沙丁鱼 *Sardinops sagax melanostictus* (Temminck *et* Schlegel, 1846)

【英文名】Japanese pilchard

【别名】斑点莎瑙鱼、斑点盖纹沙丁鱼、拟沙丁鱼

【分类地位】鲱形目Clupeiformes
鲱科Clupeidae

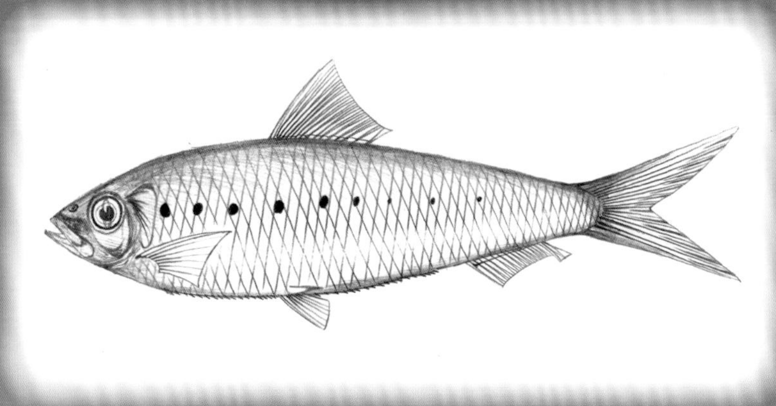

【主要形态特征】

背鳍18~19；臀鳍18~19；胸鳍16~19；腹鳍8。纵列鳞48~50。棱鳞16~18+16~18。

体狭长，侧扁，背、腹缘稍平直。头中大，侧扁，顶部平滑。吻钝尖，长于眼径。眼中大，上侧位，被脂眼睑所遮盖。眼间隔宽平。鼻孔每侧2个，位于眼前上方。口裂小，前位，下颌稍长于上颌，上颌后端伸达眼中部下方。腭骨具细齿，上下颌、犁骨和翼骨均无齿。鳃孔大，鳃盖膜分离，不与峡部相连。鳃盖条6，**鳃盖上有辐射状条纹。**具假鳃。鳃耙细长。

体被栉鳞，易脱落。无侧线。

背鳍1个，中大，起点在腹鳍前上方，基部有鳞鞘。臀鳍狭长，最后2枚鳍条粗大延长。胸鳍中大，下侧位。腹鳍腹位，较小，基底有腋鳞，起点位于背鳍中部下方。**尾鳍基底近中部上、下各有2个重叠的扩大长鳞。**尾鳍叉形。

体背深绿色，体侧下方及腹缘为白色，**体侧上方前部有1列7～8个黑点。**吻部浅黄色。背鳍、胸鳍和尾鳍浅灰色。背鳍前缘和胸鳍基部有许多绿色小点。腹鳍和臀鳍均呈白色。

【生物学特性】

冷温性近海中上层鱼类。集群洄游，趋旋光性强。以硅藻、桡足类、毛颚类等浮游生物为食。繁殖期5—6月，怀卵量3万~10万粒，卵浮性。常见个体体长10cm左右，最大体长可达40cm。

【地理分布】

分布于西北太平洋区，从俄罗斯鄂霍次克海、日本、朝鲜半岛东部至中国。在我国主要分布于渤海、黄海、东海、南海北部和台湾周边海域。

【资源状况】

小型鱼类，天然产量较高，为西北太平洋重要的捕捞对象，日本最高年产量曾达442万t，主要通过拖网、流刺网等捕获；也是我国灯光围网的主要捕捞对象之一，最高年产量曾达20万t左右。可供食用，体型较小个体多用于制造鱼粉。

《中国物种红色名录》将其列为易危（VU）等级。

13. 黄鲻 *Ellochelon vaigiensis* (Quoy *et* Gaimard, 1825)

【英文名】squaretail mullet

【别名】截尾鲮、惠琪平鲻

【分类地位】鲻形目Mugiliformes
鲻科Mugilidae

【主要形态特征】

背鳍Ⅳ~Ⅴ，Ⅰ-7~9；臀鳍Ⅲ-7~9；胸鳍15~18；腹鳍Ⅰ-5。纵列鳞25~29。

体延长，呈纺锤形，略粗壮，背鳍前方至吻端几近平直，后方稍凸起，腹部轮廓凸度较大。头较小，平扁，较宽。吻短钝，很宽。眼大，圆形，侧位而高；脂眼睑不发达，仅存在于眼前后缘，很窄小。眼间隔宽阔，微凸。鼻孔每侧2个，分离，位于眼前侧上方。口较大，亚下位，口裂似人字形。上颌骨末端弯曲向下且宽大，略呈长方形，末端远于口角后缘。幼鱼颌齿细弱，绒毛状；成鱼无颌齿。上颌发达，肉质较厚，下唇锐薄。鳃孔宽大，鳃盖膜分离，不与峡部相连。鳃耙发达，具假鳃。

幼鱼体被圆鳞，随成长变为具有多列锥形栉刺的栉鳞；头部被鳞；各鳍除第一背鳍外均被细小的鳞，胸鳍无腋鳞，第一背鳍及腹鳍基部两侧各具一短三角形腋鳞。无侧线。

背鳍2个。臀鳍与第二背鳍相对。胸鳍短宽，上侧位。腹鳍较小。**尾鳍几近截形。**

体背橄榄绿色，体侧银白色或略呈黄色；**体侧有约6条由暗色鳞片组成的纵带。**除腹鳍为白色外，各鳍为淡黄色且带暗色边缘，有时尾鳍呈较深的黄色；**幼鱼胸鳍黑色。**

【生物学特性】

暖水性近岸鱼类。栖息于沿岸沙泥底质海域，也可进入河口或红树林等咸淡水水域，亦可进入河流下游淡水水域。集群性，常成群洄游，幼鱼受到惊吓时有跃离水面的行为。主要以底泥中的有机碎屑和浮游生物等为食。常见个体全长35cm，最大全长可达63cm。

【地理分布】

分布于印度—太平洋区，西至红海和东非沿岸，东至土阿莫土群岛，北至日本南部，南至大堡礁南部和新喀里多尼亚。在我国主要分布于南海和台湾周边海域。

【资源状况】

中小型鱼类，主要通过沿岸流刺网等捕获，但产量不大。可供食用，但经济价值不高。

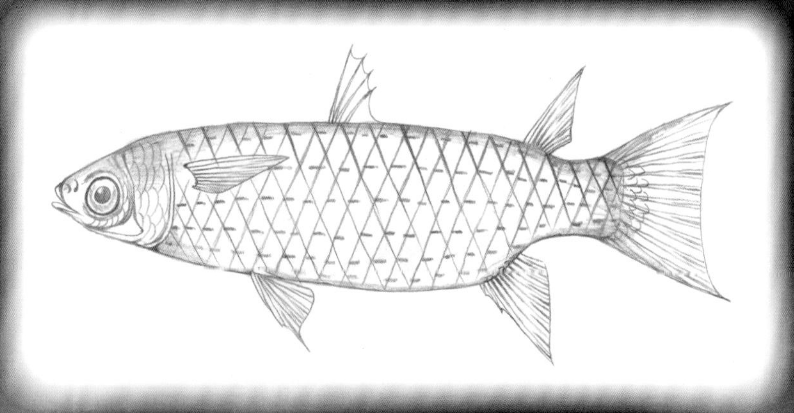

14.角瘤唇鲻 *Plicomugil labiosus* (Valenciennes, 1836)

【英文名】hornlip mullet

【别名】粒唇鲻、瘤唇鲻、褶唇鲻

【分类地位】鲻形目Mugiliformes
鲻科Mugilidae

【主要形态特征】

背鳍Ⅳ，Ⅰ-7~9；臀鳍Ⅲ-9；胸鳍15~19；腹鳍Ⅰ-5。纵列鳞32~37。

体延长，呈纺锤形，略侧扁，腹部稍圆。头略侧扁。吻短钝。眼中大，脂眼睑很不发达。眼间隔稍呈弧形。**眶前骨前缘深凹，**向下伸过口角之下；下缘圆凸，具锯齿。鼻孔每侧2个，距离较近。口小，亚下位。上唇位于吻端；**上唇很厚，**具有3～4列乳突，下缘内面向外扩出2对片状肉质叶；**下唇侧具1对小褶片，**与上唇褶片一起组成口角，两侧缘皆有纤细肉质小穗，紧密排列呈流苏状。**上颌骨细棒状，几垂直下弯，末端显著外露于眶前骨下缘之下。**舌骨、犁骨和腭骨均具小齿群。

幼鱼体被圆鳞，随成长变为具有多列颗粒状栉刺的栉鳞。除第一背鳍外，各鳍的鳍条部均具细鳞鞘。

背鳍2个，第一背鳍起点距吻端较距尾鳍基远，第二背鳍后缘内凹。臀鳍与第二背鳍同形。胸鳍上侧位，基部无腋鳞。腹鳍起点距臀鳍起点较距吻端近。尾鳍分叉。

体背灰绿色，体侧银白色，腹部白色。各鳍灰色，**胸鳍基底上方有黑色斑点。**

【生物学特性】

暖水性近海岩礁性鱼类。主要栖息于沿岸礁滩和水浅的潟湖礁区，常在淤泥底质海域的表层集群，经常在有淡水汇入的咸淡水水域活动。以底泥中的有机碎屑和浮游生物等为食。具集群性。常见个体体长20cm，最大体长可达40cm。

【地理分布】

分布于印度—太平洋区，西至红海，东至马绍尔群岛，北至日本南部，南至大堡礁和新喀里多尼亚南部；遍布密克罗尼西亚。在我国主要分布于南海和台湾周边海域。

【资源状况】

中型鱼类，主要通过流刺网等捕获，西沙永兴岛港湾内曾有一网超50kg的纪录。肉可食用。

《中国物种红色名录》将其列为濒危（EN）等级。

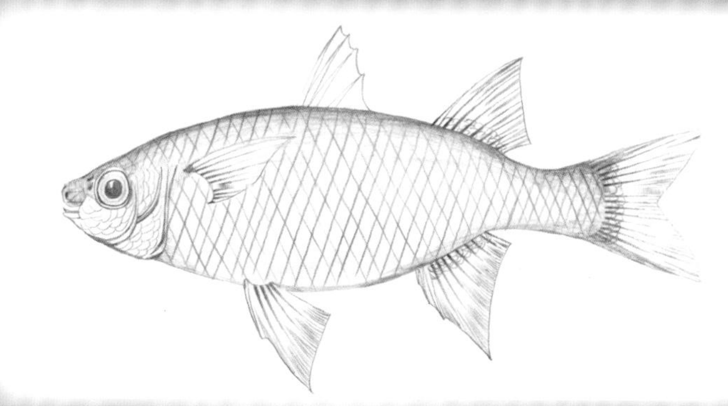

15. 董氏异鳞鱵 *Zenarchopterus dunckeri* Mohr, 1926

【英文名】Duncker's river garfish

【别名】异鳞鱵、纵带异鳞鱵、董氏异鳍鱵

【分类地位】颌针鱼目Beloniformes
异鳞鱵科Zenarchopteridae

【主要形态特征】

背鳍10~12；臀鳍10~13；胸鳍9~10。背鳍前鳞28~32。

体颇延长，略侧扁，尾柄短小。头中大。眼颇大，前侧位。口上位，上颌短小，三角形，长大于宽，被鳞；**下颌扁针状突出，**为体长的1/2。**鼻孔具肉质突起，**其长大于眼径的1/2。

体被圆鳞。背鳍前鳞排列成2列，中间具1枚分界鳞，其游离缘朝向前方。侧线位低，近体下缘，始于鳃峡，止于尾鳍基部，侧线于鳃峡后方具一分枝，延伸达胸鳍基部。

背鳍1个，位于体后部1/4处。臀鳍短小，与背鳍相对，**雄鱼臀鳍的第六至第七鳍条延长呈羽状，特化为交接器。**胸鳍短，小于头长。腹鳍小，后位。尾鳍钝圆形，下部鳍条稍突出。

体背侧灰黑色，腹面白色。体侧具银白色纵带。背鳍灰黑色，其他各鳍浅黄色或灰白色。

【生物学特性】

暖水性近海表层鱼类。主要栖息于沿岸、潟湖或港湾表层，成群洄游，可进入河口、红树林等咸淡水水域。主要以桡足类、小型鱼类及水生昆虫等为食。常见个体体长5~10cm，最大体长可达14cm。

【地理分布】

分布于印度—西太平洋区，西至安达曼群岛，东至所罗门群岛，北至日本南部，南至新几内亚海域。在我国主要分布于南海和台湾周边海域。

【资源状况】

小型鱼类，数量稀少，偶尔通过定置网捕获。可食用，不具商业捕捞价值。

《中国物种红色名录》将其列为易危（VU）等级。

16.鳄形圆颌针鱼 *Tylosurus crocodilus* (Péron *et* Lesueur, 1821)

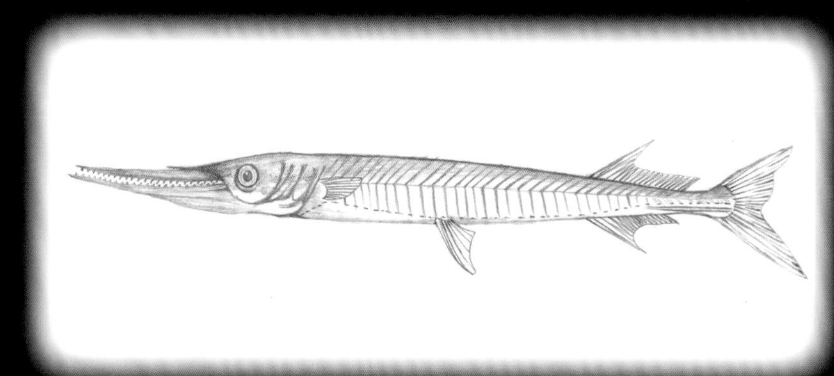

【英文名】hound needlefish

【别名】大圆颌针鱼、鳄形叉尾鹤鱵、鳄形叉尾圆颌针鱼

【分类地位】颌针鱼目Beloniformes
颌针鱼科Belonidae

【主要形态特征】

背鳍21~23；臀鳍19~21；胸鳍12~14；腹鳍6。背鳍前鳞28~32。侧线鳞270~340。

体长且粗壮，**几呈圆柱形，**稍侧扁，截面为圆形或椭圆形；**尾柄侧面有隆起嵴，**几成四方形。头较宽，头顶部和侧面平坦，头顶部中央有一宽而浅的沟。**吻尖长，前上颌骨及下颌骨延长呈细长喙状。**眼侧位。口大，平直，上下颌约等长。**上下颌齿锥形，大而粗壮；舌上有大而圆钝的突起。**

鳞细小，头后缘有一鳞斑，前鳃盖骨具鳞，主鳃盖骨裸露。侧线位低，近腹缘，在尾柄后部两侧形成线状隆嵴。

背鳍1个，前方鳍条延长，后方鳍条亦稍延长。臀鳍与背鳍相对，前方鳍条延长。胸鳍侧上位。腹鳍位于眼前缘至尾鳍基的中点或稍前方。**尾鳍叉形，下叉较长。**

体背蓝绿色，体侧银白色。体侧中央具一蓝黑色纵带。胸鳍灰色，其他各鳍黄绿色，背鳍、尾鳍末端暗黑色。

【生物学特性】

暖水性大洋性中上层鱼类。常出现于沿岸礁区及潟湖，经常成群在表层活动。凶猛掠食性鱼类，以表层活动的小型鱼类为食。常见个体体长90cm，最大全长可达1.5m，最大体重可达6.4kg。

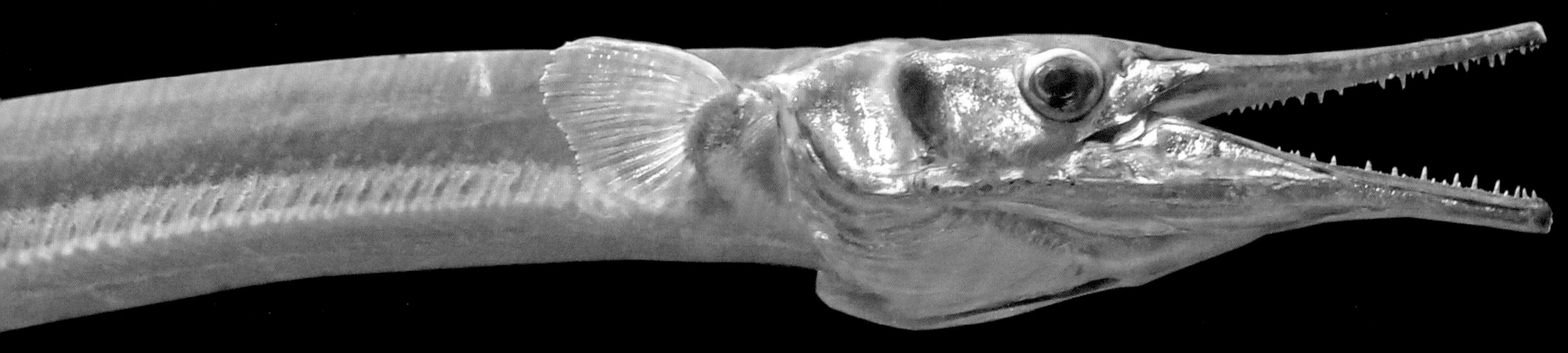

【地理分布】

分布于印度—西太平洋区，西至红海、东非沿岸和波斯湾，东至法属波利尼西亚，北至日本，南至澳大利亚新南威尔士。在我国主要分布于台湾、香港到北部湾海域。

【资源状况】

中型鱼类，主要通过流刺网、定置网、钩钓等捕获。可食用。

17.凸颌锯鳞鱼 *Myripristis berndti* Jordan *et* Evermann, 1903

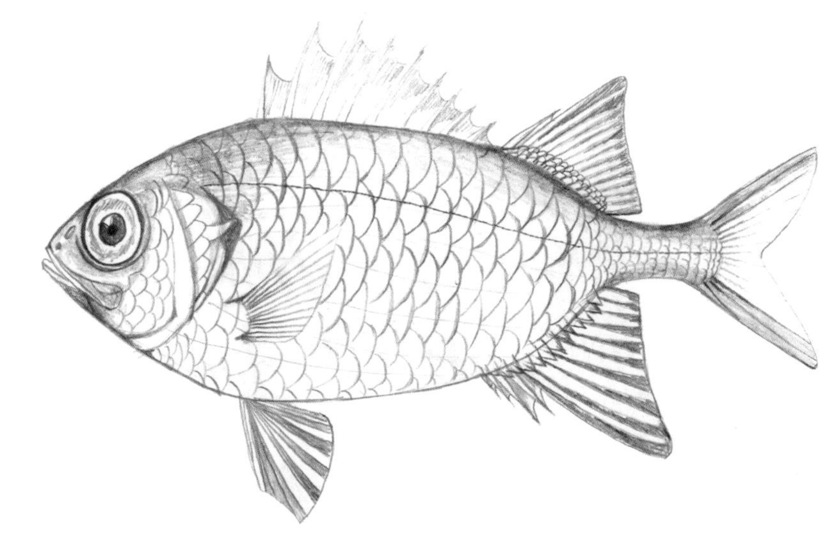

【英文名】blotcheye soldierfish

【别名】大鳞锯鳞鱼、凸颌松毬、伯特氏锯鳞鱼

【分类地位】金眼鲷目Beryciformes
鳂科Holocentridae

【主要形态特征】

背鳍X，Ⅰ-13~15；臀鳍Ⅳ-11~13；胸鳍14~16；腹鳍Ⅰ-7。侧线鳞28~31。

体呈长椭圆形。头较大，具黏液腔，外露骨骼多具锯齿。眼大。口前位，斜裂，成鱼下颌稍突出。下颌前端外侧具1对联合齿，上颌前端无容纳联合齿的缺刻；颌骨、犁骨和腭骨均具绒毛状齿带。前鳃盖骨后下角无强棘，主鳃盖骨及眶下骨具强弱不一的硬棘。

体被中大栉鳞，胸鳍腋部被小鳞。侧线完全。

背鳍鳍棘部与鳍条部间具深凹。臀鳍起点位于背鳍鳍条部下方。胸鳍侧位，稍低。腹鳍起点位于胸鳍基后下方。尾鳍深叉形。

体呈鲜红色。各鳞片中央粉红色至淡黄色，边缘红色。鳃盖膜后上缘皮膜黑色，可伸至主鳃盖骨棘上方。胸鳍基部具黑斑。背鳍鳍棘部上方黄色，背鳍鳍条部、臀鳍、腹鳍和尾鳍前缘白色，连接1条红色宽带。瞳孔上方黑色。

【生物学特性】

暖水性珊瑚礁鱼类。喜栖息于珊瑚礁的礁岩下方和斜坡外缘，栖息水深最少50m。夜行性，白天躲藏在洞穴中休息，夜晚外出觅食。主要以浮游动物为食。常见个体全长22cm左右，最大全长可达23cm。

【地理分布】

广泛分布于印度—太平洋区和东太平洋区，西至东非沿岸，东至加拉帕戈斯群岛，北至琉球群岛，南至大堡礁、诺福克岛和豪勋爵岛。在我国主要分布于台湾周边海域。

【资源状况】

小型鱼类，主要通过钩钓等捕获。天然产量少，食用价值较低，但具有一定的观赏价值，偶见于水族馆。

18.红锯鳞鱼 *Myripristis pralinia* Cuvier, 1829

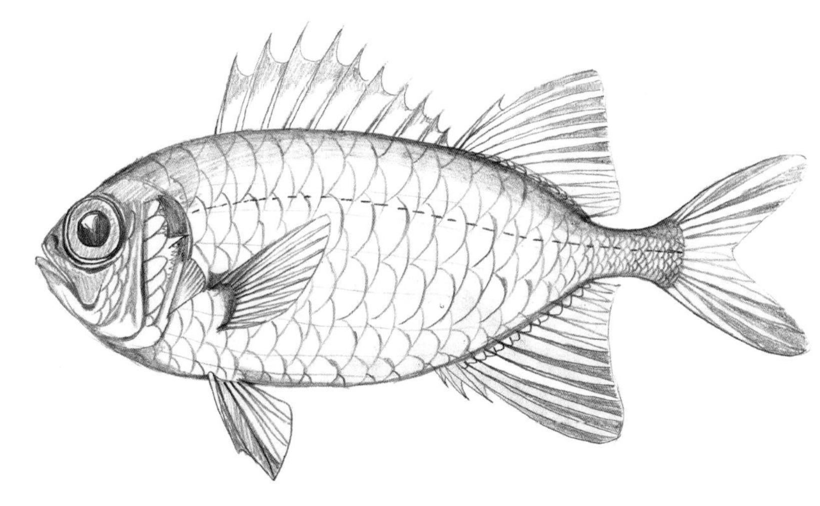

【英文名】scarlet soldierfish

【别名】坚锯鳞鱼、坚松毬

【分类地位】金眼鲷目Beryciformes
鳂科Holocentridae

【主要形态特征】

背鳍Ⅹ，Ⅰ-14~17；臀鳍Ⅳ-13~15；胸鳍14~15；腹鳍Ⅰ-7。侧线鳞34~40。

体呈长椭圆形。头较大，具黏液腔，外露骨骼多具锯齿。眼大。口前位，斜裂。下颌骨前端外侧具1对联合齿，上颌前端具容纳联合齿的缺刻；颌骨、犁骨和腭骨均具绒毛状齿带。前鳃盖骨后下角无强棘，主鳃盖骨及眶下骨具强弱不一的硬棘。

体被大栉鳞，胸鳍腋部无鳞。侧线完全。

背鳍鳍棘部与鳍条部间具深凹。臀鳍起点位于背鳍鳍条部下方。胸鳍侧位，稍低。腹鳍起点位于胸鳍基下方。尾鳍深叉形。

体背部红色，腹部淡红色。各鳍红色，背鳍鳍条部及臀鳍近基底部透明，腹鳍鳍棘白色。胸鳍基部黑色。鳃盖膜后上缘具棕色斑块，伸至主鳃盖骨棘上方。

【生物学特性】

暖水性岩礁鱼类。常小群出现于洞穴、礁台缝隙、珊瑚礁湖或珊瑚礁斜坡外围，栖息水深可达50m。夜行性，主要以浮游动物为食。

【地理分布】

分布于印度—太平洋区，西至东非沿岸，东至马克萨斯群岛，北至琉球群岛，南至新喀里多尼亚。在我国主要分布于台湾南部海域。

【资源状况】

小型鱼类，主要通过钩钓、延绳钓等捕获。天然产量少，食用价值较低，但具有一定的观赏价值，偶见于水族馆。

19.尖吻棘鳞鱼 *Sargocentron spiniferum* (Forsskål, 1775)

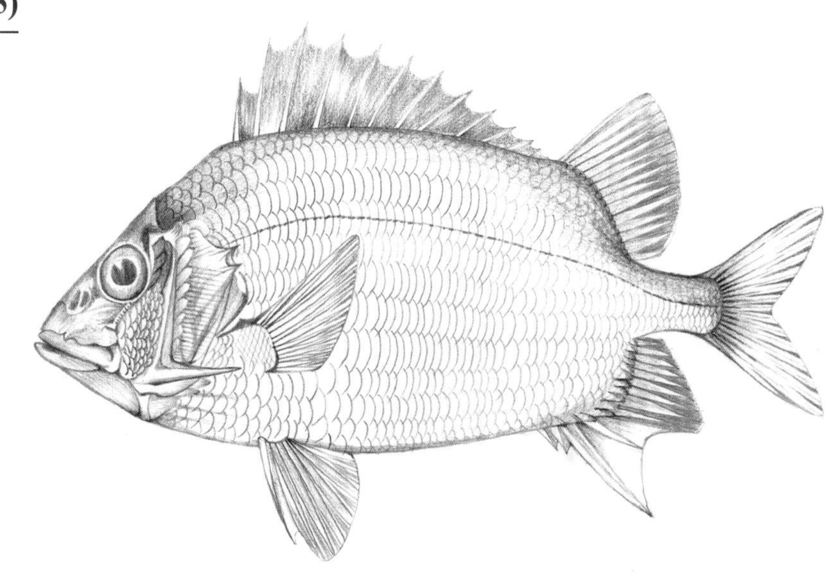

【英文名】sabre squirrelfish

【别名】棘鳂、尖吻真鳂

【分类地位】金眼鲷目Beryciformes
鳂科Holocentridae

【主要形态特征】

背鳍Ⅹ，Ⅰ-14~16；臀鳍Ⅳ-9~10；胸鳍14~16；腹鳍Ⅰ-7。侧线鳞28~30。

体长椭圆形，尾柄细长。头高大于头长。吻前端每侧有一叉棘，背面凹窝达眼间隔。吻较长，吻长大于或等于眼径。眼位于头侧上方，距吻端较近。口前位。上下颌、犁骨和腭骨均具绒毛状齿带。前鳃盖骨下角具一强棘，长约等于眼径。主鳃盖骨具2~3枚棘，上棘较大。

体被强栉鳞，颊部与鳃盖骨前缘具鳞，侧线上鳞3.5行。侧线侧上位。

背鳍鳍棘发达，第一背鳍第三鳍棘最长。臀鳍位于第二背鳍下方，第三鳍棘最长。胸鳍刀状，侧位，稍低。腹鳍起点位于胸鳍基下方。尾鳍深叉形。

头体呈红色，鳞后缘及体腹侧较淡。前鳃盖骨后上缘、眶下骨及主鳃盖骨后缘具乳白色纹，眼后方的前鳃盖骨上有一深红色斑。背鳍、臀鳍鳍棘部鳍膜深红色，其余各鳍黄色。

【生物学特性】

暖水性岩礁鱼类。幼鱼栖息于浅水礁石附近，成鱼栖息于岩礁和珊瑚礁水深较深的水域。夜行性，白天独自躲藏在洞穴内休息，夜晚外出觅食。主要以甲壳类和小型鱼类等为食。常见个体全长35cm左右，最大全长可达51cm，最大体重可达2.6kg。

【地理分布】

分布于印度—太平洋区，西至红海和东非沿岸，东至夏威夷群岛和迪西岛，北至日本南部，南至澳大利亚；遍布密克罗尼西亚。在我国主要分布于南海和台湾周边海域。

【资源状况】

中型鱼类，主要通过钩钓和延绳钓捕获。可食用，具有一定的观赏价值，偶见于水族馆。

20.中华管口鱼 *Aulostomus chinensis* (Linnaeus, 1766)

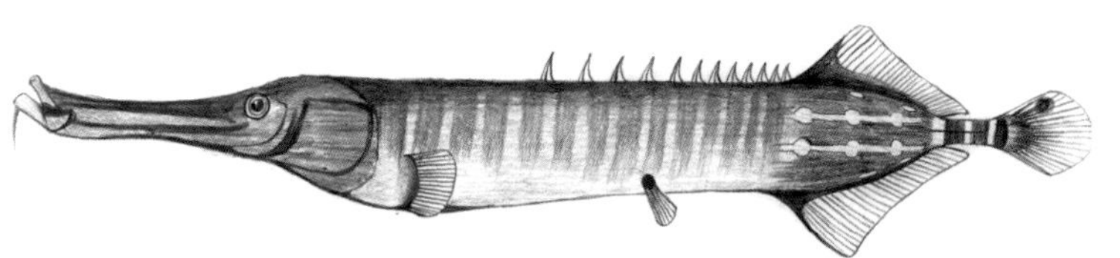

【英文名】Chinese trumpetfish

【别名】中国管口鱼

【分类地位】海龙目Syngnathiformes
管口鱼科Aulostomidae

【主要形态特征】

背鳍Ⅷ~Ⅻ，24~27；臀鳍26~29；胸鳍16~17；腹鳍6。侧线鳞244~258。

体细长，侧扁。口小，管状，位于长而侧扁的吻部前端。下颌较上颌突出。颏部有一肉质短须。前鳃盖骨和鳃盖有明显细纹。上颌无齿，下颌具细齿。鳃耙退化，仅有结节状痕迹。

体被小栉鳞。侧线完全。

背鳍位于体后部，背鳍前具8~12枚游离鳍棘。臀鳍与背鳍同形相对。胸鳍圆形。腹鳍具6枚鳍条。尾鳍小菱形。

体色因性别、年龄而异，变化大。雄鱼背侧黄色，腹部苍白色，尾鳍上叶有黑点。雌鱼背侧浅棕色，腹部白色，体侧具浅色纵带。亦有全身黄色的“黄化个体”。上颌有一棒状黑斑。背鳍、臀鳍基部具黑色带。尾鳍上下叶有黑色圆点，腹鳍基部有一黑斑。

幼鱼

【生物学特性】

暖水性底层鱼类。主要栖息于珊瑚礁海区的藻丛间，具竖直倒立的拟态行为，当敌人靠近时能迅速改变成与环境一样的体色。主要以小鱼、虾类等为食。常见个体全长60cm左右，最大全长可达80cm。

【地理分布】

分布于印度—太平洋区，西至东非沿岸，东至夏威夷群岛和复活节岛，北至日本南部，南至豪勋爵岛。另外，在中东太平洋区分布于巴拿马、雷维亚希赫多群岛、克利伯顿岛、科科斯岛和马尔佩洛岛。在我国主要分布于南海和台湾周边海域。

【资源状况】

中小型鱼类，偶尔通过潜水或网具捕获。不具食用价值，因外形奇特，常见于水族馆。

21.长吻鱼 *Macroramphosus scolopax* (Linnaeus, 1758)

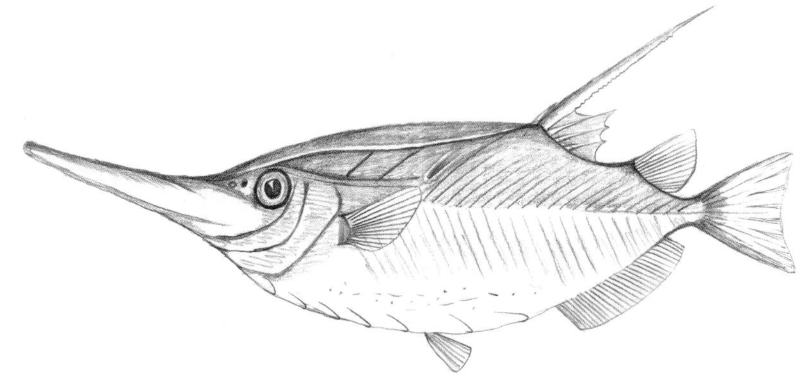

【英文名】longspine snipefish

【别名】鹬嘴鱼、鹭管鱼、日本长吻鱼

【分类地位】海龙目Syngnathiformes
玻甲鱼科Centriscidae

【主要形态特征】

背鳍Ⅵ~Ⅷ，11~13；臀鳍18~20；胸鳍15~17；腹鳍5。

体呈长椭圆形，体长约为体高的4倍。头中大。吻尖长，突出呈管状，吻长大于体高。口小，位于管状吻的顶端。眼中大，圆形。

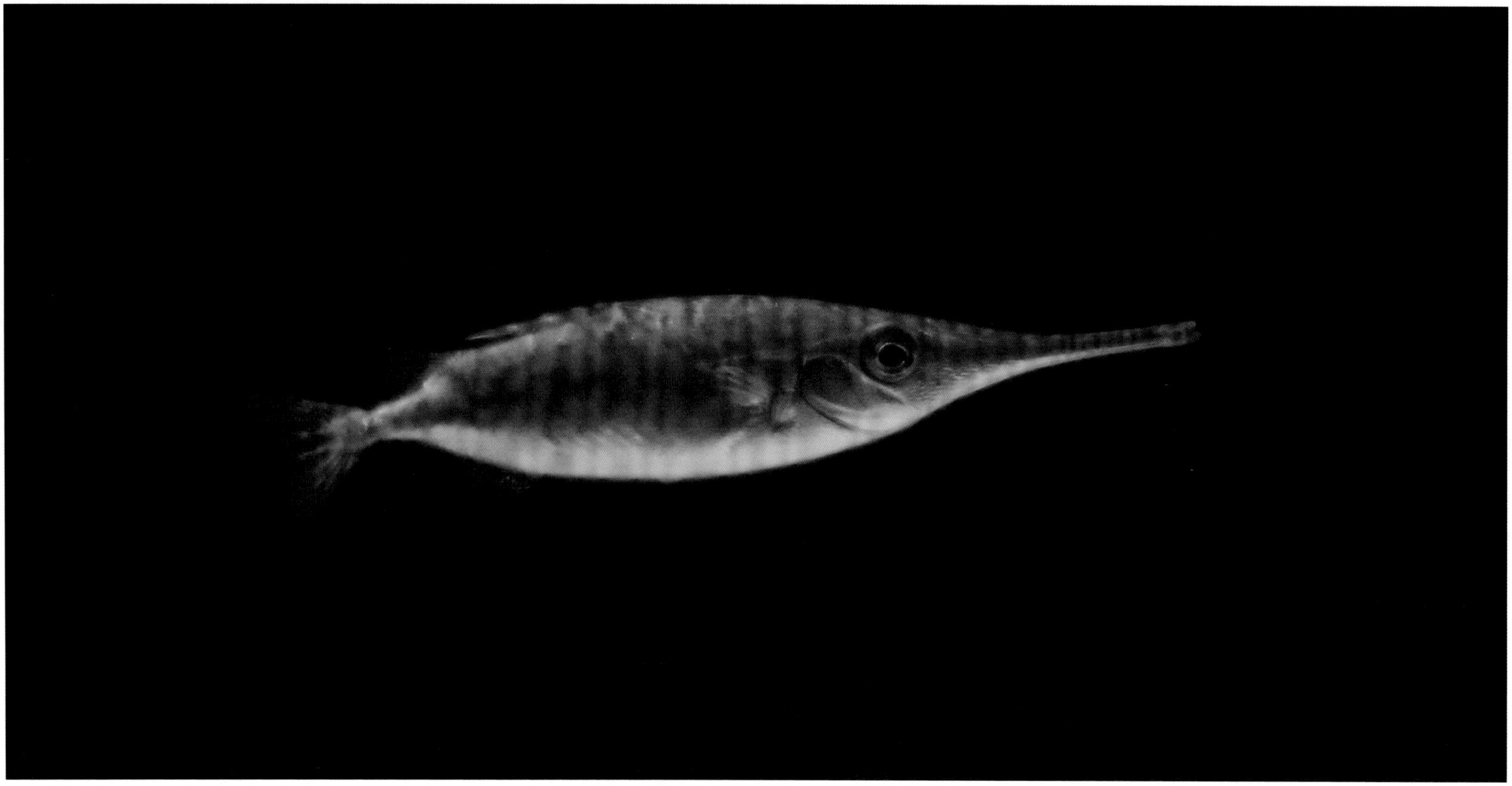

体被粗糙小鳞，背、腹面具2行骨板，每一行包括3个发育完全的大骨板和1个小骨板。

背鳍2个，第一背鳍位于体中部后方，第二鳍棘最长大，后缘锯齿状。腹鳍小。尾鳍叉形。

体呈淡红色或橘黄色，腹部银白色。各鳍黄色。

【生物学特性】

暖水性底层鱼类。主要栖息于大陆架斜坡水深50~350m的泥沙底质海域，最大栖息水深可达600m。幼鱼常栖息于大洋表层，成鱼常栖息于深水区的底层，在海底时常保持头部向下、身体倾斜的姿态，游泳时呈水平。集群性，幼鱼主要以桡足类等浮游生物为食，成鱼以底栖无脊椎动物为食。常见个体全长12cm左右，最大全长可达20cm。

【地理分布】

广泛分布于全世界各热带及温带海域。在我国主要分布于东海、南海和台湾周边海域。

【资源状况】

小型鱼类，主要通过底拖网捕获。不具食用价值，但具有一定的学术研究价值。另外，由于其独特的体形和习性，具有一定的观赏价值，可见于大型水族馆。

22.无备平鲉 *Sebastes inermis* Cuvier, 1829

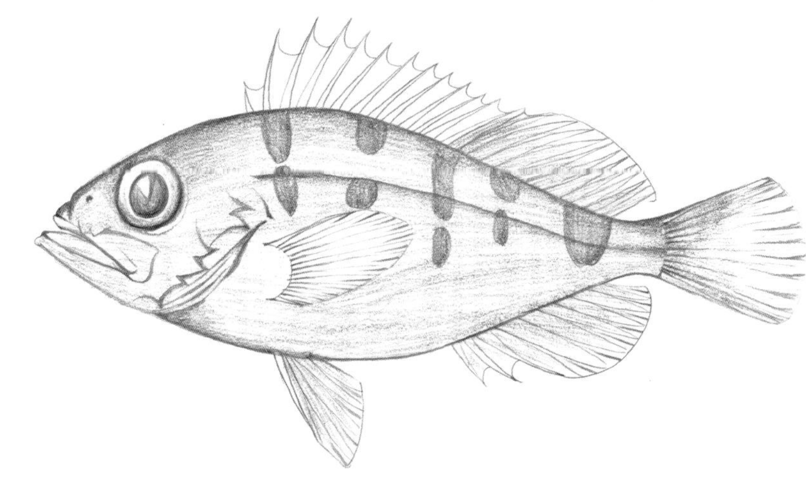

【英文名】darkbanded rockfish

【别名】无棘鲉

【分类地位】鲉形目Scorpaeniformes
平鲉科Sebastidae

【主要形态特征】

背鳍XIII-13~14；臀鳍III-7~8；胸鳍16~17；腹鳍 I -5。侧线鳞42~45。

体呈长椭圆形，侧扁，背、腹缘浅弧形。头中大，侧扁。眼间隔宽平，微凹。眶前骨下缘具2枚大棘。口中大，前位。下颌突出于上颌，上颌骨后端伸达眼中部下方。上下颌、犁骨和腭骨均具绒毛状齿带，下颌前端齿呈球丛状。舌端尖圆，游离。

头体均被栉鳞。侧线发达，浅弧形，向后延伸至尾基。

背鳍连续，鳍棘部与鳍条部间有一凹刻。臀鳍与背鳍鳍条部相对，短于背鳍鳍条。胸鳍中大。腹鳍胸位。尾鳍后缘近截形。

体呈褐红色，鳃盖上方有1个圆斑。体背侧有5条横纹，横纹下方常断裂为斑纹。

【生物学特性】

冷温性近海底层鱼类。常栖息于近海底层的岩礁地带和泥沙底质海域，幼鱼靠近沿岸，成鱼常在深水激流处活动，无远距离洄游习性。胸部下方不分枝鳍条具感觉能力，用来探索食物。摄食甲壳动物和小鱼。卵胎生，春夏季产仔。刺毒鱼类，刺伤后创口红肿、疼痛。最大全长可达36cm。

【地理分布】

分布于西北太平洋区日本北海道南部至九州岛和朝鲜半岛南部。在我国主要分布于黄海海域。

【资源状况】

中小型鱼类，主要通过钩钓和网捕捕获。为我国黄海的食用经济鱼类，也是近海增殖和人工养殖对象之一。

23.环纹蓑鲉 *Pterois lunulata* Temminck *et* Schlegel, 1843

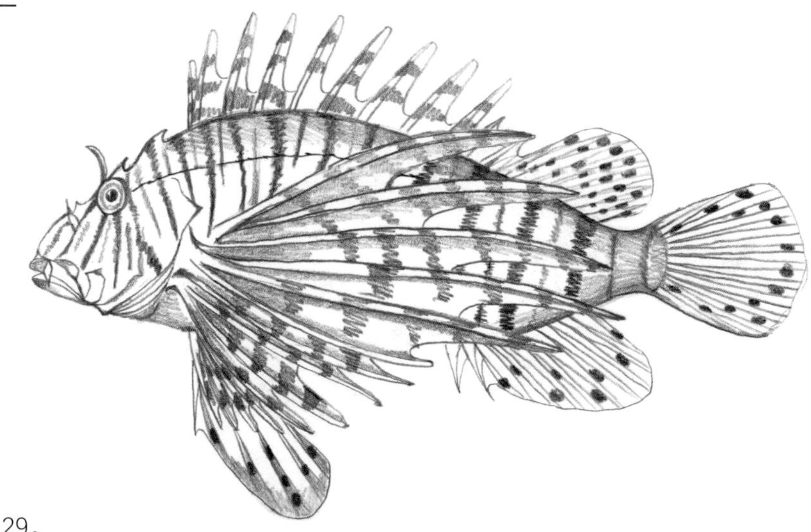

【英文名】luna lion fish

【别名】龙须蓑鲉、狮子鱼

【分类地位】鲉形目Scorpaeniformes
鲉科Scorpaenidae

【主要形态特征】

背鳍XIII-10~12；臀鳍III-7~8；胸鳍12~14；腹鳍 I -5。侧线鳞24~29。

体延长，侧扁，前部稍高。头中大，侧扁。吻狭长，圆钝；吻端具小须1对。眼较小，圆形，上侧位。眶前骨下缘具锯齿状小棘及2枚短小皮瓣。前鼻孔后缘具一尖鼻瓣。口大，前位。上颌中央具一凹缺，下颌腹面中央具一突起。齿细小，绒毛状，上下颌、颅骨均具齿群；上颌中央凹缺处无齿，腭骨无齿。舌端细尖，游离。

鼻棘1个，小而尖。眶前骨外侧具1枚小棘，下缘后叶具2枚小棘。第二眶下骨后端具2~5枚小棘。前鳃盖骨具3枚棘，三角形。主鳃盖骨具一扁棘，微小。眶上棱高凸，具眼前棘和眼后棘各1个，眼间具额棱1对。

体被细小圆鳞。侧线上侧位，伸达尾鳍基底。

背鳍连续，起点在鳃孔上角后上方，鳍棘部基底长于鳍条部基底；鳍棘尖长，仅基部有膜相连。臀鳍略短于背鳍鳍条部，第三鳍棘最长。胸鳍甚长大，鳍膜深裂。腹鳍起点在胸鳍基底下方，向后几伸达臀鳍。尾鳍圆形。

体呈粉红色，顶枕部及头侧具10~11条棕色横纹，体侧具20~22条宽狭相间棕色横纹。背鳍鳍棘部、胸鳍及腹鳍粉红色，具棕色斑列。背鳍鳍条部、臀鳍和尾鳍均淡色，散布黑棕色斑点。

【生物学特性】

暖水性岩礁鱼类。主要栖息于珊瑚、碎石或岩石底质的礁石平台，也发现于近岸至外围礁石区的潟湖和洞穴中。有时会集成小群活动。通常栖息在水深较浅的区域，但最大栖息水深可达170m。主要以鱼类和甲壳类为食。属刺毒鱼类，背鳍鳍棘基部具毒腺，人被刺伤后可产生剧烈疼痛及红肿等症状，具有一定的危险。常见个体全长25cm左右，最大全长达35cm。

【地理分布】

分布于印度—太平洋区毛里求斯至日本南部。在我国主要分布于南海、东海南部和台湾周边海域。

【资源状况】

中小型鱼类，数量少，无食用价值。但作为观赏鱼极受欢迎，已能人工繁殖，在水族行业具有较高的商业价值。

24.黑鞍鳃棘鲈 *Plectropomus laevis* (Lacepède, 1801)

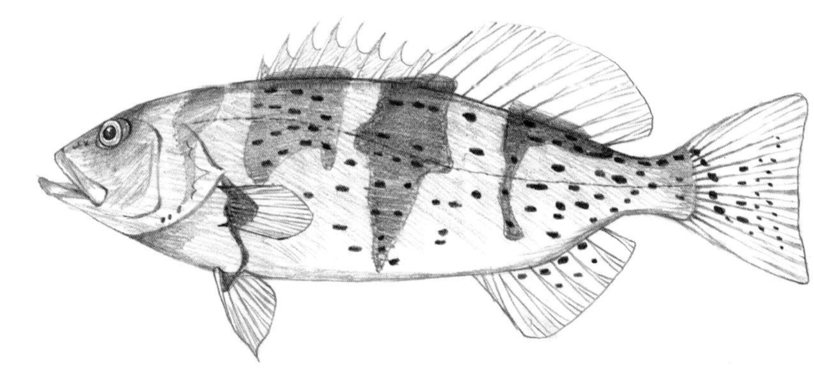

【英文名】 blacksaddled coralgrouper

【别名】 黑带鳃棘鲈、横斑刺鳃鮨、横斑豹鲙

【分类地位】 鲈形目Perciformes
鮨科Serranidae

【主要形态特征】

背鳍Ⅷ-10~12；臀鳍Ⅲ-8；胸鳍16~18；腹鳍Ⅰ-5。侧线鳞83~97。

体延长，粗壮。头中大。眼较小，上侧位，眼间隔稍隆起。吻端尖，口裂大，上颌骨后端伸达眼后缘下方。下颌侧边具小犬齿。前鳃盖骨下缘具3枚向前的倒棘，主鳃盖骨具3枚扁平棘，常埋于皮下。

体被细小栉鳞。侧线完全，在胸鳍上方弯曲。

背鳍连续，无缺刻，鳍棘部显著短于鳍条部。臀鳍与背鳍鳍条部相对，鳍棘细弱。胸鳍圆形。腹鳍稍小，末端远不及肛门。尾鳍后缘凹入。

具两种色相：小型个体（体长40cm左右）体呈乳白色，体侧具5条黑褐色鞍状带，散布黑缘蓝色斑点，各鳍橘黄色；大型个体（体长1m左右）体呈红褐色，体侧各暗带不明显，散布黑缘蓝色斑点。

【生物学特性】

暖水性岩礁鱼类。主要栖息于珊瑚繁生的潟湖及外围礁石斜坡，幼鱼主要生活于浅水珊瑚碎石区。性凶猛，主要以鱼类为食，偶尔捕食甲壳类，幼鱼主要以小型鱼类和甲壳类、头足类等无脊椎动物为食。稚鱼具有模拟横带扁背鲀（*Canthigaster valentini*）的行为。常见个体体长80cm左右，最大全长可达125cm，最大体重可达24.2kg。

【地理分布】

分布于印度—太平洋区，西至东非沿岸，东至土阿莫土群岛，北至琉球群岛，南至澳大利亚昆士兰。在我国主要分布于南海和台湾周边海域。

【资源状况】

大型鱼类。主要通过钩钓、鱼枪及笼壶类捕获。肉味鲜美，为上等食用鱼类。

25.刺盖拟花鮨 *Pseudanthias dispar* (Herre, 1955)

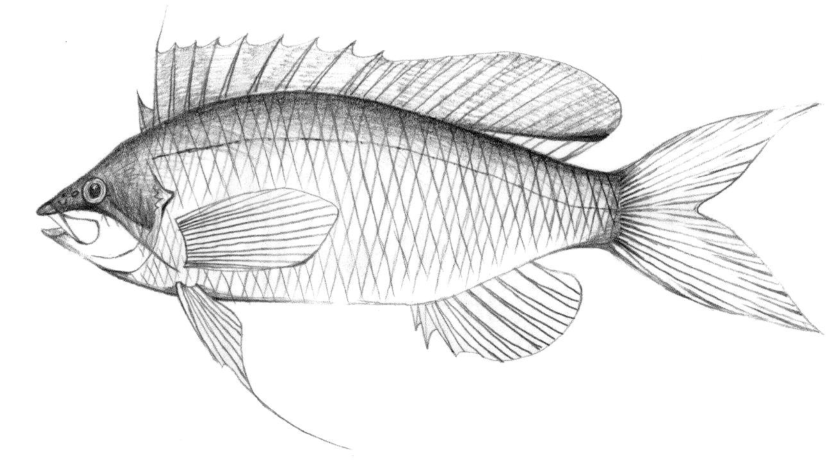

【英文名】peach fairy basslet

【别名】刺盖拟花鲈、金花宝石、紫罗兰海金鱼

【分类地位】鲈形目Perciformes
鮨科Serranidae

【主要形态特征】

背鳍Ⅹ-16~18；臀鳍Ⅲ-7~8；胸鳍18~20；腹鳍Ⅰ-5。侧线鳞55~63。

体呈长椭圆形，侧扁。头较大。眼中大。口较大，稍倾斜，雄鱼上唇肥厚且圆凸。上下颌齿细小，前端具犬齿。前鳃盖骨后缘锯齿状。主鳃盖骨后缘具2枚棘。

体被小栉鳞。侧线完全，与背缘平行。

背鳍连续，无缺刻，第二鳍棘最长。雄鱼腹鳍第二鳍条延长呈丝状，伸达臀鳍中后部；雌鱼稍延长。尾鳍深叉形，上下叶延长。

体上半部呈橘黄色，下半部偏紫红色，头部由吻端至胸鳍基部具一淡蓝色边缘的黄色斜带。雄鱼头部上半部蓝紫色，背鳍至少前半部为深红色。

【生物学特性】

暖水性岩礁鱼类。主要栖息于水深1~18m外围礁石区斜坡的上缘，常集成大群。最大全长可达10cm。

【地理分布】

分布于印度—太平洋区，西至圣诞岛，东至莱恩群岛，北至日本八重山群岛，南至大堡礁、斐济和萨摩亚群岛。在我国主要分布于台湾周边海域。

【资源状况】

小型鱼类，主要通过陷阱等捕获。体色艳丽，是常见海水观赏鱼类，常见于水族馆。

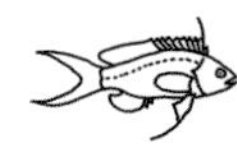

雄鱼

26.条纹拟花鮨 *Pseudanthias fasciatus* (Kamohara, 1955)

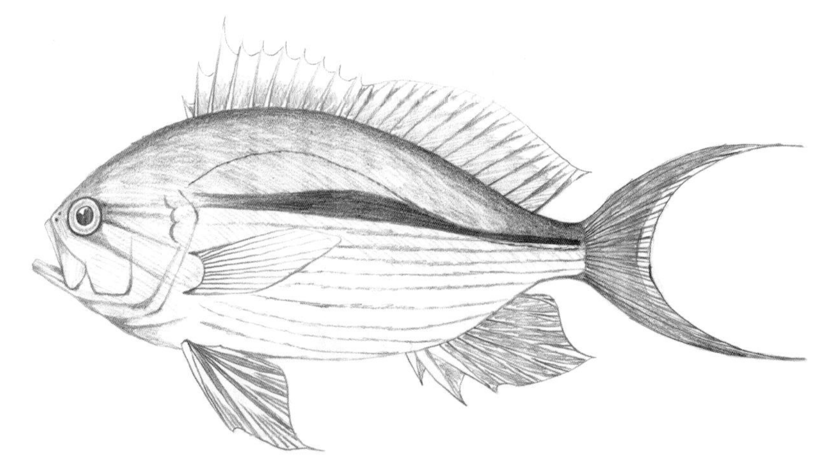

【英文名】one-stripe anthias

【别名】**条纹拟花鲈、条纹花鮨、红间蓝眼宝石、红线宝石**

【分类地位】鲈形目Perciformes
鮨科Serranidae

【主要形态特征】

背鳍X-16~17；臀鳍Ⅲ-7；胸鳍17~19；腹鳍Ⅰ-5。侧线鳞41~45。

体呈长椭圆形，侧扁，稍高。头较大。眼中大。口较大，稍倾斜。上下颌齿细小，前端具犬齿。前鳃盖骨、间鳃盖骨和下鳃盖骨缘均具锯齿。

体被小栉鳞。侧线完全，与背缘平行。

背鳍连续，无缺刻，第三鳍棘最长。腹鳍后端几伸达臀鳍起点。尾鳍弯月形，上下叶延长如丝。

体呈淡橙色，体侧自鳃盖后缘至尾鳍基部具一橘红色宽纵带，上部鳞片中央具黄褐色点，下部鳞片中央具黄色点，各形成点状纵带。头部由吻端至胸鳍基部具一淡紫色边缘的黄色斜带。尾鳍黄色，上下叶具淡紫色边缘。

【生物学特性】

暖水性岩礁鱼类。主要栖息于水深20~150m向海礁区的洞穴或暗礁附近。独居或集成小群。最大全长可达21cm。

【地理分布】

分布于印度—太平洋区，西至红海，东至密克罗尼西亚，北至日本南部，南至大堡礁。在我国主要分布于南海和台湾周边海域。

【资源状况】

小型鱼类，无食用价值。体色艳丽，偶见于大型水族馆。

雄鱼

雌鱼

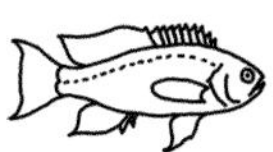

27.高体拟花鮨 *Pseudanthias hypselosoma* Bleeker, 1878

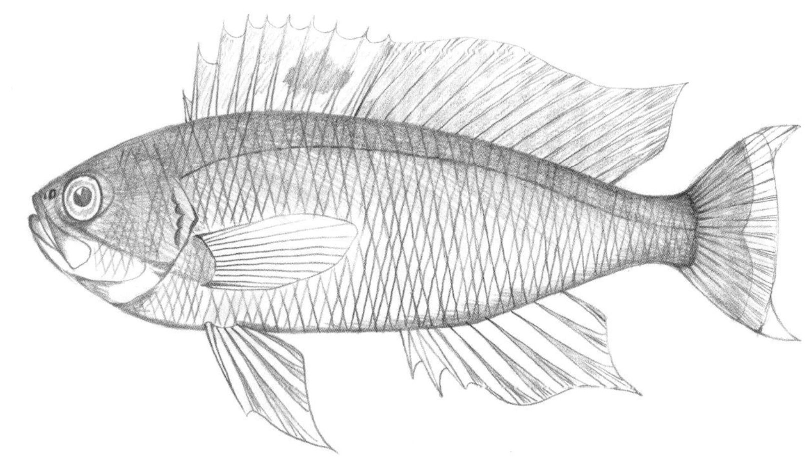

【英文名】stocky anthias

【别名】高体拟花鲈、截尾花鮨、粉红海金鱼

【分类地位】鲈形目Perciformes
鮨科Serranidae

【主要形态特征】

背鳍Ⅹ-15~17；臀鳍Ⅲ-7；胸鳍18~20；腹鳍Ⅰ-5。侧线鳞44~48。

体呈长椭圆形，侧扁。眼中大。口较大，稍倾斜。吻圆钝，下颌稍突出。上下颌齿细小，前端具犬齿。间鳃盖骨和下鳃盖骨下缘具锯齿。体被小栉鳞。侧线完全，与背缘平行。

背鳍连续，无缺刻，第三鳍棘略长。腹鳍后端不伸达臀鳍起点。尾鳍后缘近截形，雄鱼上下叶端略尖突。

体背呈淡粉色至橘黄色，腹侧白色。头部自眼下方至胸鳍基部具一粉紫色至橘红色斜带。雄鱼背鳍鳍棘部具一深红色斑，雌鱼尾鳍后缘红色。

【生物学特性】

暖水性岩礁鱼类。主要栖息于沿岸水深6~50m潟湖或内湾的岩礁区。常集群活动。常见个体体长15cm左右，最大全长可达20cm。

【地理分布】

分布于印度—太平洋区，西至马尔代夫，东至萨摩亚群岛，北至日本南部，南至大堡礁。在我国主要分布于台湾周边海域。

【资源状况】

小型鱼类，主要通过陷阱等捕获。体色艳丽，是常见海水观赏鱼类，常见于水族馆。

雄鱼

雌鱼

28.紫红拟花鮨 *Pseudanthias pascalus* (Jordan *et* Tanaka, 1927)

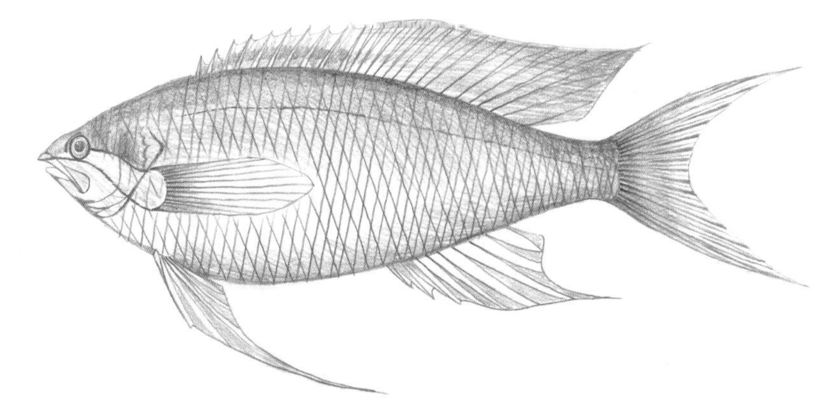

【英文名】amethyst anthias

【别名】**厚唇拟花鲈、厚唇花鮨、紫后、紫后海金鱼**

【分类地位】鲈形目Perciformes
鮨科Serranidae

【主要形态特征】

背鳍Ⅹ-15~17；臀鳍Ⅲ-7~8；胸鳍16~29；腹鳍Ⅰ-5。侧线鳞48~52。

体延长，侧扁。眼中大，眼后缘具乳突状突起。口较大，稍倾斜，雄鱼唇肥厚且圆凸。吻尖。上下颌齿细小，前端具犬齿。间鳃盖骨和下鳃盖骨下缘平滑。主鳃盖骨后缘具2枚棘。

体被小栉鳞。侧线完全，与背缘平行。

背鳍连续，无缺刻，雄鱼鳍条略延长。雄鱼臀鳍鳍条略延长。雄鱼腹鳍第二鳍条延长如丝。尾鳍深叉形，雄鱼上下叶延长。

体背呈紫红色，头部腹侧及喉部淡黄色。头部由吻端至胸鳍基部具一橙红色斜带。雄鱼背鳍鳍条部外侧红色。

【生物学特性】

暖水性岩礁鱼类。主要栖息于珊瑚礁盘和外围礁石区斜坡的洞穴，常集成大群活动。主要以桡足类、甲壳类幼体和鱼卵等为食。最大全长可达20cm。

【地理分布】

分布于太平洋区，西至印度尼西亚巴厘岛，东至土阿莫土群岛，北至日本南部，南至澳大利亚和新喀里多尼亚。在我国主要分布于台湾周边海域。

【资源状况】

小型鱼类，主要通过陷阱等捕获。体色艳丽，是常见海水观赏鱼类，常见于水族馆。

雄鱼

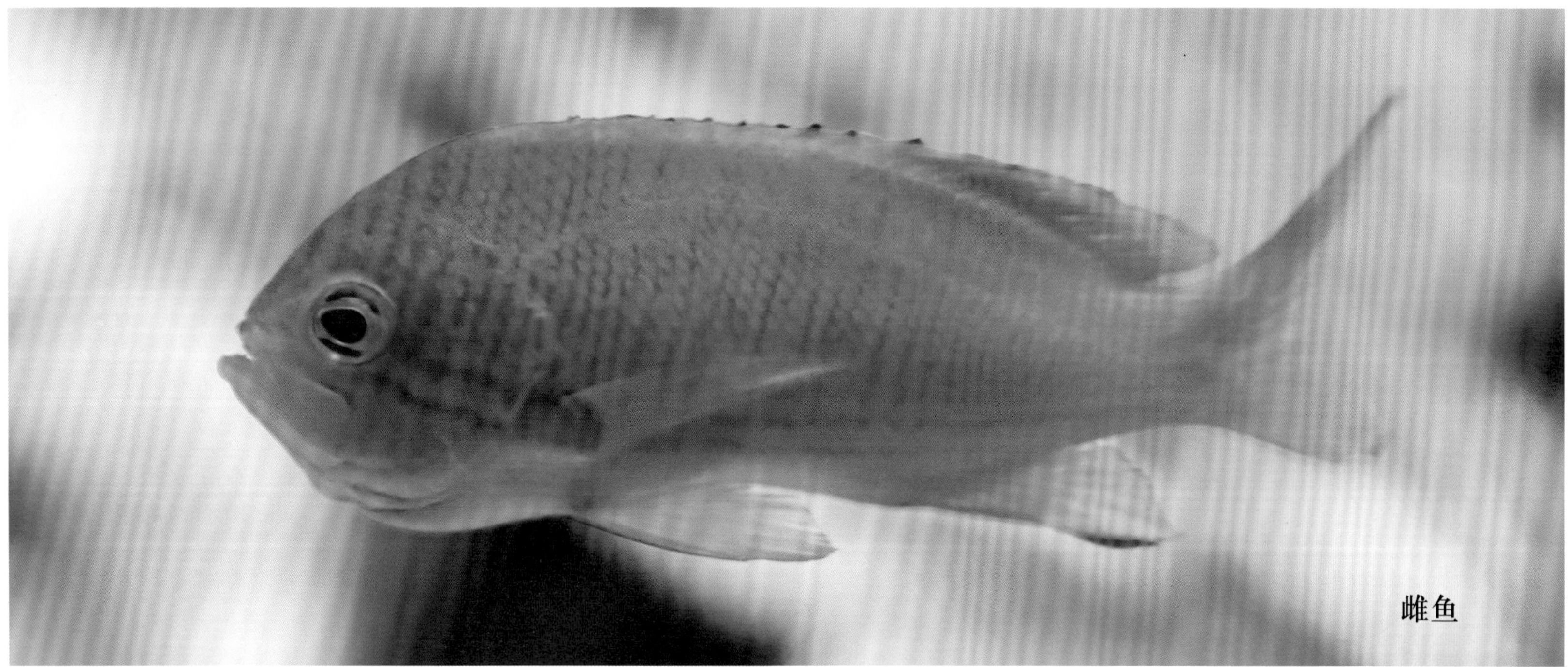
雌鱼

29.侧带拟花鮨 *Pseudanthias pleurotaenia* (Bleeker, 1857)

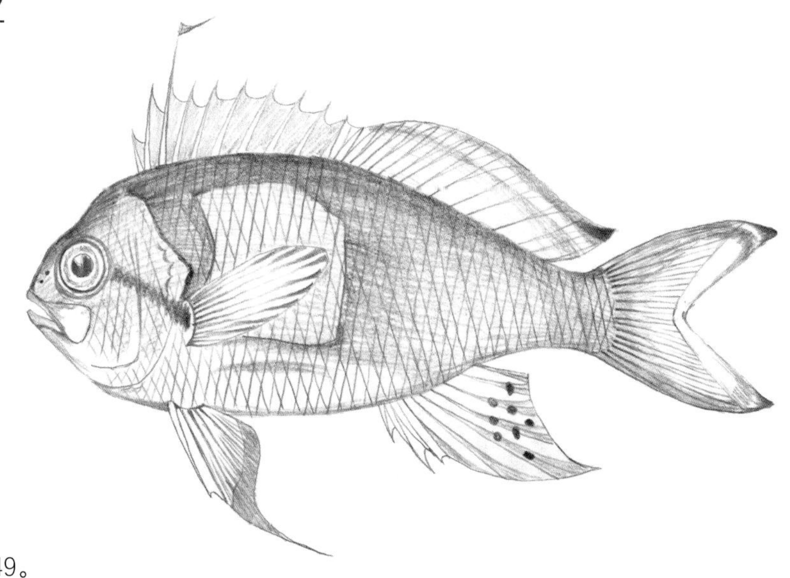

【英文名】square-spot fairy basslet

【别名】侧带花鮨、侧带拟花鲈、紫印、紫印海金鱼

【分类地位】鲈形目Perciformes
鮨科Serranidae

【主要形态特征】

背鳍Ⅹ-16~18；臀鳍Ⅲ-6~7；胸鳍17~19；腹鳍Ⅰ-5。侧线鳞44~49。

体呈长椭圆形，侧扁。眼中大，眼间隔隆起。口较大，稍倾斜，上唇稍肥厚。上下颌齿细小，前端具犬齿。间鳃盖骨和下鳃盖骨下缘具细锯齿。

体被小栉鳞。侧线完全，与背缘平行。

背鳍连续，无缺刻，第三鳍棘最长。雄鱼腹鳍第二鳍条延长如丝。尾鳍深叉形。

体色多变：雄鱼体呈橘红色，体侧具方形紫色大斑，眼下斜向经过胸鳍至尾柄前具一紫红色边缘的深橘红色纵带，背鳍鳍条部末端具红色斑块，各鳍具蓝色边缘，尾鳍上下叶末端紫色；雌鱼体一致呈黄色，除腹部外，鳞片皆具橘色边缘，眼下斜向至胸鳍具一紫红色边缘的深黄色纵带，其后另具2条紫红色细纹。

【生物学特性】

暖水性岩礁鱼类。主要栖息于受洋流冲击的礁区斜坡处，最大栖息水深可达180m。最大全长可达20cm。

【地理分布】

分布于太平洋区，西至印度尼西亚，东至萨摩亚群岛，北至日本南部，南至新喀里多尼亚。在我国主要分布于台湾周边海域。

【资源状况】

小型鱼类，主要通过陷阱等捕获。体色艳丽，是常见海水观赏鱼类，常见于水族馆。

30.红带拟花鮨 *Pseudanthias rubrizonatus* (Randall, 1983)

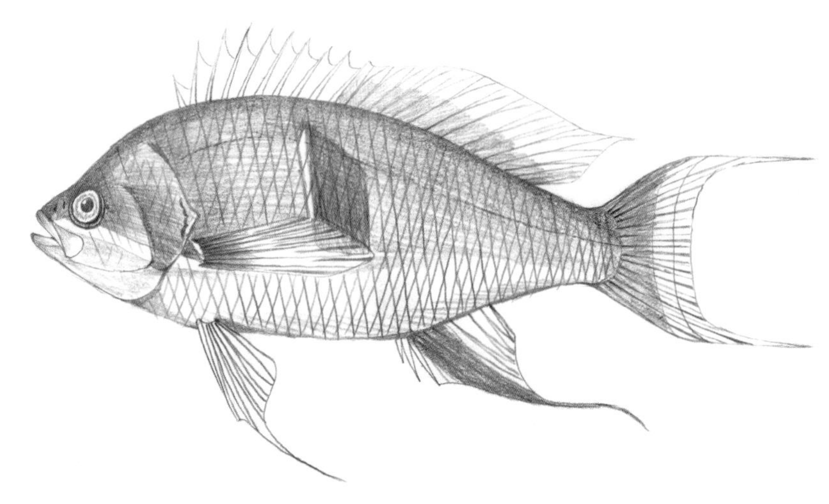

【英文名】red-belted anthias

【别名】红带拟花鲈、红腰花鲈

【分类地位】鲈形目Perciformes
鮨科Serranidae

【主要形态特征】

背鳍Ⅹ-16；臀鳍Ⅲ-7；胸鳍18~20；腹鳍Ⅰ-5。侧线鳞42~47。

体延长，侧扁。眼中大。口较大，稍倾斜。吻短，稍尖。上下颌齿细小，前端具犬齿。间鳃盖骨和下鳃盖骨具细锯齿。

体被小栉鳞。侧线完全，与背缘平行。

背鳍连续，无缺刻，第四鳍棘最长。尾鳍弯月形。雄鱼腹鳍、臀鳍及尾鳍上下叶均呈丝状延长。

雄鱼头及体前部呈橘黄色，体侧在背鳍后四鳍棘下方具一红色宽横带，横带后有大片黄色区域，除胸鳍外，各鳍均具蓝色边缘。雌鱼体呈淡红色，腹侧白色，背侧鳞片中央黄色，尾鳍上下叶末端红色。雌雄鱼头部由眼下方至胸鳍基部均具1条粉紫蓝色斜带。

【生物学特性】

暖水性岩礁鱼类。常集成小群活动于独立的珊瑚礁或珊瑚碎石底质海域，栖息水深10~133m。最大全长可达12cm。

【地理分布】

分布于西太平洋区，西至安达曼海，东至所罗门群岛，北至日本南部，南至澳大利亚新南威尔士和大堡礁。在我国主要分布于台湾周边海域。

【资源状况】

小型鱼类，无食用价值。体色艳丽，偶见于大型水族馆。

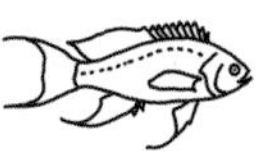

雄鱼

雌鱼

雄鱼

雌鱼

31.丝鳍拟花鮨 *Pseudanthias squamipinnis* (Peters, 1855)

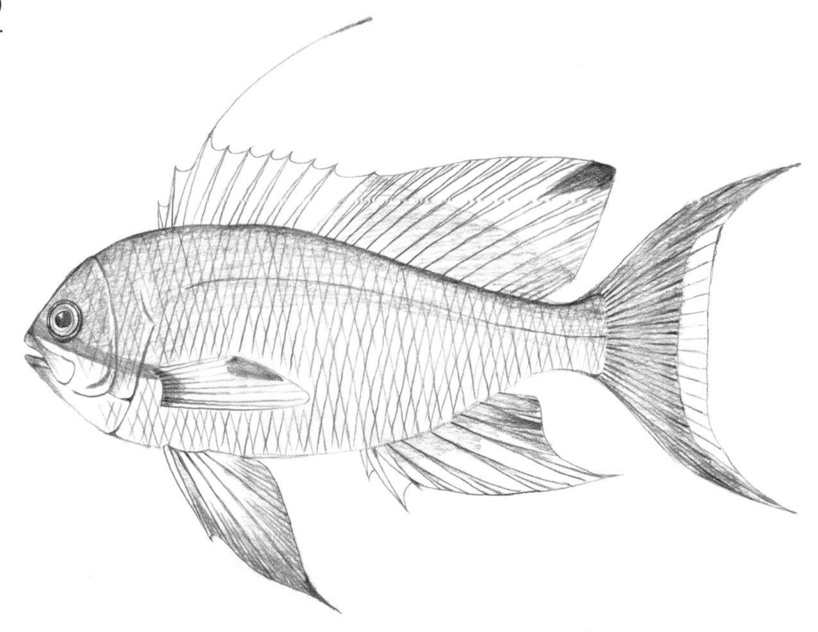

【英文名】sea goldie

【别名】长棘花鮨、金花鮨、蓝眼海金鱼、印尼蓝眼海金鱼

【分类地位】鲈形目Perciformes
鮨科Serranidae

【主要形态特征】

背鳍Ⅹ-15~17；臀鳍Ⅲ-6~7；胸鳍16~18；腹鳍Ⅰ-5。侧线鳞38~43。

体延长，侧扁。眼中大。口较大，稍倾斜。吻短。上下颌齿细小，前端具犬齿。间鳃盖骨和下鳃盖骨具锯齿。

体被小栉鳞，上颌及各鳍均具鳞。侧线完全，与背缘平行。

背鳍连续，无缺刻，雄鱼第三鳍棘呈丝状延长。腹鳍起点位于背鳍基下方，雄鱼腹鳍第二鳍条延长，伸达臀鳍基。尾鳍弯月形，雄鱼上下叶延长如丝。

体色多变：雄鱼体呈红褐色，鳞片具小黄点，各鳍均具蓝色边缘，胸鳍上缘具一粉红色斑块，背鳍鳍条部末端具黑褐色斑块；雌鱼体呈橘黄色，体侧除腹部外鳞均具淡紫色边缘，眼下缘至胸鳍基部具一紫色纵带。

【生物学特性】

暖水性岩礁鱼类。主要栖息于水深55m以浅的潟湖和外围礁石区斜坡，常集成大群。主要以浮游动物为食。常见个体全长7cm左右，最大全长可达15cm。

【地理分布】

分布于印度—西太平洋区，西至红海和东非沿岸，东至所罗门群岛，北至日本南部，南至澳大利亚。在我国主要分布于南海和台湾周边海域。

【资源状况】

小型鱼类，主要通过陷阱等捕获。体色艳丽，是常见海水观赏鱼类，常见于水族馆。

32.侧牙鲈 *Variola louti* (Forsskål, 1775)

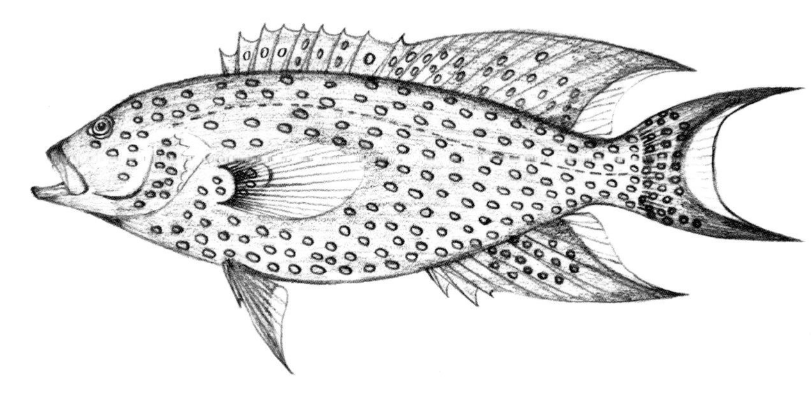

【英文名】yellow-edged lyretail

【别名】星鲙、黄边燕尾

【分类地位】鲈形目Perciformes
鮨科Serranidae

【主要形态特征】

背鳍Ⅸ-13~14；臀鳍Ⅲ-8；胸鳍16~19；腹鳍Ⅰ-5。侧线孔鳞66~77。

体呈长椭圆形，侧扁而粗壮。头中大，头长稍大于体高。眼中大，侧上位，眼间隔微凸。口大，稍倾斜。上颌骨末端扩大，伸达眼中部下方。上下颌齿细小，不规则，多行，上下颌前端各具2~3枚强大犬齿，下颌两侧亦具2~3枚强大犬齿；犁骨和腭骨均具绒毛状齿带。前鳃盖骨边缘光滑。主鳃盖骨具3枚扁平棘。

体被细小栉鳞，头部除唇、吻和眼间隔外均被鳞。侧线完全，在胸鳍上方呈弧形弯曲。

背鳍连续，无缺刻，第十至第十二鳍条延长呈矛状突出。臀鳍与背鳍鳍条部相对，第四至第六鳍条延长呈矛状突出。胸鳍稍宽大，后缘圆形。腹鳍第二鳍条延长，末端超过肛门。尾鳍弯月形，上下叶末端延长。

体呈深红色至灰褐色，体侧具淡蓝至淡红色不规则斑点，头部斑点通常较小而圆且分布较密。各鳍后方均具宽黄色边缘。幼鱼色浅，体侧自眼后至尾柄上侧具一黑褐色纵带，尾柄上部另具一大黑斑。

【近似种】

本种与白边侧牙鲈（*V. albimarginata*）相似，区别为后者尾鳍后缘有极狭的白色边缘，幼鱼无黑褐色纵带。

【生物学特性】

暖水性岩礁鱼类。主要栖息于水深3~300m的岛屿、外礁等岩礁区海域，通常活动于水深15m以浅的离岸岛屿和礁石区清澈海区。主要以礁区小鱼及甲壳类为主食。最大全长可达83cm。

【地理分布】

分布于印度—太平洋区，西至红海和东非沿岸，东至皮特凯恩群岛，北至日本南部，南至澳大利亚新南威尔士。在我国主要分布于南海和台湾周边海域。

【资源状况】

中大型鱼类，主要通过钩钓和陷阱等捕获。肉味鲜美，兼具食用与观赏价值。

33.纵带巨牙天竺鲷 *Cheilodipterus artus* Smith, 1961

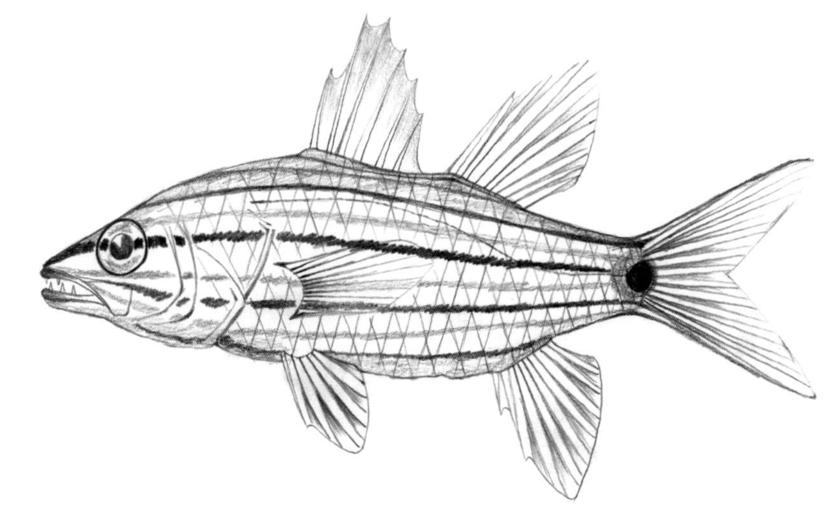

【英文名】wolf cardinalfish

【别名】纵带巨齿天竺鲷

【分类地位】鲈形目Perciformes
天竺鲷科Apogonidae

【主要形态特征】

背鳍Ⅵ，Ⅰ-9；臀鳍Ⅱ-8；胸鳍13；腹鳍Ⅰ-5。侧线鳞24~25。

体延长，稍侧扁。头大，头背部平。眼大，侧前上位。口大，稍倾斜。上下颌等长，上颌骨后端达眼后缘下方。上下颌具大犬齿，犁骨后面具1~4枚大型齿。前鳃盖骨边缘具细锯齿。

体被较大栉鳞。侧线完全，与背缘平行。

背鳍2个，第一背鳍起点位于胸鳍基上方。臀鳍与第二背鳍相对。胸鳍位低。腹鳍位于胸鳍基稍后下方。尾鳍叉形。

体呈淡褐色，体侧具8~10条宽窄相间的红棕色纵带，纵带宽度小于纵带间距。尾柄基部具一瞳孔大小黑斑，周围有黄色边缘。第一背鳍和腹鳍色暗；其他各鳍色淡，呈白色，尾鳍上下缘色深。

【近似种】

本种与巨牙天竺鲷（*C. macrodon*）相似，区别为后者体侧暗纵带幅宽相等，幼鱼尾柄具直径大于眼径的圆斑（成鱼模糊），尾鳍上下缘色淡。

【生物学特性】

暖水性岩礁鱼类。主要栖息于近岸海湾或潟湖内的片状礁石区。常集成松散的小群于洞穴或珊瑚间生活。主要以小鱼为食。最大体长可达19cm。

【地理分布】

分布于印度—太平洋区，西至东非沿岸，东至土阿莫土群岛，北至日本南部，南至大堡礁。在我国主要分布于台湾周边海域。

【资源状况】

小型鱼类，无食用价值。是常见海水观赏鱼类，常见于水族馆。

34.五带巨牙天竺鲷 *Cheilodipterus quinquelineatus* Cuvier, 1828

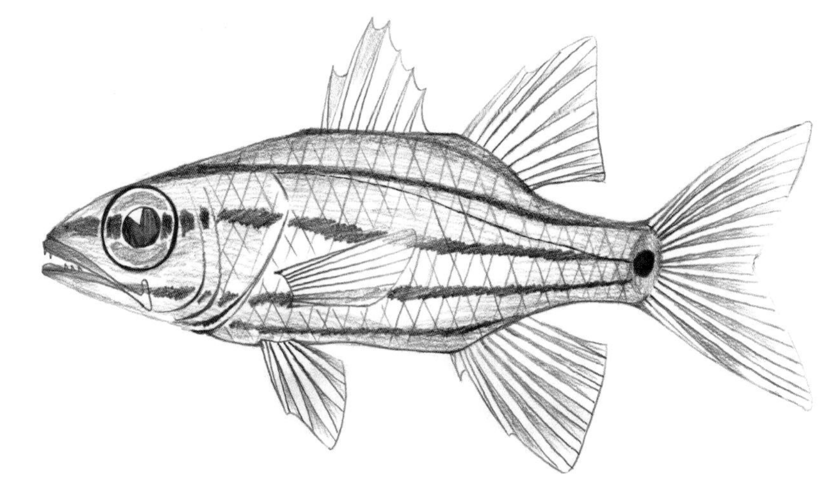

【英文名】five-lined cardinalfish

【别名】五线巨齿天竺鲷、五带副天竺鲷、五线天竺鲷

【分类地位】鲈形目Perciformes
天竺鲷科Apogonidae

【主要形态特征】

背鳍Ⅵ，Ⅰ-9；臀鳍Ⅱ-8；胸鳍12~13；腹鳍Ⅰ-5。侧线鳞25~26。

体延长，侧扁。头大，头背部平。眼大，侧前上位。口大，稍倾斜。上下颌等长，上颌骨后端达瞳孔下方。上颌前端两侧各有2枚犬齿，下颌两侧近口角处各有4枚犬齿；犁骨齿丛状，腭骨齿狭带状。前鳃盖骨边缘具细锯齿。

体被薄栉鳞。侧线完全，与背缘平行。

背鳍2个，第一背鳍起点位于胸鳍基上方。臀鳍与第二背鳍相对。胸鳍位低。腹鳍位于胸鳍基下方。尾鳍叉形。

体呈浅灰色，体侧具5条黑色细纵带。尾柄基部具黑斑，周围有黄色边缘。第一背鳍和腹鳍色暗；其他各鳍色淡，呈白色，尾鳍上下缘色深。

【生物学特性】

暖水性岩礁鱼类。主要栖息于水深40m以浅的礁盘、潟湖和岩礁区。单独生活或在幼鱼时集成大群。夜行性，白天藏匿在洞穴或枝状珊瑚间，夜晚外出觅食。主要以小鱼和甲壳类、腹足类等无脊椎动物为食。最大全长可达13cm。

【地理分布】

分布于印度—太平洋区，西至红海和莫桑比克，东至皮特凯恩群岛，北至日本南部，南至豪勋爵岛和拉帕岛。在我国主要分布于南海和台湾周边海域。

【资源状况】

小型鱼类，无食用价值。已实现人工繁殖，常见于水族馆。

35.条腹线天竺鲷 *Fibramia thermalis* (Cuvier, 1829)

【英文名】half-barred cardinal

【别名】条腹天竺鲷

【分类地位】鲈形目Perciformes
天竺鲷科Apogonidae

【主要形态特征】

背鳍Ⅵ，Ⅰ-9；臀鳍Ⅱ-8；胸鳍14；腹鳍Ⅰ-5。侧线鳞28。

体呈长椭圆形，侧扁。头大，头背部平。眼大，侧前上位。口大，稍倾斜。吻长。上下颌等长，上颌骨后端达瞳孔下方。上下颌、犁骨和腭骨均具绒毛状齿。前鳃盖骨边缘具细锯齿。

体被弱栉鳞。侧线完全，与背缘平行。

背鳍2个，第一背鳍起点位于胸鳍基上方。臀鳍与第二背鳍相对。胸鳍位低。腹鳍位于胸鳍基下方。尾鳍叉形。

体呈淡红褐色至透明，腹部银白色。体侧自吻端贯穿眼部至鳃盖后缘具一黑褐色纵带，第一背鳍前半部具黑褐色斑块，尾柄具一与瞳孔等大的黑斑。

【生物学特性】

暖水性岩礁鱼类。主要栖息于水深0~20m的沿海岩礁区和潟湖，也经常出现在海草床海域。主要以浮游动物或其他底栖无脊椎动物为食。最大全长可达9cm。

【地理分布】

分布于印度—太平洋区，西至南非，东至西太平洋沿岸，北至日本南部，南至澳大利亚北部。在我国主要分布于台湾周边海域。

【资源状况】

小型鱼类，无食用价值，常作为饵料鱼。偶见于大型水族馆。

36.环尾鹦天竺鲷 *Ostorhinchus aureus* (Lacepède, 1802)

【英文名】ring-tailed cardinalfish

【别名】黄天竺鲷、环尾天竺鲷

【分类地位】鲈形目Perciformes
天竺鲷科Apogonidae

【主要形态特征】

背鳍Ⅶ，Ⅰ-9；臀鳍Ⅱ-8；胸鳍13~15；腹鳍Ⅰ-5。侧线鳞24。

体呈长卵圆形，侧扁。头大，头背部平。眼大，侧前上位。口大，稍倾斜。吻长。上下颌等长，上颌骨后端达眼后缘下方。上下颌、犁骨和腭骨均具绒毛状齿。前鳃盖骨后缘锯齿状。鳃耙6~8+16~20。

体被弱栉鳞。侧线完全，与背缘平行。

背鳍2个，第一背鳍起点位于胸鳍基上方。臀鳍与第二背鳍相对。胸鳍位低。腹鳍位于胸鳍基下方。尾鳍叉形。

体呈金黄色略带红色，尾柄基有一内凹的黑带环绕，体侧自吻端贯穿眼部至鳃盖后缘具一镶蓝色边缘的褐色纵带，上颌骨上亦具一蓝色条纹。

【近似种】

本种与斑柄鹦天竺鲷（*O. fleurieu*）相似，区别为后者尾柄基黑斑前后外凸，鳃耙（5~7+15~17）数少于本种。

【生物学特性】

暖水性岩礁鱼类。主要栖息于礁区的洞穴或浅水区的暗礁下方，栖息水深1~40m。主要以多毛类等底栖无脊椎动物为食。最大全长可达15cm。

【地理分布】

分布于印度—西太平洋区，西至红海和东非沿岸，东至巴布亚新几内亚，北至日本南部，南至澳大利亚和新喀里多尼亚。在我国主要分布于台湾周边海域。

【资源状况】

小型鱼类，无食用价值，常作为饵料鱼。偶见于大型水族馆。

37.黄带鹦天竺鲷 *Ostorhinchus properuptus* (Whitley, 1964)

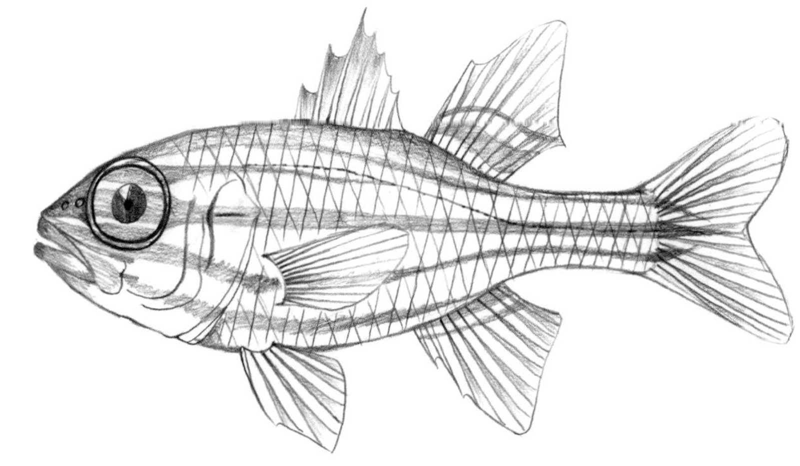

【英文名】 southern orange-lined cardinal fish

【别名】 黄带天竺鲷

【分类地位】 鲈形目Perciformes
天竺鲷科Apogonidae

【主要形态特征】

背鳍Ⅶ，Ⅰ-9；臀鳍Ⅱ-8；胸鳍13~14；腹鳍Ⅰ-5。侧线鳞25~26。

体呈长椭圆形，侧扁。头大。眼大，侧前上位。口大，稍倾斜，上下颌等长。吻长。上颌骨后端达瞳孔下方。上下颌、犁骨和腭骨均具绒毛状齿。前鳃盖骨边缘具细锯齿。

体被弱栉鳞。侧线完全，与背缘平行。

背鳍2个，第一背鳍起点位于胸鳍基上方。臀鳍与第二背鳍相对。胸鳍位低。腹鳍位于胸鳍基下方。尾鳍叉形。

体呈银色，体侧具6条橙黄色纵带，各纵带间幅约等宽。

【近似种】

本种与金线鹦天竺鲷（*O. cyanosoma*）相似，区别为后者纵带较窄，中央纵纹在尾柄基部成一粉红色至橙色的斑点。

【生物学特性】

暖水性珊瑚礁鱼类，主要栖息于近岸及外围岩礁区。主要以多毛类等底栖无脊椎动物为食。最大全长可达6cm。

【地理分布】

分布于印度—太平洋区印度尼西亚、日本和中国。在我国主要分布于台湾周边海域。

【资源状况】

小型鱼类，无食用价值，常作为饵料鱼。偶见于大型水族馆。

38.半线鹦天竺鲷 *Ostorhinchus semilineatus* (Temminck *et* Schlegel, 1842)

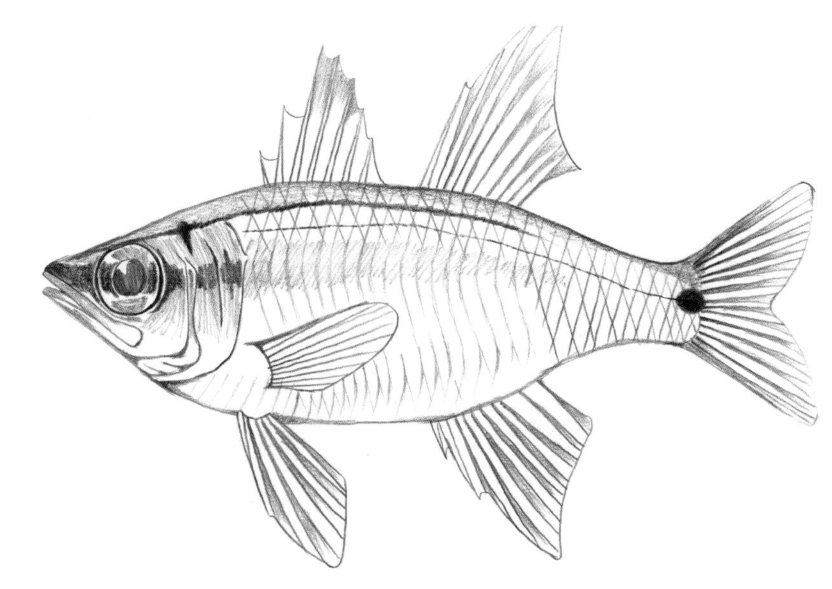

【英文名】half-lined cardinal

【别名】半线天竺鲷

【分类地位】鲈形目Perciformes
天竺鲷科Apogonidae

【主要形态特征】

背鳍Ⅶ，Ⅰ-9；臀鳍Ⅱ-8；胸鳍14；腹鳍Ⅰ-5。侧线鳞25。

体呈长椭圆形，侧扁。头大。眼大，侧上位。口大，稍倾斜，上下颌等长。吻较尖，吻长小于眼径。上颌骨后端达眼中部下方。上下颌齿细小，呈带状，犁骨和腭骨具绒毛状齿。前鳃盖骨边缘具细锯齿。

体被弱栉鳞。侧线完全，与背缘平行。

背鳍2个，第一背鳍起点位于胸鳍基上方。臀鳍与第二背鳍相对。胸鳍位低。腹鳍位于胸鳍基下方。尾鳍叉形。

体呈桃红色，腹侧银白色，略带粉红色。体侧具2条黑色纵带：第一条自吻端贯穿眼部至鳃盖后缘；第二条较细，自吻端经眼上缘延伸至第二背鳍基底中央下方。尾柄基中央具一小于瞳孔的黑点。第一背鳍末端具一大黑斑。

【生物学特性】

暖水性岩礁鱼类。主要栖息于水深3~100m的岩礁区。主要以浮游动物或其他底栖无脊椎动物为食。雄性具口孵行为。常见个体全长8cm左右，最大全长可达12cm。

【地理分布】

分布于印度—西太平洋区印度尼西亚、日本、菲律宾至澳大利亚西北部。在我国主要分布于东海、南海和台湾周边海域。

【资源状况】

小型鱼类，无食用价值，常作为饵料鱼。偶见于大型水族馆。

39.环纹圆天竺鲷 *Sphaeramia orbicularis* (Cuvier, 1828)

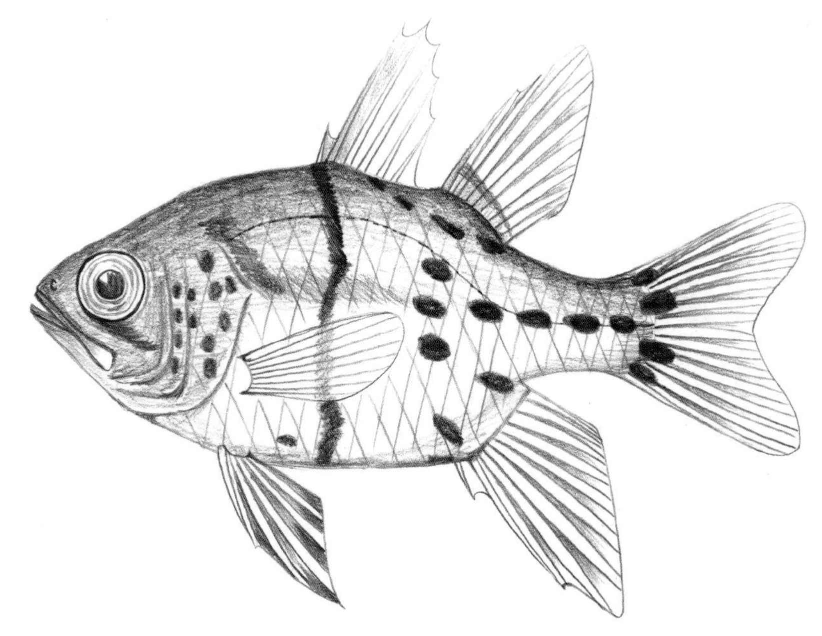

【英文名】orbiculate cardinalfish

【别名】红尾圆天竺鲷、高身天竺鲷

【分类地位】鲈形目Perciformes
天竺鲷科Apogonidae

【主要形态特征】

背鳍Ⅵ，Ⅰ-9；臀鳍Ⅱ-9；胸鳍12~13；腹鳍Ⅰ-5。侧线鳞26~27。

体呈卵圆形，高而侧扁。头大。眼大，侧上位。口大，倾斜，上下颌等长。上颌骨后端达眼中部下方。上下颌齿绒毛状，犁骨和腭骨齿小。前鳃盖骨上缘平滑，下缘具锯齿。

体被弱栉鳞。侧线完全，与背缘平行。

背鳍2个，第一背鳍第一鳍棘短小，第二鳍棘最长。臀鳍与第二背鳍同形相对。胸鳍位低。腹鳍位于胸鳍基下方。尾鳍叉形。

体呈淡褐色，后方略带粉红色。体侧自第一背鳍起点至肛门具一暗褐色横带，宽度约等于瞳孔直径；其后散布一些瞳孔大小的黑色圆点。腹鳍后缘鳍膜黑色，第二背鳍和臀鳍基底黑色。

【近似种】

本种与丝鳍圆天竺鲷（*S. nematoptera*）相似，区别为后者第二背鳍鳍条呈丝状延长，体侧横带宽度大于眼径，头部为黄色且眼眶为红色。

【生物学特性】

暖水性岩礁鱼类。主要栖息于水深0~5m的沿岸区，常集成小群在红树林、礁区、碎石或防波堤处活动。主要以浮游动物等为食。最大全长可达10cm。

【地理分布】

分布于印度—太平洋区，西至东非沿岸，东至基里巴斯，北至日本南部，南至新喀里多尼亚。在我国主要分布于台湾周边海域。

【资源状况】

小型鱼类，无食用价值。为受欢迎的观赏鱼类，常见于水族馆。

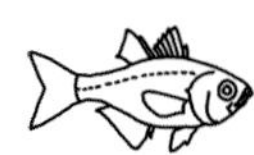

40.褐斑带天竺鲷 *Taeniamia fucata* (Cantor, 1849)

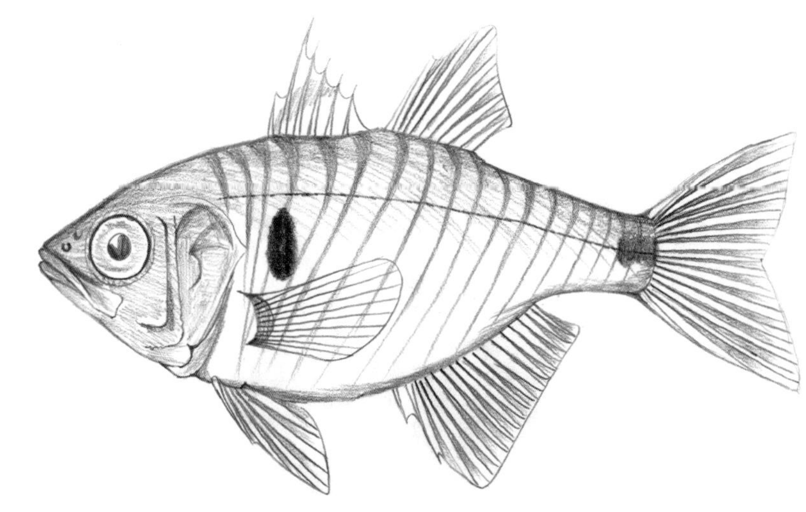

【英文名】orangelined cardinalfish

【别名】褐斑长鳍天竺鲷、红纹长鳍天竺鲷、褐长鳍天竺鲷

【分类地位】鲈形目Perciformes
天竺鲷科Apogonidae

【主要形态特征】

背鳍VI，Ⅰ-9；臀鳍Ⅱ-15~18；胸鳍13~15；腹鳍Ⅰ-5。侧线鳞25~26。

体呈长椭圆形，侧扁。头大。眼大，侧上位。口中大，斜裂，上下颌等长。上颌骨后端达瞳孔后下方。上下颌、犁骨和腭骨均具绒毛状齿。前鳃盖骨边缘具细锯齿。

体被弱栉鳞。侧线完全，与背缘平行。

背鳍2个，第一背鳍起点位于胸鳍基上方。臀鳍基底长，鳍条15~18枚。胸鳍位低。腹鳍位于胸鳍基下方。尾鳍叉形。胸腔和肛门附近有发光器。

体呈银白色，散布黑色素细胞。体侧具20~23条橙色窄横纹，鳃盖后的前2条常结合在一起，在胸鳍基部和侧线之间弥散形成一形状不规则的宽橙斑。尾柄基部具一大黑斑，有时呈扩散状或稍淡。由吻端至眼前缘具一黄色线纹，其上下各有一蓝纹延伸至眼上下缘。

【近似种】

本种与真长鳍天竺鲷（*T. macroptera*）相似，区别为后者臀鳍鳍条数较少（仅13~15枚），体较白，无黑色素细胞，吻部亦无线纹。

【生物学特性】

暖水性岩礁鱼类。主要栖息于近岸海湾或潟湖内的珊瑚礁区和岩礁区。常在洞穴口和枝状珊瑚附近集成大群。主要以浮游动物和底栖无脊椎动物为食。最大全长可达10cm。

【地理分布】

分布于印度—太平洋区，西至波斯湾、红海和东非沿岸，东至马绍尔群岛、萨摩亚和汤加，北至日本南部，南至澳大利亚北部。在我国主要分布于台湾周边海域。

【资源状况】

小型鱼类，无食用价值，常作为饵料鱼。偶见于大型水族馆。

41.少鳞鱚 *Sillago japonica* Temminck *et* Schlegel, 1843

【英文名】Japanese sillago

【别名】青沙鮻、少鳞鮻、日本沙鮻、沙钻

【分类地位】鲈形目Perciformes
鱚科Sillaginidae

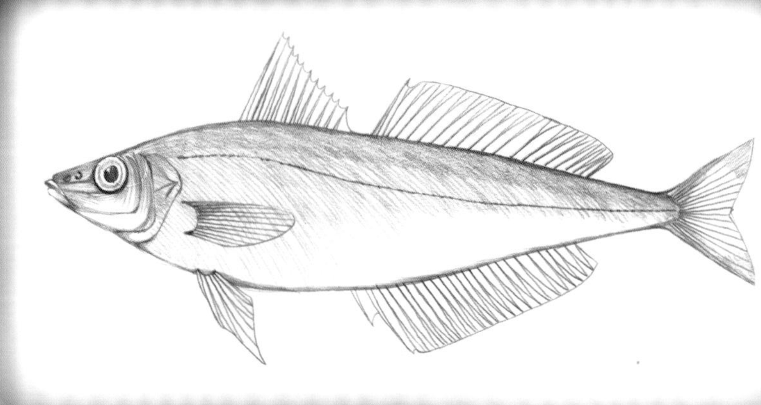

【主要形态特征】

背鳍XI，Ⅰ-21~23；臀鳍Ⅱ-22~24；胸鳍15~17；腹鳍Ⅰ-5。侧线鳞70~73。

体延长，略呈圆筒状。头中大。吻长。眼中大。口小，前位。上颌稍突出，上颌骨被眶前骨遮盖。上下颌齿细尖，带状；犁骨齿绒毛状；腭骨及舌上无齿。前鳃盖骨边缘光滑，主鳃盖骨上具一扁棘。左右鳃盖膜愈合，不与峡部相连。

体被弱栉鳞，**侧线上鳞3行。**侧线完全，侧上位，沿背缘伸达尾鳍基底。

背鳍2个，稍分离，鳍棘柔软，第二背鳍基底长约为第一背鳍基底长的2倍。臀鳍与第二背鳍同形，几相对。胸鳍较小，侧下位。腹鳍略小，位于胸鳍基底后下方。尾鳍浅凹形。

头与体背呈淡黄色，腹侧银白色。各鳍透明，第一背鳍第一鳍棘至第三鳍棘的鳍膜间具暗棕色斑点。

【生物学特性】

暖水性近岸底层鱼类。主要栖息于水深30m以浅的海湾沙底质海域。主要以多毛类和甲壳类为食。最大全长可达30cm。

【地理分布】

分布于西北太平洋区日本、韩国和中国。在我国主要分布于东海、南海和台湾周边海域。

【资源状况】

小型鱼类，肉味鲜美，是沿海常见的经济鱼类。

42.短吻弱棘鱼 *Malacanthus brevirostris* Guichenot, 1848

【英文名】quakerfish

【别名】短吻软棘鱼、尾带弱棘鱼

【分类地位】鲈形目Perciformes
弱棘鱼科Malacanthidae

【主要形态特征】

背鳍Ⅰ~Ⅳ-52~56；臀鳍Ⅰ-46~55；胸鳍15~17；腹鳍Ⅰ-5。侧线鳞146~181。

体呈长圆柱形。头较小。吻钝尖。眼较小，侧上位。口中大，前位，上颌骨后端伸达眼前缘下方。上下颌前端具窄带状细齿多行，外行扩大，呈犬齿状；犁骨、腭骨和舌上无齿。主鳃盖骨后缘具一长棘。

体被细小弱栉鳞，背部鳞埋于皮下，头部无鳞。侧线完全。

背鳍连续，背鳍和臀鳍基底长几占背、腹缘全部，均以中部鳍条为最长。胸鳍宽大，末端尖。腹鳍短小。**尾鳍后缘圆弧形。**

体背侧呈橄榄绿色，腹侧银白色。**体侧具20余条短暗横带，尾鳍上下叶各有1条黑色纵带。**

【生物学特性】

暖水性岩礁鱼类。主要栖息于外围礁石斜坡区和临近的沙底质海域，栖息水深5~50m。常成对活动，具有挖洞以躲避敌害的习性。主要以底栖动物为食。最大全长可达32cm。

【地理分布】

分布于印度—太平洋区，西至红海，东至巴拿马和哥伦比亚，北至日本南部，南至豪勋爵岛和南方群岛。在我国主要分布于南海和台湾周边海域。

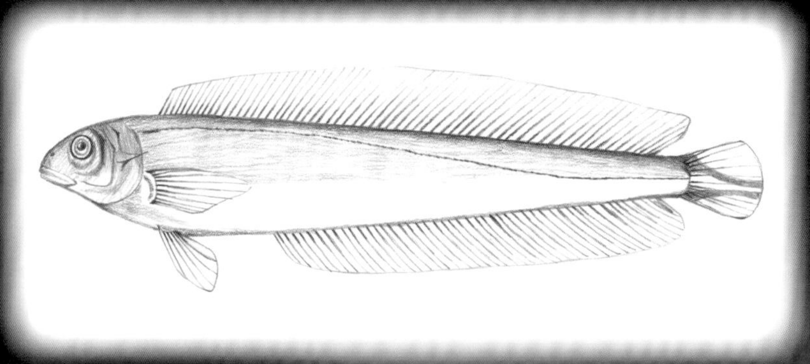

【资源状况】

小型鱼类，数量较少。可供食用，但因其体色和外形独特，常见于水族馆。

43.侧条弱棘鱼 *Malacanthus latovittatus* (Lacepède, 1801)

【英文名】blue blanquillo

【别名】黑带弱棘鱼、侧条软棘鱼

【分类地位】鲈形目Perciformes
弱棘鱼科Malacanthidae

【主要形态特征】

背鳍Ⅲ~Ⅳ-43~47；臀鳍Ⅰ-37~40；胸鳍16~17；腹鳍Ⅰ-5。侧线鳞116~132。

体呈长圆柱形。头中小。眼较小，侧上位。吻尖，唇厚。口中大，前位，上颌骨后端伸达鼻部下方。上下颌前端具窄带状细齿多行，上颌在口角处有扩大的2枚犬齿，下颌两侧齿大而尖；犁骨、腭骨和舌上无齿。主鳃盖骨后缘具一扁棘。

体被细小弱栉鳞，喉部及项部鳞埋于皮下。侧线完全。

背鳍连续，背鳍和臀鳍基底长几占背、腹缘全部，均以中部鳍条为最长。胸鳍宽大，末端尖。腹鳍短小。尾鳍截形。

头与体上半部呈蓝色，腹面蓝白色。体侧中央自吻端至尾鳍末端具一宽的黑色纵带，幼鱼几乎覆盖体中部和尾部。背鳍蓝灰色，边缘色淡，基底色深；臀鳍及腹鳍白色；胸鳍蓝色；尾鳍下缘黑色。

【生物学特性】

暖水性岩礁鱼类。主要栖息于外围礁石斜坡区和临近的沙底质海域，栖息水深5~65m。独居或成对活动，具有挖洞以躲避敌害的习性。主要以底栖动物为食。最大体长可达45cm。

【地理分布】

分布于印度—太平洋区，西至红海和东非沿岸，东至夏威夷群岛和萨摩亚群岛，北至日本，南至澳大利亚。在我国主要分布于南海和台湾周边海域。

【资源状况】

小型鱼类，数量较少。可供食用，但因其体色和外形独特，常见于水族馆。

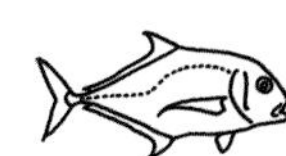

44.丝鲹 *Alectis ciliaris* (Bloch, 1787)

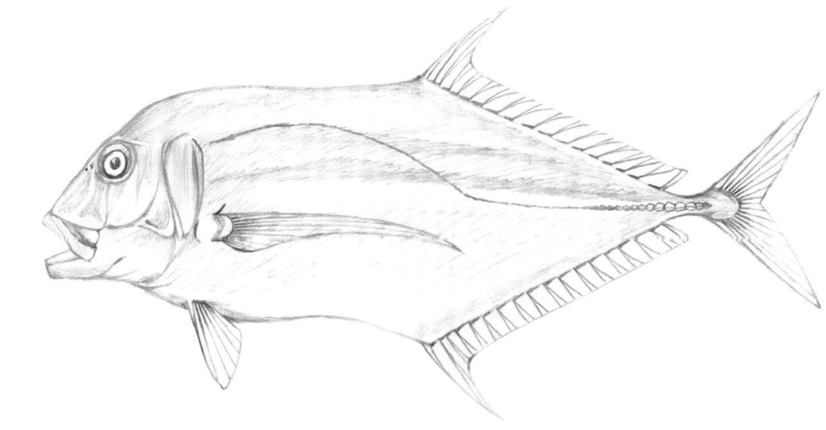

【英文名】African pompano

【别名】短吻丝鲹、白须鲹

【分类地位】鲈形目Perciformes
鲹科Carangidae

【主要形态特征】

背鳍Ⅵ~Ⅶ，Ⅰ-18~22；臀鳍Ⅱ，Ⅰ-15~20；胸鳍18~20；腹鳍Ⅰ-5。棱鳞12~23。

体侧扁而高，幼体时体长与体高约相等，略呈菱形；成鱼体延长，体长几为体高的2倍。头高略大于头长，头背部轮廓陡斜。吻长稍小于眼径。口中大，前位而低，稍斜裂。下颌稍突出，上颌骨后端伸达眼中部下方。上下颌具绒毛状齿带；犁骨齿群三角形；腭骨、舌上均有齿带。鳃耙4~6+12~17。

鳞退化。侧线前部在胸鳍上方具深弧形弯曲，直线部始于第二背鳍第十至第十二鳍条下方，弯曲部稍长于直线部。棱鳞弱，存在于侧线直线部的后半部。

背鳍2个：第一背鳍鳍棘短小，棘间有低膜相连，幼鱼棘明显，成鱼棘退化；第二背鳍基底长，幼鱼第二背鳍、臀鳍和腹鳍前方数枚鳍条延长，呈细丝状，随着成长逐渐变短。臀鳍与第二背鳍同形；臀鳍前方2枚短棘不明显，成鱼棘退化。胸鳍镰形，末端伸达臀鳍中部。腹鳍胸位。尾鳍深叉形。

体背呈银蓝色，腹侧银白色。幼鱼体侧具4~5条色暗的弧形横带，随成长逐渐消失。第二背鳍与臀鳍的延长鳍条基部各具一大黑斑。各鳍延长鳍条深黑色。

【生物学特性】

暖水性中上层鱼类。主要巡游于近海及大洋中上层，有时近底层；幼鱼主要栖息于近岸或港湾内，成鱼栖息于水深60~100m处。主要以游泳速度缓慢的甲壳类和鱼类为食。最大全长可达1.5m。

【地理分布】

广泛分布于世界热带和亚热带42°N—34°S海域。在我国主要分布于黄海、东海、南海和台湾周边海域。

【资源状况】

中大型鱼类，主要通过延绳钓和定置网捕获。可供鲜食、干制或腌制食用，幼鱼常见于大型水族馆。

45.印度丝鲹 *Alectis indica* (Rüppell, 1830)

【英文名】Indian threadfish

【别名】长吻丝鲹、印度白须鲹

【分类地位】鲈形目Perciformes
鲹科Carangidae

【主要形态特征】

背鳍Ⅵ，Ⅰ-18~20；臀鳍Ⅱ，Ⅰ-15~20；胸鳍17~18；腹鳍Ⅰ-5。棱鳞10~18。

体侧扁而高，幼体时体长与体高约相等，略呈菱形；成鱼体延长，体长几为体高的2倍。头高大于头长，头背部轮廓陡斜。**吻长大于眼径。**口中大，前位而低，稍斜裂。下颌稍突出，上颌骨后端伸达眼前缘下方。上颌齿2~4行，下颌齿2行，幼鱼时齿尖细，成鱼齿呈圆管状；犁骨、腭骨和舌上均有齿。**鳃耙8~11+21~26。**

鳞退化。侧线前部在胸鳍上方具深弧形弯曲，直线部始于第二背鳍第九至第十鳍条下方，直线部稍长于弯曲部。棱鳞弱，存在于侧线直线部的后半部。

背鳍2个：第一背鳍鳍棘短小，棘间有低膜相连，幼鱼棘明显，成鱼棘退化；第二背鳍基底长，**幼鱼第二背鳍、臀鳍和腹鳍前方数枚鳍条延长，呈细丝状，**随着成长逐渐变短。臀鳍与第二背鳍同形；臀鳍前方2枚短棘不明显，成鱼棘退化。胸鳍镰形，末端伸达臀鳍中部。腹鳍胸位。尾鳍深叉形。

体呈银色。**幼鱼体侧具4~5条色暗的弧形横带，**随成长逐渐消失；**成鱼体侧后上部具黑斑。**各鳍延长鳍条深黑色。

【生物学特性】

暖水性中上层鱼类。成鱼主要集群巡游于近海和大洋中，有时会出现于水深60m以浅的沿海珊瑚礁海域；幼鱼主要栖息于内湾或河口的表层。主要以鱼类、头足类和甲壳类为食。最大全长可达165cm。

【地理分布】

分布于印度—太平洋区，西至红海和东非沿岸，东至法属波利尼西亚，北至日本南部，南至澳大利亚。在我国主要分布于黄海、东海、南海和台湾周边海域。

【资源状况】

中大型鱼类，主要通过延绳钓和定置网捕获。可供鲜食、干制或腌制食用，幼鱼常见于大型水族馆。

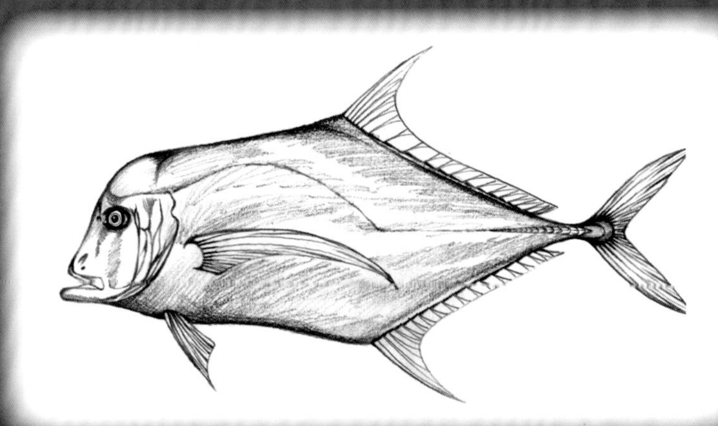

46.日本竹筴鱼 *Trachurus japonicus* (Temminck *et* Schlegel, 1844)

【英文名】Japanese jack mackerel

【别名】竹筴鱼

【分类地位】鲈形目Perciformes
鲹科Carangidae

【主要形态特征】

背鳍Ⅰ，Ⅷ，Ⅰ-30~35；臀鳍Ⅱ，Ⅰ-26~30；胸鳍20~21；腹鳍Ⅰ-5。棱鳞68~73。

体呈纺锤形，侧扁。头中大。吻锥形。脂眼睑发达，前部达眼前缘，后部达瞳孔后缘。口大，倾斜。下颌稍突出，上颌骨后端伸达眼前缘下方。两颌均具1行细齿，犁骨齿呈箭头形，腭骨和舌中央均具细长齿带。

头部除吻和眼间隔前部外均被小圆鳞，体和胸部被圆鳞。侧线上侧位，前部弧形，后部沿体侧中部伸达尾基。侧线全为棱鳞，棱鳞高而强，直线部明显隆起呈嵴状。

背鳍2个，第一背鳍前有一向前平卧倒棘，第二背鳍基底长，与臀鳍同形。臀鳍前方具2枚游离短棘。胸鳍镰形。腹鳍短，胸位。尾鳍叉形。

体背呈蓝绿色或黄绿色，腹部银白色。**鳃盖后缘上方具一明显黑斑。**

【生物学特性】

暖水性洄游鱼类。主要栖息于沿岸中上层海域，栖息水深0~275m。具昼夜垂直分布习性，白天栖息水深较深，夜晚有趋旋光性。集群性，常与蓝圆鲹等中上层鱼类混栖。幼鱼主要以浮游动物为食，成鱼主要以浮游动物和小型鱼类等为食。最小性成熟年龄为1龄，最小性成熟叉长雄鱼为14~15cm、雌鱼为15~16cm。常见个体叉长13~19cm，最大全长可达50cm。

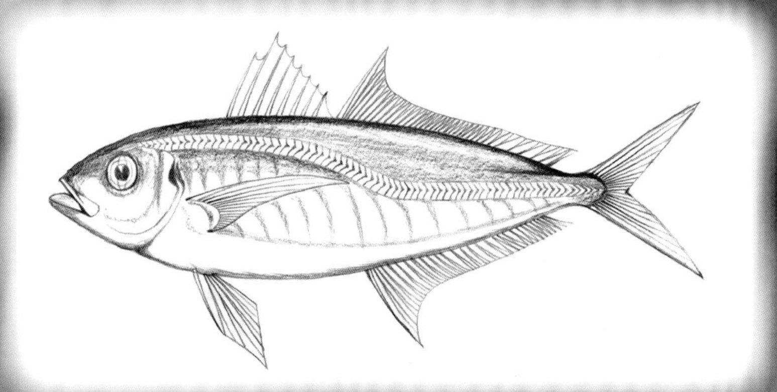

【地理分布】

分布于西北太平洋区日本南部、朝鲜半岛和中国。我国沿海均有分布。

【资源状况】

中小型鱼类，为我国重要海洋经济鱼类，是灯光围网、大围罾、拖网和沿岸定置渔具的捕捞对象之一。东海日本竹筴鱼在20世纪50—60年代曾是中上层鱼类的主要鱼种，1965—1997年产量在4万~52万t。黄海和东海资源在20世纪60年代已被破坏，近年资源量有明显回升趋势。

47.白斑笛鲷 *Lutjanus bohar* (Forsskål, 1775)

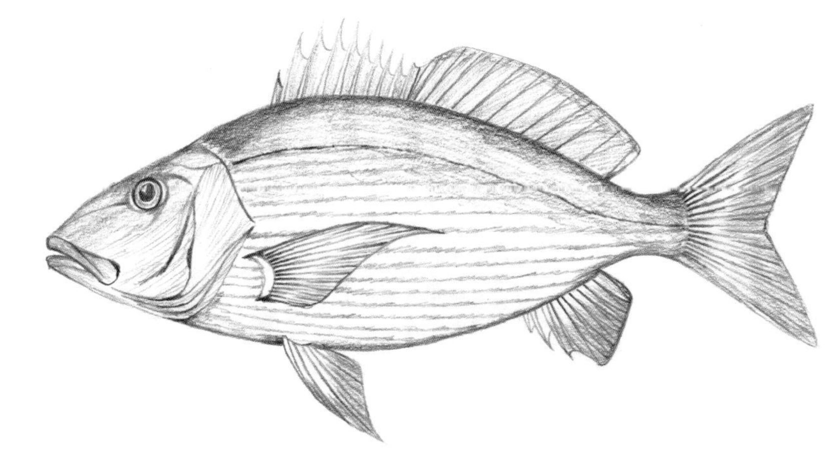

【英文名】two-spot red snapper

【别名】双斑笛鲷

【分类地位】鲈形目Perciformes
笛鲷科Lutjanidae

【主要形态特征】

背鳍Ⅹ-13~14；臀鳍Ⅲ-8；胸鳍16~17；腹鳍Ⅰ-5。侧线鳞50~51。

体呈长椭圆形，侧扁。头中大。眼前侧上位。眼间隔平坦。鼻孔下方有一沟通至眼前。口大，微倾斜。上颌骨末端伸达瞳孔前缘下方。上下颌齿多行，外行齿较大；上颌前端具2~4枚犬齿，下颌前端为排列疏松的圆锥状齿；犁骨齿群三角形，后方无突出部，腭骨齿群长卵形。前鳃盖骨后缘具细锯齿，有一浅缺口。

体被中大栉鳞，颊部和前鳃盖骨具多行鳞，背鳍、臀鳍和尾鳍基部大部分也被细鳞；侧线上方鳞列斜向后背缘，侧线下方鳞列与侧线平行。侧线完全，与背缘平行伸达尾鳍基。

背鳍连续，鳍棘部与鳍条部间具浅缺刻。臀鳍基底短，与背鳍鳍条部相对。胸鳍长，末端伸达臀鳍起点。尾鳍深凹。

体呈红褐色，体背部颜色较深。幼鱼和部分成鱼沿背缘有2个白斑，分别位于背鳍第八、第九鳍棘下方和鳍条部后下方。体侧鳞片具小白点。各鳍暗褐色。

【生物学特性】

暖水性珊瑚礁鱼类。主要栖息于珊瑚礁区，包括潟湖和外礁，栖息水深4~180m。通常独自巡游于外围礁石斜坡区。幼鱼具有模拟雀鲷属（*Chromis*）鱼类的行为。主要以鱼类为食，偶尔捕食虾类、蟹类、端足类和腹足类等无脊椎动物。最大全长可达90cm，最大体重可达12.5kg。

【地理分布】

分布于印度—太平洋区，西至东非沿岸，东至马克萨斯群岛和莱恩群岛，北至日本南部，南至澳大利亚。在我国主要分布于南海和台湾周边海域。

【资源状况】

中大型鱼类，主要通过钩钓和底层延绳钓捕获。肉质佳，但大型个体的肉和内脏因食物链积累而含珊瑚礁鱼毒素。

《中国物种红色名录》将其列为易危（VU）等级。

48.斜带笛鲷 *Lutjanus decussatus* (Cuvier, 1828)

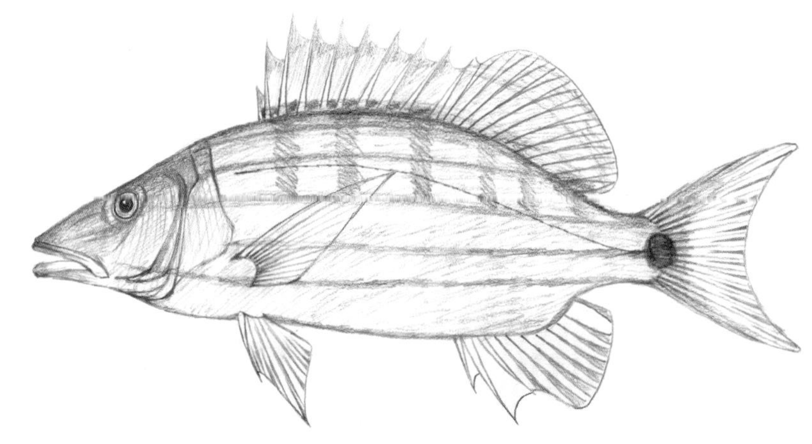

【英文名】checkered snapper

【别名】交叉笛鲷

【分类地位】鲈形目Perciformes
笛鲷科Lutjanidae

【主要形态特征】

背鳍Ⅹ-13~14；臀鳍Ⅲ-8~9；胸鳍16~17；腹鳍Ⅰ-5。侧线鳞47~50。

体呈长椭圆形，侧扁。头中大。眼前侧上位。眼间隔平坦。口大，微倾斜。上颌骨末端伸达瞳孔前缘下方。上下颌齿多行，外行齿较大；上颌前端具犬齿数枚，下颌前端为排列疏松的圆锥状齿；犁骨齿群新月形，后方无突出部；腭骨齿群长卵形。前鳃盖骨后缘具细锯齿，缺刻不显著。

体被中大栉鳞，颊部和前鳃盖骨具多行鳞，背鳍、臀鳍和尾鳍基部大部分也被细鳞；侧线上方鳞列斜向后背缘，侧线下方鳞列与侧线平行。侧线完全，与背缘平行，伸达尾鳍基。

背鳍连续，无缺刻。臀鳍基底短，与背鳍鳍条部相对。胸鳍长，末端伸达臀鳍起点。尾鳍后缘微凹。

体呈白色或淡红色。体侧上方具3条较宽的深褐色纵带，并与数条横带交错而呈棋盘状；体侧下方另有2条较窄的红褐色纵带。尾鳍基部有一大黑斑。

【生物学特性】

暖水性珊瑚礁鱼类。成鱼常独居或集成小群栖息于沿岸及近海的珊瑚礁区，栖息水深2~35m；幼鱼栖息于浅水的珊瑚礁盘处。主要以鱼类和甲壳类等为食。最大全长可达35cm。

【地理分布】

分布于印度—西太平洋区，西至印度南部和斯里兰卡，东至新几内亚，北至日本南部，南至澳大利亚。在我国主要分布于南海和台湾周边海域。

【资源状况】

中小型鱼类，主要通过延绳钓、流刺网和定置网捕获。可供食用，幼鱼常作为海水观赏鱼类。

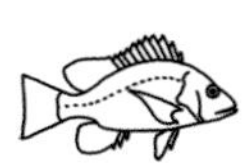

49.马拉巴笛鲷 *Lutjanus malabaricus* (Bloch *et* Schneider, 1801)

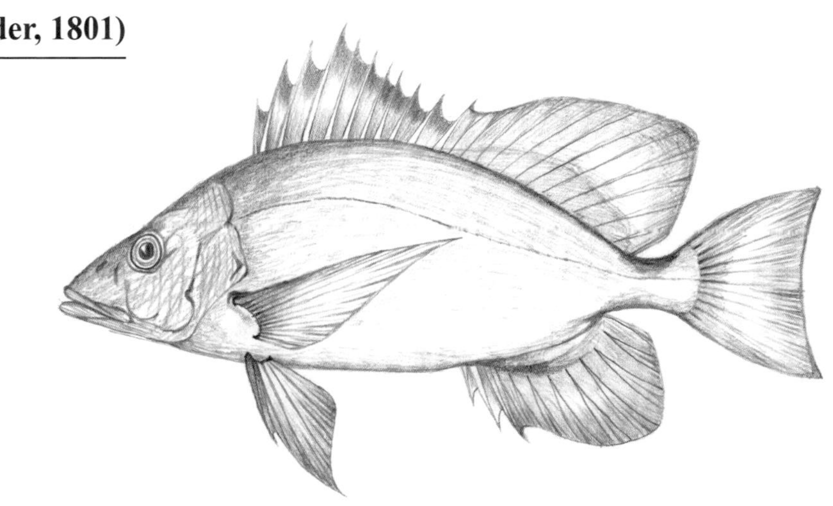

【英文名】Malabar blood snapper

【别名】摩拉吧笛鲷

【分类地位】鲈形目Perciformes
笛鲷科Lutjanidae

【主要形态特征】

背鳍XI-12~14；臀鳍Ⅲ-8~9；胸鳍16~17；腹鳍Ⅰ-5。侧线鳞46~50。

体呈长椭圆形，侧扁而高。头中大，头背缘显著凹陷。眼前侧上位。眼间隔平坦。口大，微倾斜。上颌骨末端伸达瞳孔前缘下方。上下颌齿多行，外行齿较大；上颌前端具2~4枚犬齿，内行齿绒毛状；下颌具1行稀疏细尖齿，后方稍扩大；犁骨齿群三角形或新月形，后方无突出部；腭骨具绒毛状齿带。前鳃盖骨后缘具细锯齿，缺刻不显著。

体被中大栉鳞，颊部和前鳃盖骨具多行鳞，背鳍和臀鳍基具鳞鞘，鳞后缘呈圆弧形；侧线上方鳞列斜向后背缘，侧线下方鳞列前部也有少部分斜列。侧线完全，与背缘平行，伸达尾鳍基。

背鳍连续，无缺刻。臀鳍基底短，与背鳍鳍条部相对。胸鳍长，末端伸达臀鳍起点。尾鳍后缘近截形。

体呈红色，腹部较淡，体侧无任何纵带。幼鱼头背部自吻端至背鳍起点有一暗色斜带，尾柄背部有明显黑色鞍状斑，前后缘为白色；成鱼头背部斜带消失，鞍状斑不明显。各鳍红色。

【生物学特性】

暖水性岩礁鱼类。幼鱼主要栖息于近岸浅水岩礁区，成鱼则栖息于沿岸和近海较深水域，栖息水深12~100m。主要以鱼类、底栖蟹类、头足类和其他底栖无脊椎动物为食。夜间摄食。常见个体全长50cm左右，最大全长可达1m。

【地理分布】

分布于印度—西太平洋区，西至波斯湾和阿拉伯海，东至斐济，北至日本南部，南至澳大利亚。在我国主要分布于南海和台湾周边海域。

【资源状况】

中大型鱼类，主要通过延绳钓和流刺网捕获。数量较少，可供食用。

50.奥氏笛鲷 *Lutjanus ophuysenii* (Bleeker, 1860)

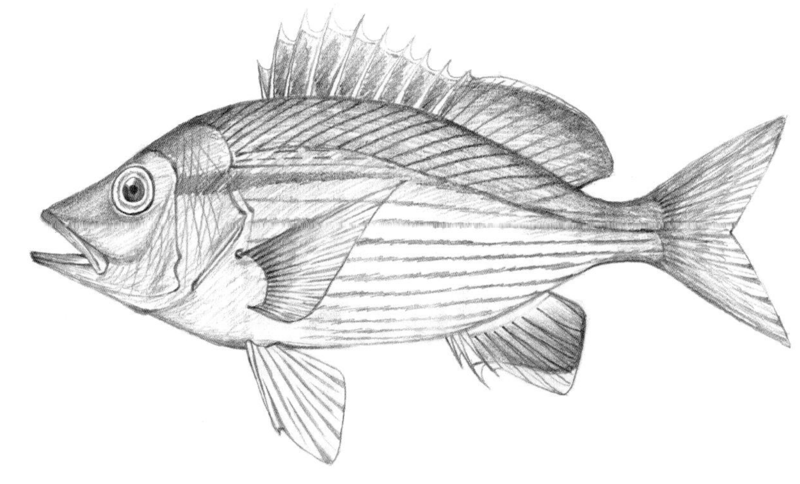

【英文名】spotstripe snapper

【别名】横筋笛鲷、赤笔仔

【分类地位】鲈形目Perciformes
笛鲷科Lutjanidae

【主要形态特征】

背鳍Ⅹ-12~13；臀鳍Ⅲ-8；胸鳍16~17；腹鳍Ⅰ-5。侧线鳞46~49。

体呈长椭圆形，侧扁，体背缘稍狭窄，腹缘钝圆。头中大。吻钝尖。眼前侧上位。口前位，稍倾斜，口裂大。上颌骨末端扩大，伸达眼中部下方。上颌内侧齿绒毛状，外侧1行尖锥状，前端具6枚犬齿，其中2枚较大，口闭时可露出唇外；下颌尖锥状齿1行，较上颌齿稍大；犁骨齿群三角形，并向后延伸；腭骨具绒毛状齿带。前鳃盖骨边缘具细锯齿，后缘具一浅凹陷。

体被中大栉鳞，颊部、主鳃盖骨、间鳃盖骨和前鳃盖骨后下缘具细鳞，背鳍和臀鳍鳍条部基底约1/3处及尾鳍大部具细鳞，胸鳍具腋鳞；侧线上方鳞列开始一小部分与侧线平行，其后鳞片皆斜向后背缘，侧线下方鳞列与侧线平行。侧线完全，与背缘平行，伸达尾鳍基。

背鳍连续，无缺刻。臀鳍基底短，与背鳍鳍条部相对。胸鳍长，末端伸达臀鳍起点。尾鳍浅凹形。

体呈浅红色，腹部银白色。自眼后沿体侧中央至尾柄有一较宽的暗褐色纵带，体侧中部纵带上方有时扩大成一黑斑。每一鳞片中央具暗褐色短线，并相连形成细纵带。各鳍黄色。

【近似种】

本种与纵带笛鲷（*L. vitta*）相似，区别为后者侧线鳞49~52，幼鱼体侧中部黑斑不显著或无，前鳃盖骨后下缘无小鳞，腹鳍白色。

【生物学特性】

暖水性岩礁鱼类。主要栖息于礁沙交错的海域，幼鱼可发现于潮池和岩石底质的岸边。成鱼春季洄游至沿岸浅水区产卵。常见个体体长20cm左右。

【地理分布】

分布于西北太平洋区日本南部、韩国南部和中国。在我国主要分布于东海、南海和台湾周边海域。

【资源状况】

小型鱼类，主要通过流刺网和底拖网捕获。可供食用。

51.黄尾梅鲷 *Caesio cuning* (Bloch, 1791)

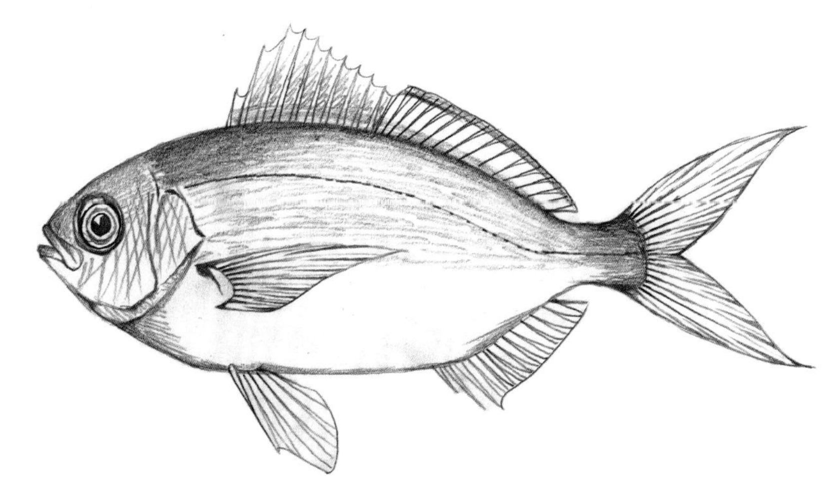

【英文名】redbelly yellowtail fusilier

【别名】黄梅鲷、黄尾乌尾鮗、赤腹乌尾鮗

【分类地位】鲈形目Perciformes
乌尾鮗科Caesionidae

【主要形态特征】

背鳍Ⅹ-14~16；臀鳍Ⅲ-10~12；胸鳍17~20；腹鳍Ⅰ-5。侧线鳞45~51。

体呈长椭圆形，甚侧扁而高，背腹缘弧度相似。头较小，前端钝尖。吻短。眼中大，侧上位，具发达的脂眼睑。口小，前位，微斜裂。上颌骨略能伸缩，前端被眶前骨所掩盖，后端伸达眼前缘下方。上下颌具细小齿多行，外行齿扩大；犁骨和腭骨具齿。前鳃盖骨边缘平滑，主鳃盖骨后缘具一钝棘。

体被中小栉鳞，各鳍基均被小鳞，背鳍及臀鳍具发达鳞鞘，腹鳍基具尖长腋鳞。侧线完全，侧位而高，与背缘平行。

背鳍连续，无缺刻，第一鳍棘和第二鳍棘短小，第三鳍棘最长。臀鳍较小，低而长。胸鳍长，近镰形。腹鳍小，位于胸鳍基后方。尾鳍深叉形。

头背部呈天蓝色，体背大部分、尾柄和尾鳍黄色，腹面粉红色或色淡。胸鳍、腹鳍和臀鳍白色或粉红色，背鳍具黑色边缘。胸鳍基部具黑斑。

【生物学特性】

暖水性岩礁鱼类。主要栖息于沿岸岩礁底质海域，栖息水深1~60m。常集成大群于中层游动。主要以浮游动物为食。最大全长可达60cm。

【地理分布】

分布于印度—西太平洋区，西至斯里兰卡，东至瓦努阿图，北至日本南部，南至澳大利亚。在我国主要分布于南海和台湾周边海域。

【资源状况】

中小型鱼类，主要通过围网、流刺网和钩钓捕获。可供食用。

52.新月梅鲷 *Caesio lunaris* Cuvier, 1830

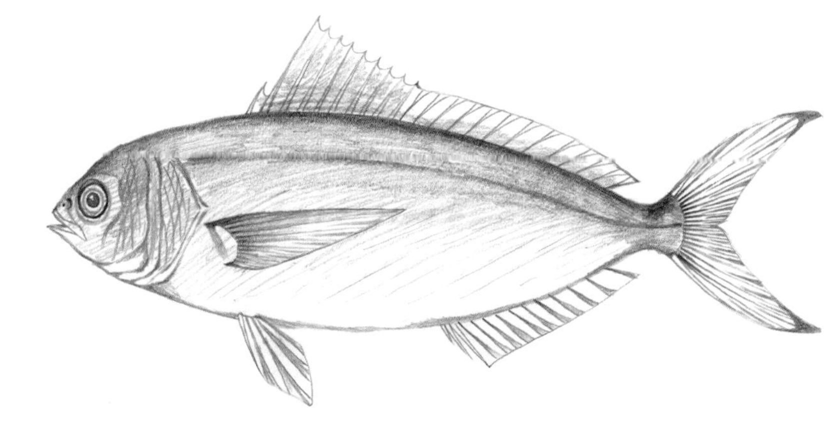

【英文名】lunar fusilier

【别名】花尾乌尾鮗

【分类地位】鲈形目Perciformes
乌尾鮗科Caesionidae

【主要形态特征】

背鳍X-13~15；臀鳍Ⅲ-10~11；胸鳍18~20；腹鳍Ⅰ-5。侧线鳞45~53。

体呈长椭圆形，侧扁，背腹缘弧度相似。头较小，前端钝圆。吻短。眼中大，侧上位，具发达的脂眼睑。口小，前位，微斜裂。上颌骨略能伸缩，前端被眶前骨所掩盖，后端伸达眼前缘下方。上下颌具细小齿多行，外行齿扩大；犁骨具细长齿带。前鳃盖骨边缘平滑，主鳃盖骨后缘具一钝棘。

体被中小栉鳞，头背前鳞左右不相连而形成一窄的裸露区域。侧线完全，侧位而高，近平直。

背鳍连续，无缺刻，第一鳍棘短小，第三鳍棘最长。臀鳍较小，低而长。胸鳍长，近镰形。腹鳍小，位于胸鳍基后方。尾鳍深叉形。

体呈深蓝色，腹面略淡。臀鳍、胸鳍及腹鳍淡色或淡蓝色。尾鳍蓝色（幼鱼尾鳍和尾柄为黄色），上下叶尖端黑色。胸鳍基部具黑斑。

【生物学特性】

暖水性岩礁鱼类。主要栖息于沿岸珊瑚礁和岩礁底质海域，栖息水深0~50m。常集成大群于外围礁石陡坡区上的水中层游动。主要以浮游动物为食。最大全长可达40cm。

【地理分布】

分布于印度—西太平洋区，西至红海、波斯湾和东非沿岸，东至所罗门群岛，北至日本南部，南至澳大利亚。在我国主要分布于南海和台湾周边海域。

【资源状况】

小型鱼类，主要通过围网、流刺网和钩钓捕获。可供食用。

《中国物种红色名录》将其列为易危（VU）等级。

53.黑带鳞鳍梅鲷 *Pterocaesio tile* (Cuvier, 1830)

【英文名】dark-banded fusilier

【别名】长背梅鲷、蒂尔鳞鳍乌尾鮗

【分类地位】鲈形目Perciformes
乌尾鮗科Caesionidae

【主要形态特征】

背鳍Ⅹ~Ⅻ-19~22；臀鳍Ⅲ-13；胸鳍22~24；腹鳍Ⅰ-5。侧线鳞69~76。

体呈长纺锤形，稍侧扁，背腹缘弧度相似。头较小，前端钝尖。吻短。眼中大，侧上位，具发达的脂眼睑。口小，前位，微斜裂。**前上颌骨具2个指状突起。**上颌骨略能伸缩，前端被眶前骨所掩盖，后端伸达眼前缘下方。**上下颌具细小齿1行，**外行齿扩大；**犁骨、腭骨和舌上无齿。**前鳃盖骨边缘平滑，主鳃盖骨后缘具一钝棘。

体被小栉鳞，背鳍及臀鳍基底上方约1/2区域均被鳞。侧线完全，侧位而高，近平直。

背鳍连续，无缺刻，**具10~12枚鳍棘，**第一鳍棘短小，第三鳍棘最长。臀鳍较小，低而长。胸鳍长，近镰形。腹鳍小，位于胸鳍基后方。尾鳍深叉形。

体背呈蓝绿色，腹部粉红色。**体侧沿侧线上方自上颊鳞带至尾柄有一黑色纵带，并与尾鳍上叶之黑色纵带相连，尾鳍下叶亦有一黑色纵带。胸鳍基部具黑斑。**各鳍白色或粉红色。

【生物学特性】

暖水性岩礁鱼类。主要栖息于珊瑚礁周边海域，幼鱼偶尔集群于浅水潟湖和礁盘处。常集成大群于水中层游动。主要以浮游动物为食。最大全长可达30cm。

【地理分布】

分布于印度—太平洋区，西至东非沿岸，东至土阿莫土群岛，北至日本南部，南至法属波利尼西亚。在我国主要分布于南海和台湾周边海域。

【资源状况】

小型鱼类，主要通过围网、流刺网和钩钓捕获。可供食用。

54.三线矶鲈 *Parapristipoma trilineatum* (Thunberg, 1793)

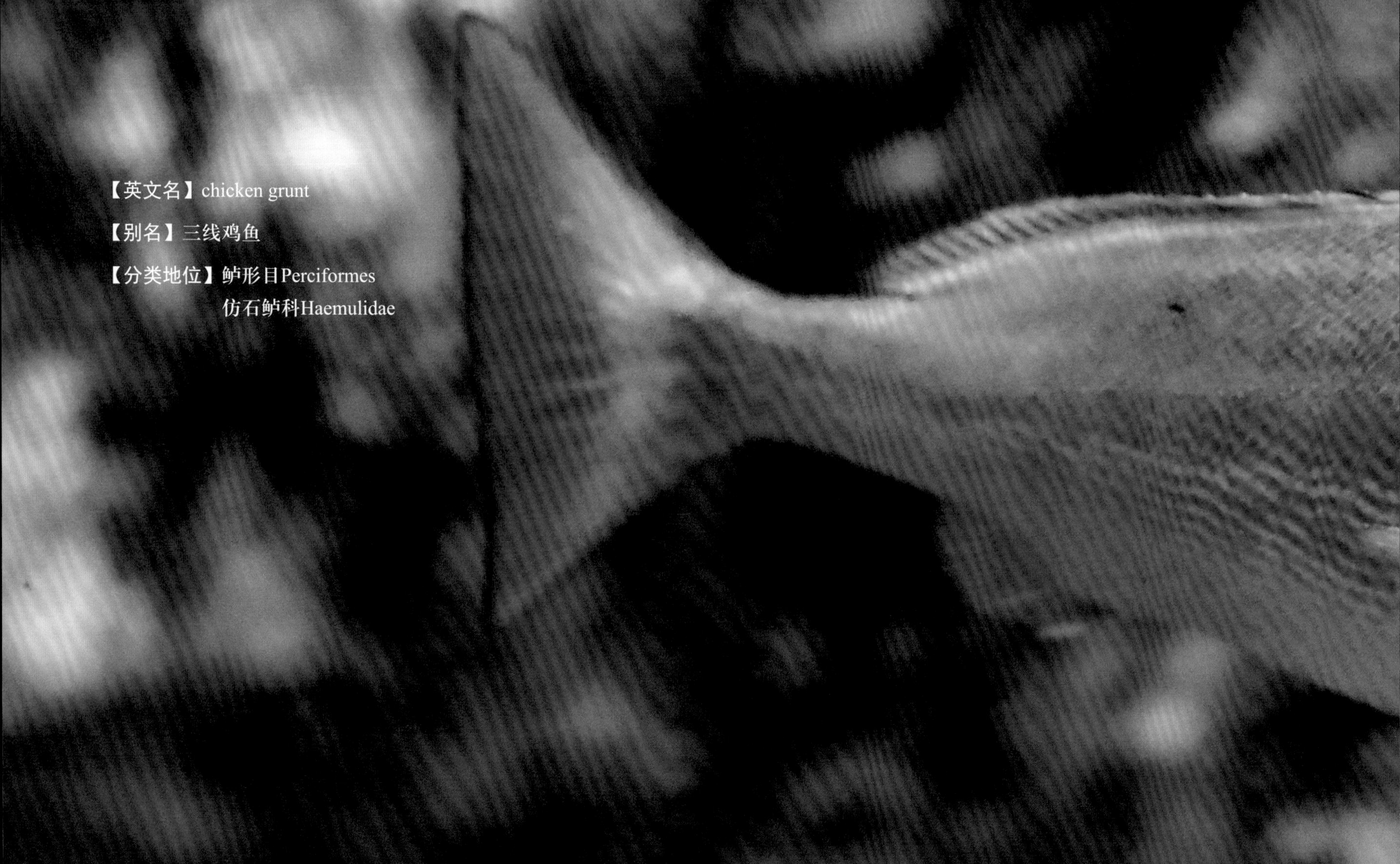

【英文名】chicken grunt

【别名】三线鸡鱼

【分类地位】鲈形目Perciformes
仿石鲈科Haemulidae

【主要形态特征】

背鳍XIII~XIV-16~18；臀鳍III-7~9；胸鳍17~19；腹鳍 I -5。侧线鳞54~57。

体呈长椭圆形，侧扁。头中大，背缘微突起。吻钝尖。眼大，侧上位，**眼下缘在吻端下方。**口中大，前位。上下颌约等长，上颌骨大部位于眶前骨下，后端扩大，伸达眼前缘下方之后。**颏孔1对。**上下颌齿细小，绒毛状，外行齿较大；犁骨、腭骨及舌上无齿。前鳃盖骨后缘具细锯齿。

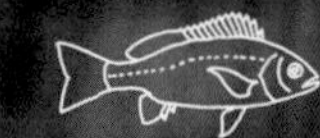

体被小栉鳞，背鳍及臀鳍基部具鳞鞘，胸鳍与腹鳍外侧具腋鳞。侧线完全，几呈直线。

背鳍连续，无缺刻，第四鳍棘最长，鳍棘部基底具浅沟，各鳍棘可收折于沟中。臀鳍基底短。胸鳍中大，侧下位。腹鳍位于胸鳍基底稍后下方。尾鳍叉形。

体背呈暗绿褐色，腹部白色。**幼鱼体侧有3条暗褐色纵带，**成鱼不显著。尾鳍红褐色，其余各鳍黄色。

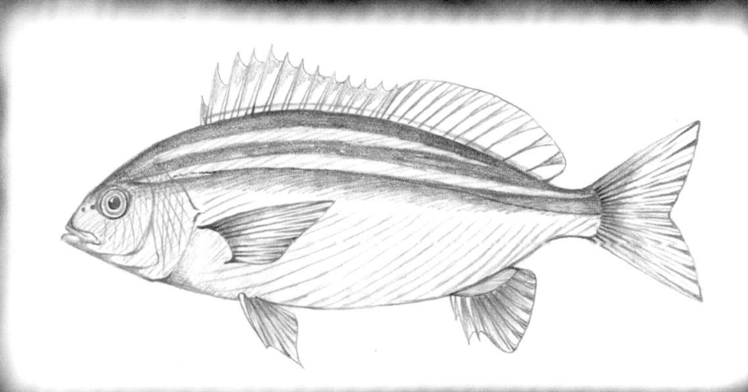

【生物学特性】

暖水性岩礁鱼类。主要栖息于岩礁区海域，偏暖水和高盐。常集群活动，繁殖期有近海—外海洄游的习性。主要以浮游生物为食。最大体长可达40cm。

【地理分布】

分布于西北太平洋区，由日本南部至中国东南沿海。在我国主要分布于东海南部、南海和台湾周边海域。

【资源状况】

中小型鱼类，主要通过流刺网和钩钓捕获。肉味鲜美，因其集群习性，也常见于水族馆。在日本为重要的养殖和增殖种类。

55. 花尾胡椒鲷 *Plectorhinchus cinctus* (Temminck *et* Schlegel, 1843)

【英文名】crescent sweetlips

【别名】花软唇

【分类地位】鲈形目Perciformes
仿石鲈科Haemulidae

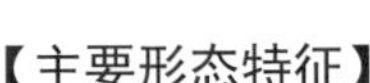

【主要形态特征】

背鳍Ⅻ-14~16；臀鳍Ⅲ-7；胸鳍16~17；腹鳍Ⅰ-5。侧线鳞52~61。

体呈长椭圆形，侧扁而稍高。头中大，背缘隆起。吻短钝，唇厚。眼侧上位。口小，前位。上下颌约等长，前颌骨能伸缩；上颌骨大部为眶下骨所盖，上颌后端达后鼻孔下方。颏孔3对。上下颌齿细小，呈绒毛状齿带；犁骨、腭骨及舌上无齿。前鳃盖骨后缘具细锯齿。

体被小栉鳞，各鳍基底均具鳞鞘。侧线完全，侧上位，与背缘平行。

背鳍连续，鳍棘部与鳍条部间具浅缺刻，第五或第六鳍棘最长，各鳍棘左右交错，部分可收折于鳞鞘沟内。臀鳍基底短，第二鳍棘最强大。胸鳍短小，侧下位。腹鳍起点在胸鳍基底后下方。尾鳍近截形。

体上部呈灰褐色，下部色较浅。体侧具3条宽斜带：第一条自头后经胸鳍基底斜向后方至臀鳍起点；第二条自背鳍第四至第八鳍棘部向后弯曲伸达尾鳍基部，与第一条平行；第三条在背鳍鳍条部基底下方。背鳍鳍条部、尾鳍基、体侧第二至第三斜带间散布许多黑色小点，背鳍鳍棘部鳍膜具黑色斑块。其余各鳍灰黑色。

【生物学特性】

暖水性近海岩礁鱼类。主要栖息于沿岸岩礁区，特别是岛屿附近较多，分布深度50m以浅。多分散活动，移动范围不大。主要以小鱼和甲壳类为食。春季5—6月产卵。常见个体体长18~30cm，最大全长可达60cm。

【地理分布】

分布于印度—西太平洋区阿拉伯海至日本南部。我国沿海均有分布。

【资源状况】

中型鱼类，为底拖网和延绳钓的兼捕对象。肉味鲜美，目前已成为我国东南沿海海水网箱养殖的重要种类之一。

56. 黄点胡椒鲷 *Plectorhinchus flavomaculatus* (Cuvier, 1830)

【英文名】lemonfish

【别名】黄点石鲈、黄斑胡椒鲷

【分类地位】鲈形目Perciformes
仿石鲈科Haemulidae

【主要形态特征】

背鳍Ⅻ~ⅩⅢ-19~22；臀鳍Ⅲ-7；胸鳍17；腹鳍Ⅰ-5。侧线鳞53~60。

体呈长椭圆形，侧扁而稍高。头较高。吻短钝。眼侧上位。口小，前位，**唇厚。**上颌骨大部为眶下骨所盖，上颌骨后端达后鼻孔下方。**颏孔3对。**上下颌齿细小，呈不规则多行尖锥状；犁骨、腭骨及舌上无齿。前鳃盖骨后缘具细锯齿。

体被小栉鳞。侧线完全。

背鳍连续，**无缺刻，**鳍棘12~13枚，第四或第五鳍棘最长。臀鳍基底短。尾鳍后缘截形或稍凹入。

头部及体呈淡蓝灰色，腹部色浅。**幼鱼头侧和体侧具橙色纵纹；成鱼体侧纵纹破碎成小斑点，头侧仍具数条纵纹。**背鳍和尾鳍散布黄色斑点。

【生物学特性】

暖水性岩礁鱼类。主要栖息于沿岸岩礁、潟湖、沙洲和海草床海域，栖息水深2~25m，幼鱼可进入河口。主要以小鱼和甲壳类为食。最大全长可达60cm。

【地理分布】

分布于印度—西太平洋区，西至红海和东非沿岸，东至巴布亚新几内亚，北至日本南部，南至澳大利亚。在我国主要分布于南海和台湾周边海域。

【资源状况】

中型鱼类，主要通过延绳钓、底拖网和钩钓捕获。肉味鲜美，为高经济价值鱼类。因体色艳丽，也常见于水族馆。

57.犬牙锥齿鲷 *Pentapodus caninus* (Cuvier, 1830)

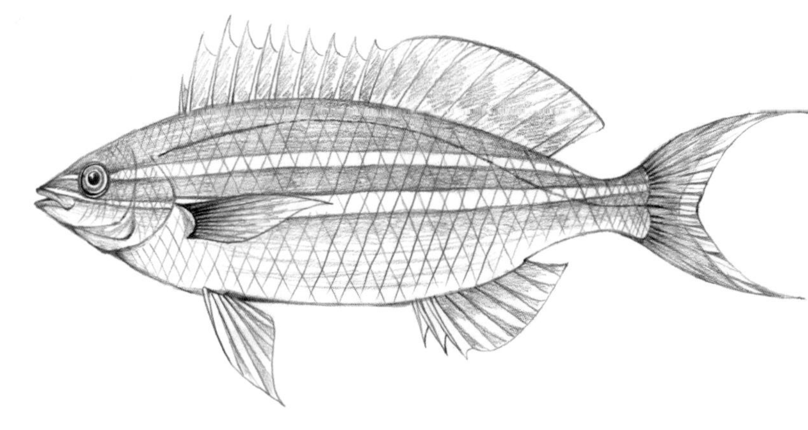

【英文名】small-toothed whiptail

【别名】黄带锥齿鲷

【分类地位】鲈形目Perciformes
金线鱼科Nemipteridae

【主要形态特征】

背鳍Ⅹ-9；臀鳍Ⅲ-7；胸鳍15~17；腹鳍Ⅰ-5。侧线鳞41~47。

体呈纺锤形，侧扁，体长为体高的2.9~3.0倍。头尖细，头背几成直线。吻中大。眼中大。口小，前位。上下颌前端具犬齿，下颌1对犬齿前倾，外侧具圆锥状齿1行；犁骨、腭骨及舌上无齿。鳃耙瘤状。

体被中大栉鳞；头部鳞区向前延伸至前鼻孔，左右鼻孔间无鳞，前鳃盖骨下部具鳞。侧线完全，侧上位，与背缘平行。

背鳍连续，无缺刻。腹鳍长，末端几达肛门。尾鳍叉形，上下叶呈丝状延长，上叶长于下叶。

体背呈黄绿色，腹侧色较浅。体侧具2条黄色纵带：第一条较细，自眼上缘沿侧线上方至背鳍基底；第二条较宽，自吻端穿过眼睛至尾鳍基。腹部另具1条具蓝色圆点的黄色纵带，自喉部沿腹缘至尾鳍基部腹面。背鳍和胸鳍红色；臀鳍和腹鳍黄色；尾鳍红褐色，具黄色后缘。

【生物学特性】

暖水性珊瑚礁鱼类。主要栖息于珊瑚礁周边的底层海域，栖息水深2~35m。单独或集成小群活动。主要以底栖的小鱼和大型浮游动物为食。常见个体体长15cm左右，最大全长可达35cm。

【地理分布】

分布于西太平洋区，西至中国南海和马来半岛东部，东至吉尔伯特群岛，北至日本南部，南至新喀里多尼亚。在我国主要分布于南海和台湾周边海域。

【资源状况】

小型鱼类，主要通过延绳钓和钩钓捕获。数量较少，可供食用，也偶见于大型水族馆。

58.真赤鲷 *Pagrus major* (Temminck *et* Schlegel, 1843)

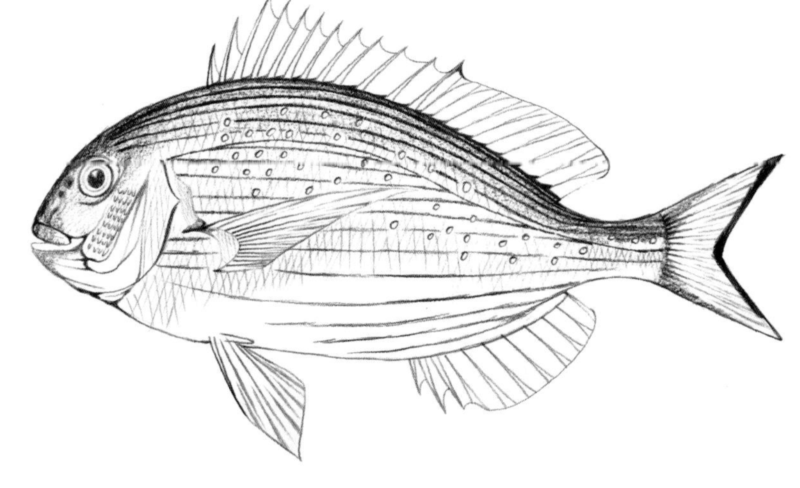

【英文名】red seabream

【别名】真鲷、日本真鲷、嘉鱲鱼、红加吉

【分类地位】鲈形目Perciformes
鲷科Sparidae

【主要形态特征】

背鳍Ⅻ-10；臀鳍Ⅲ-8；胸鳍15；腹鳍Ⅰ-5。侧线鳞53~59。

体呈长椭圆形，侧扁。头大，前端稍尖。眼中大，侧上位。口小，前位。上下颌约等长，上颌骨后端伸达眼前缘下方。上下颌前端具犬齿2~3对，两侧各具臼齿2行；犁骨、腭骨和舌上无齿。前鳃盖骨后缘平滑，主鳃盖骨后端具一扁平钝棘。

体被中大弱栉鳞，除前鳃盖骨后缘及眼下缘至吻端处无鳞外，其余均被鳞。背鳍和臀鳍鳍棘部具发达鳞鞘，鳍条部基底被小鳞。侧线完全，与背缘平行。

背鳍连续，无缺刻，鳍棘强，第三鳍棘最长，各鳍棘可左右交错平卧于鳞鞘形成的沟中。臀鳍与背鳍鳍条部相对。胸鳍尖长，后端伸达臀鳍起点上方。腹鳍较小，位于胸鳍基后下方。尾鳍叉形。

体呈淡红色，腹部银白色。背侧散布若干蓝色小点。尾鳍后缘黑色，后下缘白色。

【生物学特性】

暖温性近海底层鱼类。主要栖息于水深10~50m清澈且具粗糙底质的海域，也常出现于岩礁区，栖息水深10~200m。主要以小鱼和甲壳类等底栖动物为食。繁殖期成鱼会由较深的越冬海区洄游至较浅的近海产卵，福建沿海繁殖期为11—12月。分批产卵，怀卵量100万粒以上，卵浮性。常见个体全长30cm左右，最大体长可达1m。

【地理分布】

分布于西北太平洋区日本、朝鲜半岛和中国。我国沿海均有分布。

【资源状况】

中大型鱼类，主要通过延绳钓和流刺网捕获。肉味鲜美，为名贵食用鱼类，为我国重要海水养殖种类。

59.横带射水鱼 *Toxotes jaculatrix* (Pallas, 1767)

【英文名】banded archerfish

【别名】射水鱼

【分类地位】鲈形目Perciformes
射水鱼科Toxotidae

【主要形态特征】

背鳍Ⅳ-11~13；臀鳍Ⅲ-15~17；胸鳍12~13；腹鳍Ⅰ-5。侧线鳞26~30。

体呈长卵圆形，侧扁。头大，背侧平坦。吻尖长。眼大，近头背缘。口大，斜裂。下颌突出，上颚中央具一纵沟，在舌面贴合上颚时形成射水管。上下颌、犁骨和腭骨具绒毛状细齿。

体被中大栉鳞，上颌骨被鳞。侧线完全，与背缘平行，伸达尾鳍基。

背鳍1个，位于体后部，具4枚鳍棘。臀鳍与背鳍相对。胸鳍侧中位。腹鳍位于胸鳍基下方。尾鳍后缘截形。

体背侧呈灰黑色，腹侧银白色。体背侧具4~5条黑色宽横带或黑斑。背鳍鳍条部后上缘和臀鳍下缘暗色；尾鳍黄色；胸鳍和腹鳍白色。

【生物学特性】

暖水性中上层鱼类。主要栖息于沿岸红树林和河口咸淡水水域，也可进入河流下游淡水中。常集成小群在水表层活动。主要以昆虫为食，通过舌挤压上颚的沟槽而形成的水珠击落昆虫，射程可达1.5m。常见个体全长20cm左右，最大全长可达30cm。

【地理分布】

分布于印度—西太平洋区，西至印度，东至所罗门群岛和巴布亚新几内亚，北至菲律宾北部，南至澳大利亚北部。在我国主要分布于南海南部海域。

【资源状况】

小型鱼类，主要通过钩钓和流刺网捕获。可供食用，因其独特的外形和捕食方式，是受欢迎的观赏鱼类，常见于水族馆。

60.斑鮀 *Girella punctata* Gray, 1835

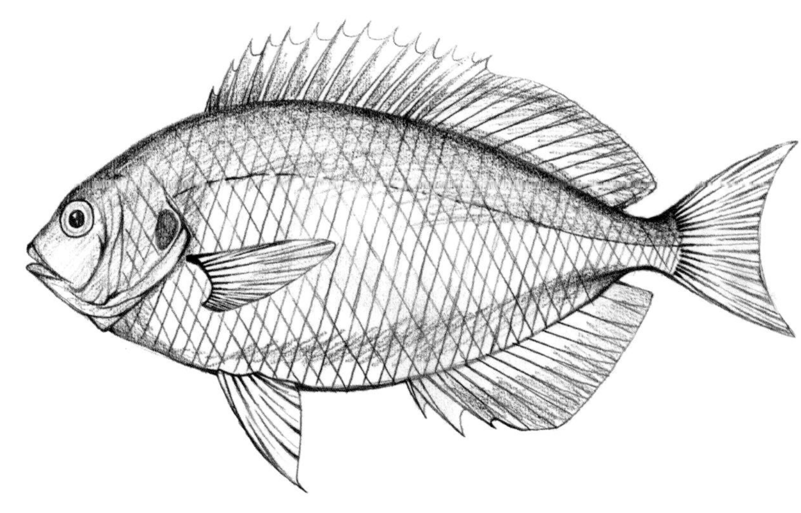

【英文名】largescale blackfish

【别名】鮀鱼、瓜子鱲、斑己鱼

【分类地位】鲈形目Perciformes

鮀科Kyphosidae

【主要形态特征】

背鳍XIV~XV-12~15；臀鳍III-12；胸鳍17~18；腹鳍I-5。侧线鳞50~56。

体呈长椭圆形，侧扁。头小。吻圆钝。眼中大。口小，前位，口裂近水平。上颌骨大部为眶前骨所遮盖，后端露出，伸达后鼻孔下方。上下颌齿前端呈门齿状，能活动，齿端呈三尖状；两侧齿细小，2行，呈圆锥状；犁骨、腭骨和舌上均无齿。

体被中大栉鳞，吻部无鳞，鳃盖骨仅上方1/2覆盖细鳞，背鳍和臀鳍具鳞鞘。侧线完全，与背缘平行，侧线鳞50~56。

背鳍连续，无缺刻。臀鳍与背鳍鳍条部相对。胸鳍宽短。腹鳍较小，位于胸鳍基后下方。尾鳍后缘凹入。

体呈灰褐色至暗褐色，腹部色浅。体侧每一鳞片具有小的黑斑，相连形成纵条纹。

【生物学特性】

暖温性岩礁鱼类。主要栖息于沿岸岩礁区，栖息水深1~30m。杂食性，冬季主要以近岸藻类为食，其他季节以中小型无脊椎动物为食。最大全长可达50cm。

【地理分布】

分布于西北太平洋区日本北海道南部至中国。在我国主要分布于东海、南海和台湾周边海域。

【资源状况】

中型鱼类，主要通过钩钓、定置网和底层刺网捕获。肉味鲜美，为优质食用鱼。

61.低鳍鮠 *Kyphosus vaigiensis* (Quoy *et* Gaimard, 1825)

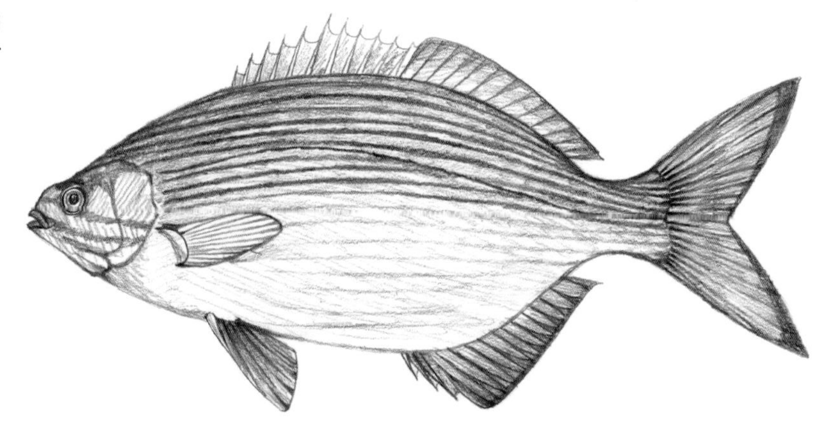

【英文名】brassy chub

【别名】短鳍鮠、兰勃舵鱼、低鳍舵鱼

【分类地位】鲈形目Perciformes

鮠科Kyphosidae

【主要形态特征】

背鳍Ⅹ~Ⅺ-13~15；臀鳍Ⅲ-12~14；胸鳍18~20；腹鳍Ⅰ-5。侧线鳞52~63。

体呈长椭圆形，侧扁。头小，背面凸起。吻圆钝。眼中大。口小，前位，口裂近水平。上颌骨后端伸达眼前缘下方。上下颌齿多行，外行齿呈门齿状，齿端不分叉，内行齿绒毛状；犁骨、腭骨和舌上均具绒毛状齿带。

体被中大栉鳞，头部近吻端无鳞，背鳍、臀鳍和尾鳍基密被细鳞，具鳞鞘。侧线完全，与背缘平行。

背鳍连续，无缺刻，鳍棘部基底短于鳍条部基底，最长鳍条短于最长鳍棘；背鳍鳍条13~15枚（多为14枚）。臀鳍与背鳍鳍条部同形相对，臀鳍鳍条12~14枚（多为13枚）。胸鳍宽短。腹鳍位于胸鳍基后下方。尾鳍叉形。

体呈灰褐色至青褐色，背部颜色较深，腹部颜色较浅，偏银白色。体侧每一鳞片中央具黄色纵纹，相连形成纵条纹。眼眶下方具白色纵纹。各鳍褐色。

【近似种】

本种与长鳍鮠（*K. cinerascens*）相似，区别为后者背鳍鳍棘部基底长于鳍条部基底，最长鳍条长于最长鳍棘，背鳍鳍条多为12枚，臀鳍鳍条多为11枚。

【生物学特性】

暖水性岩礁鱼类。主要栖息于岩礁区、海藻场、潟湖和外围礁石区海域，栖息水深0~40m。成鱼常栖息于沿岸，幼鱼伴随海藻等漂浮物可分布于开阔海域的表层。常集群活动。幼鱼主要以小型甲壳类为食；成鱼冬季主要以藻类为食，其他季节以中小型无脊椎动物为食。最大全长可达70cm。

【地理分布】

分布于印度—太平洋区，西至红海和东非沿岸，东至夏威夷群岛、土阿莫土群岛和拉帕岛，北至日本南部，南至澳大利亚。在我国主要分布于南海和台湾周边海域。

【资源状况】

中大型鱼类，主要通过流刺网、钩钓和延绳钓捕获。肉质鲜美，为优质食用鱼。

62.银身蝴蝶鱼 *Chaetodon argentatus* Smith *et* Radcliffe, 1911

【英文名】Asian butterflyfish

【别名】黑镜蝶

【分类地位】鲈形目Perciformes
蝴蝶鱼科Chaetodontidae

【主要形态特征】

背鳍XIII~XIV-21~22；臀鳍III-15~16；胸鳍14~15；腹鳍I-5。侧线鳞35~39。

体呈卵圆形，侧扁而高。头较小，背缘平直，鼻区稍内凹。吻尖突。眼较大。鼻孔2个，前鼻孔具鼻瓣。口小，前位，口裂平直。上下颌齿尖细，呈刷毛状，上颌齿4~5行，下颌齿5~6行。前鳃盖骨边缘具细锯齿。鳃盖膜与峡部相连。

体被稍大弱栉鳞，菱形，体后侧鳞较小。侧线不完全，止于背鳍鳍条部后下方。

背鳍连续，无缺刻，起点约与腹鳍起点相对，鳍条部外缘圆形。臀鳍三角形。胸鳍宽短。腹鳍第一鳍条稍延长。尾鳍近截形。

体呈银白色至灰黄色。体侧沿鳞列有网状暗纹。体侧另具3条暗色鞍状带：第一条由背鳍第一鳍棘至鳃盖上部；第二条在体中部；第三条由背鳍鳍棘部后方及鳍条部经尾柄至臀鳍后方。眼带仅达眼上缘。背鳍鳍条部后缘银白色，末端具窄黑带；臀鳍前2/3为银白色或黄色，具黑缘；尾鳍中央具宽于眼径的弯月状黑横带，后端另具黑缘。

【生物学特性】

暖水性珊瑚礁鱼类。主要栖息于岩礁或珊瑚礁区，栖息水深5~20m。常成对或集群游动。主要以小型底栖无脊椎动物及藻类为食。繁殖期雌雄配对生活。最大全长可达20cm。

【地理分布】

分布于西太平洋区日本南部至菲律宾。在我国主要分布于南海和台湾周边海域。

【资源状况】

小型鱼类，无食用价值。体色艳丽，是极受欢迎的观赏鱼，常潜水捕捞，鲜活出售，在水族行业具有较高的商业价值。

63.珠蝴蝶鱼 *Chaetodon kleinii* Bloch, 1790

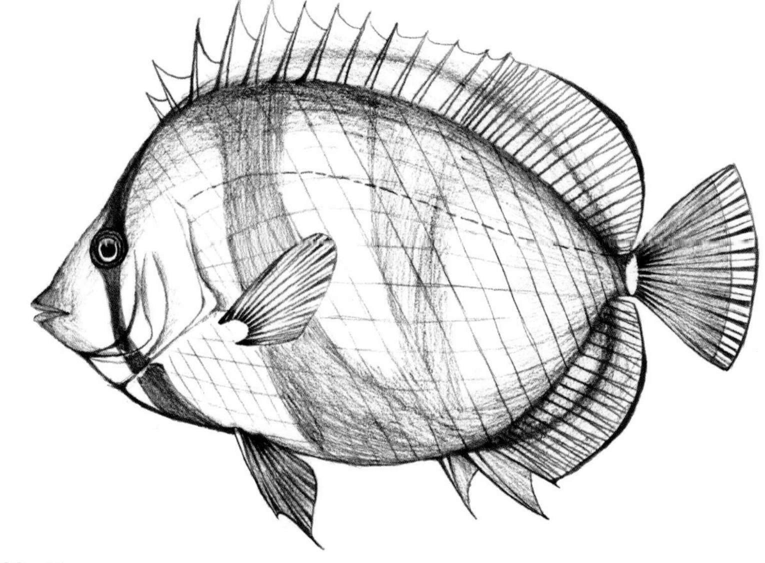

【英文名】sunburst butterflyfish

【别名】克氏蝴蝶鱼、麻包蝶、凤梨蝶、蓝头蝶

【分类地位】鲈形目Perciformes
蝴蝶鱼科Chaetodontidae

【主要形态特征】

背鳍XIII~XIV-20~23；臀鳍III-17~20；胸鳍14~16；腹鳍I-5。侧线鳞33~41。

体呈卵圆形，侧扁而高，背腹缘轮廓相似。头较小，背缘平直。吻尖突。眼较大。鼻孔2个，前鼻孔具鼻瓣。口小，前位，口裂平直。上下颌齿尖细，呈刷毛状，上下颌齿4~6行。前鳃盖骨边缘具细锯齿。鳃盖膜与峡部相连。

体被中大弱栉鳞，头部、胸部和奇鳍被小鳞。侧线不完全，止于背鳍第十八至十九鳍条下方。

背鳍连续，无缺刻，鳍棘较粗壮。臀鳍和背鳍鳍条部外缘圆形。胸鳍宽短。腹鳍圆形。尾鳍后缘截形或微凸。

体呈淡黄色，后部色较深。体侧具不明显的10余行串珠样纵纹。体侧背鳍鳍棘部前部及后部下方各有一条不明显的暗色横带。背鳍前方向下经眼至腹鳍前缘有一与眼径等宽的黑色横带。背鳍和臀鳍鳍条部边缘白色，其内侧具黑色细线纹。尾鳍黄色，边缘透明。

【生物学特性】

暖水性珊瑚礁鱼类。主要栖息于水深10m以深的潟湖、海峡及珊瑚礁区，栖息水深2~61m。常独游或成对游动。杂食性，主要以软珊瑚、海藻和浮游动物为食。繁殖期雌雄配对生活。最大全长可达15cm。

【地理分布】

分布于印度—太平洋区，西至红海和东非沿岸，东至夏威夷群岛和萨摩亚群岛，北至日本南部，南至新喀里多尼亚和澳大利亚新南威尔士。在我国主要分布于东海南部、南海和台湾周边海域。

【资源状况】

小型鱼类，无食用价值。体色艳丽，是极受欢迎的观赏鱼，常潜水捕捞，鲜活出售，在水族行业具有较高的商业价值。

64.粟点蝴蝶鱼 *Chaetodon miliaris* Quoy *et* Gaimard, 1825

【英文名】millet butterflyfish

【别名】粟点蝶、澳洲珍珠蝶、芝麻蝶、柠檬蝶

【分类地位】鲈形目Perciformes
蝴蝶鱼科Chaetodontidae

【主要形态特征】

背鳍XIII~XIV-20~23；臀鳍III-17~20；胸鳍14~15；腹鳍I-5。侧线鳞38~53。

体呈卵圆形，侧扁而高。头较小，眼上缘凹入。吻尖突。眼较大。口小，前位，口裂平直。上下颌齿尖细，呈刷毛状。前鳃盖骨边缘具细锯齿。鳃盖膜与峡部相连。

体被中小弱栉鳞，头部、胸部和奇鳍被小鳞。侧线不完全，止于背鳍基底末端下方。

背鳍连续，无缺刻，鳍棘较粗壮。臀鳍和背鳍鳍条部外缘圆形。胸鳍宽短。腹鳍第一鳍条稍延长。尾鳍后缘微凸。

体呈白色至淡黄色。体侧上部具垂直斑点行，自背鳍起点经眼至前鳃盖骨下缘具一黑色眼带，尾柄具大黑斑。

【生物学特性】

暖水性珊瑚礁鱼类。主要栖息于浅水岩礁礁盘和珊瑚礁区。常集群在水中层游动。杂食性，主要以浮游动物和底栖无脊椎动物为食。繁殖期雌雄配对生活。最大体长可达13cm。

【地理分布】

分布于东中太平洋区的夏威夷群岛和约翰斯顿岛。我国南海有分布记录，但记录存疑。

【资源状况】

小型鱼类，无食用价值。体色艳丽，是极受欢迎的观赏鱼，常潜水捕捞，鲜活出售，在水族行业具有较高的商业价值。

65.斑带蝴蝶鱼 *Chaetodon punctatofasciatus* Cuvier, 1831

【英文名】spotband butterflyfish

【别名】点斑横带蝴蝶鱼、虎皮蝶、繁纹蝶

【分类地位】鲈形目Perciformes
蝴蝶鱼科Chaetodontidae

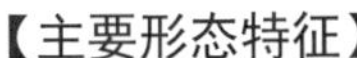

【主要形态特征】

背鳍ⅩⅢ~ⅩⅣ-22~25；臀鳍Ⅲ-17~18；胸鳍13~15；腹鳍Ⅰ-5。侧线鳞37~44。

体呈卵圆形，侧扁而高，背缘呈弧形，腹缘呈浅弧形。头较小，背缘平直。吻尖突。眼较大。鼻孔2个，前鼻孔具鼻瓣。口小，前位，口裂平直。上下颌齿尖细，呈刷毛状，上下颌齿6~7行。前鳃盖骨边缘具细锯齿。鳃盖膜与峡部相连。

体被中大弱栉鳞，稍呈斜列，背部、头部、胸部及奇鳍鳞小。侧线不完全，止于背鳍基底末端下方。

背鳍连续，无缺刻，鳍棘较粗壮，第一鳍棘最短。臀鳍和背鳍鳍条部外缘圆形。胸鳍宽短。腹鳍第一鳍条稍延长。尾鳍后缘截形或微凸。

体呈柠檬黄色，腹部淡黄色。体侧各鳞片具一较大黑点，向后黑点渐小，黑点沿各鳞列组成多条纵纹。体侧上半部具7条黑褐色横带，头部具窄于眼径的镶黑边的金黄色眼带，项部具一黑色斑块，尾柄橘黄色。背鳍和臀鳍具金黄色边缘，内侧具黑色细线纹；胸鳍和腹鳍淡黄色；尾鳍基部黄色，中间具黑色横带，后端淡色。

【生物学特性】

暖水性珊瑚礁鱼类。主要栖息于水质清澈的珊瑚礁群集的潟湖或面海的岩礁区，栖息水深1~45m。杂食性，主要以丝状藻、珊瑚虫和底栖无脊椎动物等为食。繁殖期雌雄配对生活。最大全长可达12cm。

【地理分布】

分布于印度—太平洋区，西至东印度洋区的圣诞岛，东至莱恩群岛，北至日本南部，南至大堡礁北部。在我国主要分布于南海和台湾周边海域。

【资源状况】

小型鱼类，无食用价值。体色艳丽，是极受欢迎的观赏鱼，常潜水捕捞，鲜活出售，在水族行业具有较高的商业价值。

66.斜纹蝴蝶鱼 *Chaetodon vagabundus* Linnaeus, 1758

【英文名】vagabond butterflyfish

【别名】漂浮蝴蝶鱼、假人字蝶

【分类地位】鲈形目Perciformes
蝴蝶鱼科Chaetodontidae

【主要形态特征】

背鳍XIII-23~25；臀鳍III-19~22；胸鳍14~15；腹鳍I-5。侧线鳞34~40。

体呈卵圆形，侧扁而高，背缘颇高。头较小，背缘在眼前凹下。吻尖突。眼较大。鼻孔2个，前鼻孔具鼻瓣。口小，前位，口裂平直。上下颌齿尖细，呈刷毛状，上下颌齿7~9行。前鳃盖骨边缘具细锯齿。鳃盖膜与峡部相连。

体被中大弱栉鳞，排列成整齐的斜列，胸部、腹部和尾柄的鳞较小。侧线不完全，止于背鳍基底末端下方。

背鳍连续，无缺刻，鳍棘较粗壮，第一鳍棘和第二鳍棘约等长，第五鳍棘和第六鳍棘较长。臀鳍和背鳍鳍条部外缘尖而圆。胸鳍宽短。腹鳍尖形。尾鳍后缘略圆凸。

体呈白色，后部黄色。体侧前方具6条斜向前方的淡紫色线纹，与后方10余条斜向后方的淡紫色线纹直角相交；体侧自背鳍鳍条部前方经尾柄至臀鳍中部具黑色弧带；由背鳍第一鳍棘前方向下经眼至间鳃盖骨缘具一黑色眼带。背鳍和臀鳍黄色，边缘黑色；尾鳍黄色，后缘具2条黑带，边缘白色；其余各鳍淡色或淡黄色。

【生物学特性】

暖水性珊瑚礁鱼类。主要栖息于礁盘、潟湖和面海的珊瑚礁区，亦可出现于河口，栖息水深5~30m。常成对生活，具强烈的领域性。杂食性，主要以海藻、珊瑚虫、甲壳类和蠕虫等为食。繁殖期雌雄配对生活。最大全长可达23cm。

【地理分布】

分布于印度—太平洋区，西至东非沿岸，东至莱恩群岛和土阿莫土群岛，北至日本南部，南至豪勋爵岛和南方群岛。在我国主要分布于南海和台湾周边海域。

【资源状况】

小型鱼类，无食用价值。体色艳丽，是极受欢迎的观赏鱼，较易在水族箱中存活，在水族行业具有较高的商业价值。

67.黄蝴蝶鱼 *Chaetodon xanthurus* Bleeker, 1857

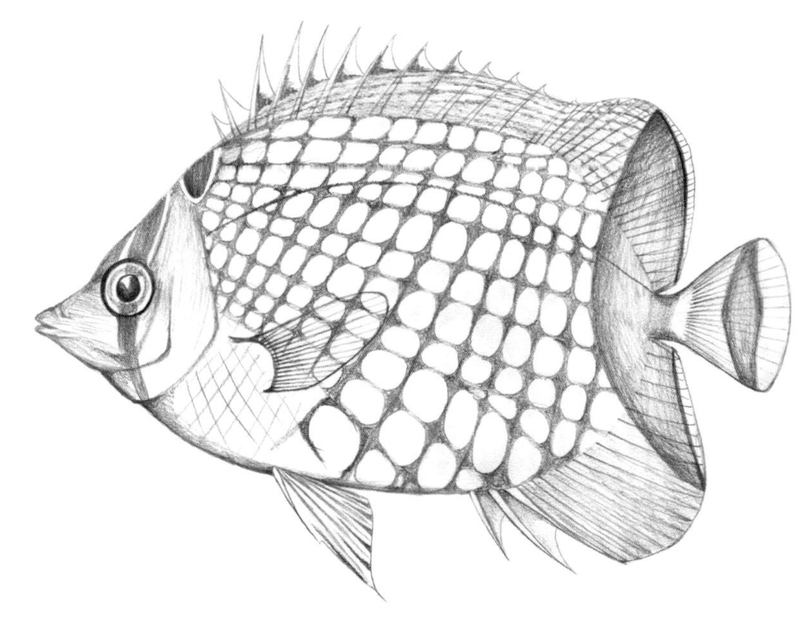

【英文名】pearlscale butterflyfish

【别名】红尾蝴蝶鱼、黄网蝶、黄尾蝶

【分类地位】鲈形目Perciformes
蝴蝶鱼科Chaetodontidae

【主要形态特征】

背鳍XIII~XIV-20~23；臀鳍III-15~17；胸鳍13~14；腹鳍I-5。侧线鳞32~39。

体呈卵圆形，侧扁而高。头较小，背缘平直，项部略凸。吻尖突。眼较大。鼻孔2个，前鼻孔具鼻瓣。口小，前位，口裂平直。上下颌齿尖细，呈刷毛状，上下颌齿7~8行。前鳃盖骨边缘具细锯齿。鳃盖膜与峡部相连。

体被大弱栉鳞，菱形，体上部鳞片斜向上排列，下部鳞片水平排列。侧线不完全，止于背鳍基底末端下方。

背鳍连续，无缺刻，鳍棘较粗壮，第一鳍棘短小，第四鳍棘和第五鳍棘较长。臀鳍和背鳍鳍条部外缘圆形。胸鳍宽短。腹鳍尖形。尾鳍后缘略圆凸。

体呈灰蓝色或白色，头上半部较深。体侧鳞片边缘具暗线纹，线纹相互连成网状；项部具一镶白边的黑色鞍状斑；头部具窄于眼径的镶白边黑色眼带，向下延伸至鳃盖缘；自背鳍第六至第七鳍条下方向下延伸至臀鳍后角具一橙红色新月形横带。各鳍灰色至白色；尾鳍后部具镶淡色边的橙红色半月形带，末缘淡色。

【生物学特性】

暖水性珊瑚礁鱼类。主要栖息于水质清澈的外围礁石斜坡区和陡坡区，常单独或成对分布于鹿角珊瑚周围，栖息水深6~50m。主要以小型底栖无脊椎动物和海藻等为食。繁殖期雌雄配对生活。最大体长可达14cm。

【地理分布】

分布于西太平洋区自印度尼西亚和菲律宾至日本南部。在我国主要分布于南海和台湾周边海域。

【资源状况】

小型鱼类，无食用价值。体色艳丽，是极受欢迎的观赏鱼，常潜水捕捞，鲜活出售，在水族行业具有较高的商业价值。

68.黄镊口鱼 *Forcipiger flavissimus* Jordan *et* McGregor, 1898

【英文名】longnose butterfly fish

【别名】火箭蝶、黄火箭

【分类地位】鲈形目Perciformes
蝴蝶鱼科Chaetodontidae

【主要形态特征】

背鳍Ⅻ~ⅩⅢ-19~25；臀鳍Ⅲ-17~19；胸鳍15~17；腹鳍Ⅰ-5。侧线鳞74~80。

体呈卵圆形，侧扁而高。吻延长呈管状，体高为吻长的1.6~2.1倍。眼较大。口小，上下颌似镊子的端部，形成平直的口裂。上下颌齿甚小而尖，密生于上下颌前部。前鳃盖骨边缘具细锯齿。

体被细小圆形弱栉鳞。侧线完全，呈半月形弯曲，至尾柄前下降为侧中位达尾鳍基部。

背鳍连续，鳍棘部高于鳍条部，鳍棘尖而长，鳍棘12~13枚（通常12枚），第三至第五鳍棘较长，鳍条部外缘弧形，前部鳍条长于后部鳍条。臀鳍鳍条部高于背鳍鳍条部，三角形。胸鳍长，镰形，后端可达背鳍中部鳍条下方。腹鳍长，后端超过臀鳍起点。

体呈黄色，由背鳍起点向下至眼下缘后向前至吻端黑褐色，头部、吻下缘、胸部和腹部银白色。背鳍、臀鳍和腹鳍黄色，背鳍和臀鳍鳍条部具淡蓝色边缘，臀鳍鳍条部后上缘具黑斑；胸鳍和尾鳍色淡。

【近似种】

本种与长吻镊口鱼（*F. longirostris*）相似，区别为后者体高为吻长的1.1~1.5倍，背鳍鳍棘10~11枚（通常11枚）。

【生物学特性】

暖水性珊瑚礁鱼类。主要栖息于面海的岩礁区，也偶见于潟湖，栖息水深2~145m。独居或集成5尾以下的小群。主要以珊瑚虫、鱼卵、小型甲壳类和棘皮动物的管足等为食。繁殖期雌雄配对生活。最大全长可达22cm。

【地理分布】

分布于印度—太平洋区，西至红海和东非沿岸，东至夏威夷群岛和复活节岛，北至日本南部，南至豪勋爵岛；在东太平洋区分布于墨西哥加利福尼亚半岛南部的雷维亚希赫多群岛至加拉帕戈斯群岛。在我国主要分布于南海和台湾周边海域。

【资源状况】

小型鱼类，无食用价值。体色艳丽，是极受欢迎的观赏鱼，常潜水捕捞，鲜活出售，在水族行业具有较高的商业价值。

69.多鳞霞蝶鱼 *Hemitaurichthys polylepis* (Bleeker, 1857)

【英文名】pyramid butterflyfish

【别名】银斑蝶鱼、霞蝶、钻石蝶

【分类地位】鲈形目Perciformes
蝴蝶鱼科Chaetodontidae

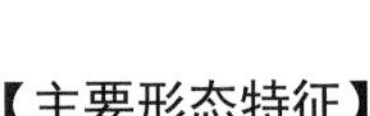

【主要形态特征】

背鳍XII-23~26；臀鳍III-19~21；胸鳍16~19；腹鳍 I -5。侧线鳞68~74。

体呈卵圆形，侧扁而高，背部轮廓较腹部凸出。头较小。吻短尖，头长为吻长的2.6~2.8倍。口小，前位，口裂几水平。上下颌齿细，梳状。前鳃盖骨后缘直角形，边缘具细锯齿。

体被小栉鳞。侧线完全，与背缘平行，止于尾鳍基部。

背鳍连续，无缺刻，鳍棘较粗壮，具12枚鳍棘和23~26枚鳍条。臀鳍和背鳍鳍条部外缘圆形。胸鳍宽短。腹鳍尖形。尾鳍后缘截形或略圆凸。

体呈银白色，胸鳍基前头部褐色，体侧背鳍第三至第六鳍棘下方及鳍条部基部下方具金黄色的三角形斑。背鳍与臀鳍金黄色，胸鳍色淡，腹鳍和尾鳍银白色。

【近似种】

本种常被误鉴为霞蝶鱼（*H. zoster*），区别为后者头长为吻长的3.0~3.6倍，体呈黑色，体中部具白色宽横带，主要分布于印度洋区。

【生物学特性】

暖水性珊瑚礁鱼类。主要栖息于外围礁石斜坡区边缘处，栖息水深3~6m。常集成大群游动。主要以浮游动物为食。繁殖期雌雄配对生活。最大全长可达18cm。

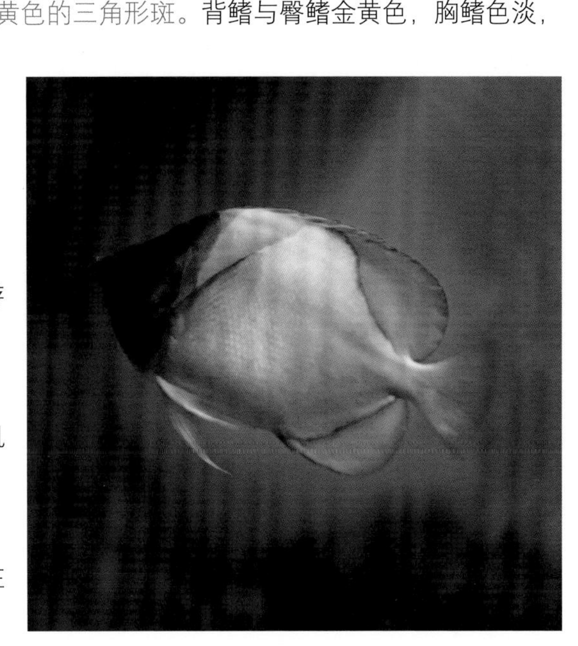

【地理分布】

分布于印度—太平洋区，西至东印度洋区圣诞岛，东至夏威夷群岛、莱恩群岛和皮特凯恩群岛，北至日本南部，南至新喀里多尼亚。在我国主要分布于南海和台湾周边海域。

【资源状况】

小型鱼类，无食用价值。体色艳丽，是极受欢迎的观赏鱼，常潜水捕捞，鲜活出售，在水族行业具有较高的商业价值。

70.单角马夫鱼 *Heniochus monoceros* Cuvier, 1831

【英文名】masked bannerfish

【别名】乌面立旗鲷、黑面关刀

【分类地位】鲈形目Perciformes

蝴蝶鱼科Chaetodontidae

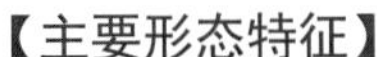

【主要形态特征】

背鳍XII-24~27；臀鳍III-17~19；胸鳍17~18；腹鳍I-5。侧线鳞58~64。

体呈卵圆形，侧扁而高，背缘高而隆起，略呈三角形。头短小，项部有一粗壮骨质角状突起。吻较尖长，向前突出。眼侧位，眼间隔宽而圆凸，成鱼眼前缘上方具一棘状突。鼻孔2个，前鼻孔后缘具鼻瓣。口小，前位，口裂水平状。上下颌齿尖细，排列紧密，呈刚毛状。前鳃盖骨边缘具锯齿。鳃盖膜与峡部相连。

体被中大弱栉鳞，腹鳍具腋鳞。侧线完全，约与背缘平行，止于尾鳍基部。

背鳍连续，无缺刻，第四鳍棘呈鞭状延长，长度短于体长；鳍条部外缘圆形。臀鳍鳍条部外缘钝角状。胸鳍短。腹鳍圆形，后端伸达肛门。尾鳍截形或微凹。

体呈黄白色。头侧和体侧具3条黑色横带：第一条自背鳍第二鳍棘斜向前下方经眼至峡部，眼间隔至鼻孔有一"∩"形白斑；第二条自背鳍第四至第六鳍棘向下经胸鳍基部至腹鳍起点和肛门前方；第三条自背鳍第八至第九鳍棘向后下方至臀鳍鳍条部后半部。背鳍鳍条部、尾鳍和胸鳍淡黄色；臀鳍前缘白色至淡黄色，具黑色边缘；胸鳍基部和腹鳍黑色。

【生物学特性】

暖水性珊瑚礁鱼类。主要栖息于珊瑚丛生的潟湖和面海的珊瑚礁区，栖息水深2~30m。主要以小型底栖动物为食。繁殖期雌雄配对生活。最大全长可达24cm。

【地理分布】

分布于印度—太平洋区，西至东非沿岸，东至土阿莫土群岛，北至日本南部，南至澳大利亚新南威尔士和汤加。在我国主要分布于南海和台湾周边海域。

【资源状况】

小型鱼类，无食用价值。体色艳丽，是极受欢迎的观赏鱼，常潜水捕捞，鲜活出售，在水族行业具有较高的商业价值。

71.三点阿波鱼 *Apolemichthys trimaculatus* (Cuvier, 1831)

【英文名】threespot angelfish

【别名】三斑刺蝶鱼、三点神仙、蓝嘴新娘

【分类地位】鲈形目Perciformes
刺盖鱼科Pomacanthidae

【主要形态特征】

背鳍XIV-16~18；臀鳍III-17~19；胸鳍17；腹鳍I-5。侧线鳞38~47。

体呈卵圆形，侧扁而高，背腹缘凸度相似，背缘在项部凸出。头颇小，背缘陡斜成直线状。吻略长，前端钝圆，稍向前突出。口小，前位，口裂水平状。上下颌齿细长，有3个齿尖，中央尖甚长，呈刷毛状排列；犁骨具细小齿丛；腭骨无齿。眶前骨后缘不游离，无锯齿；前鳃盖骨后缘有锯齿，后下角向后伸出一强棘，头长约为棘长的2.5倍。间鳃盖骨中大，前方常具小刺。

体被中大强栉鳞，头部、胸部及奇鳍上的鳞小。侧线不完全，与背缘平行，止于背鳍基底后端的前下方。

背鳍连续，无缺刻，最后鳍棘最长，鳍条部外缘略呈锐角形。臀鳍鳍条部与背鳍鳍条部同形相对。胸鳍与腹鳍同长，腹鳍后端稍伸达肛门。尾鳍后缘略圆。

体呈橙黄色。项部两侧各有一淡黄色边缘的黑斑，幼鱼相连呈鞍状斑；鳃盖后上方的肩胛部亦有一较大的淡黄色边缘的淡青色眼斑；幼鱼背鳍基下方尚有一黑斑。唇部蓝色。臀鳍鳍棘部及鳍条部外侧黑色。体侧上部各鳞有暗褐色斑纹，幼鱼相连呈波纹状横线纹。

【生物学特性】

暖水性珊瑚礁鱼类。主要栖息于靠近珊瑚礁的潟湖及面海岩礁区海域，幼鱼多独居于25m以深水域，成鱼多在中层集成松散的小群，栖息水深3~60m。主要以海绵和海鞘等为食。最大全长可达26cm。

【地理分布】

分布于印度—西太平洋区，西至东非沿岸，东至萨摩亚群岛，北至日本南部，南至澳大利亚。在我国主要分布于东海南部、南海和台湾周边海域。

【资源状况】

小型鱼类，无食用价值。体色艳丽，是极受欢迎的观赏鱼，常潜水捕捞，鲜活出售，在水族行业具有较高的商业价值。

72.二色刺尻鱼 *Centropyge bicolor* (Bloch, 1787)

【英文名】bicolor angelfish

【别名】双色神仙、黄鹂神仙、石美人

【分类地位】鲈形目Perciformes
刺盖鱼科Pomacanthidae

【主要形态特征】

背鳍XV-15~17；臀鳍Ⅲ-17~18；胸鳍16~17；腹鳍Ⅰ-5。侧线鳞46~48。

体呈长椭圆形，侧扁，背腹缘凸度相似，背缘在项部略凸出。头颇小。吻短，稍尖。口小，前位，口裂水平状。上下颌齿细长，有3个齿尖，呈刷毛状排列。眶前骨游离，后方具棘；前鳃盖骨边缘具锯齿，隅角具一长棘，达胸鳍基部。间鳃盖骨短圆，下缘具小刺。

体被中大强栉鳞，体前背部具辅鳞。侧线不完全，与背缘平行，止于背鳍基底后端的前下方。

背鳍连续，无缺刻，鳍棘15枚。臀鳍鳍条部与背鳍鳍条部后端尖形。腹鳍尖形。尾鳍圆形。

头部、体前部、胸鳍、腹鳍、尾鳍和背鳍的前部黄色，体后部、背鳍后部和臀鳍蓝黑色。头背眼上缘具蓝黑色眼带。

【生物学特性】

暖水性珊瑚礁鱼类。主要栖息于潟湖、面海的岩礁斜坡区和陡坡区、砾石区及珊瑚礁区，栖息水深1~25m。常成对或集成小群。主要以海藻、小型甲壳类和蠕虫等为食。具性逆转特性，雌性先成熟。最大全长可达15cm。

【地理分布】

分布于印度—太平洋区，西至东非沿岸，东至萨摩亚群岛和菲尼克斯群岛，北至日本南部，南至新喀里多尼亚；遍布密克罗尼西亚。在我国主要分布于南海和台湾周边海域。

【资源状况】

小型鱼类，无食用价值。体色艳丽，是极受欢迎的观赏鱼，常潜水捕捞，鲜活出售，在水族行业具有较高的商业价值。

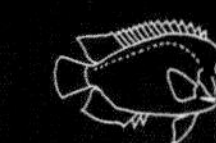

73.双棘刺尻鱼 *Centropyge bispinosa* (Günther, 1860)

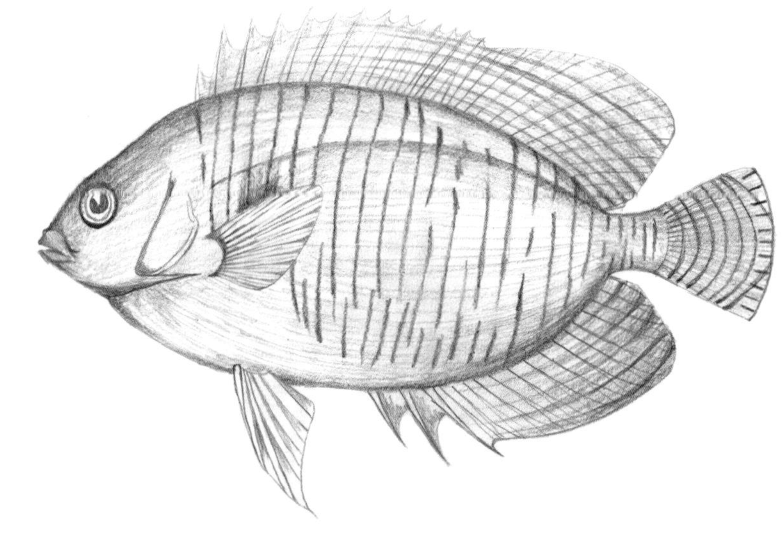

【英文名】twospined angelfish

【别名】蓝闪电、琉璃神仙鱼、珊瑚美人

【分类地位】鲈形目Perciformes

刺盖鱼科Pomacanthidae

【主要形态特征】

背鳍XIV-16~18；臀鳍III-17~19；胸鳍15~17；腹鳍I-5。侧线鳞42~45。

体呈长卵圆形，侧扁，背腹缘凸度相似，项部稍隆起。头颇小。吻短，前端钝圆。眼小，侧位而高。口小，前位，口裂水平状。上下颌齿细长，有3个齿尖，中间齿尖长，呈刷毛状排列。眶前骨下缘突出，后缘游离，后方具棘；前鳃盖骨边缘具锯齿，隅角具一长一短2枚强棘。间鳃盖骨很小，下缘具多个小刺。

体被中大强栉鳞，体前背部具辅鳞。侧线不完全，与背缘平行，止于背鳍基底后端的前下方。

背鳍连续，无缺刻。臀鳍鳍条部与背鳍鳍条部外缘呈尖角状。腹鳍尖形。尾鳍圆形。

体呈黄褐色至橙褐色，头部与背侧蓝紫色至黑褐色，胸部与腹面黄褐色。体侧具17~20条延伸至腹部的蓝紫色至黑褐色横纹，胸鳍上方体侧具深色短横斑或不显著。背鳍、臀鳍和尾鳍一致为蓝紫色至黑褐色，腹鳍和胸鳍黄色。

【生物学特性】

暖水性珊瑚礁鱼类。主要栖息于珊瑚丛生的潟湖和面海的礁石斜坡区，栖息水深3~60m。常独游或集成3~7尾的小群游动。主要以海藻为食。最大全长可达10cm。

【地理分布】

分布于印度—太平洋区，西至东非沿岸，东至土阿莫土群岛，北至日本南部，南至豪勋爵岛。在我国主要分布于南海和台湾周边海域。

【资源状况】

小型鱼类，无食用价值。体色艳丽，是极受欢迎的观赏鱼，常潜水捕捞，鲜活出售，在水族行业具有较高的商业价值。

74.断线刺尻鱼 *Centropyge interrupta* (Tanaka, 1918)

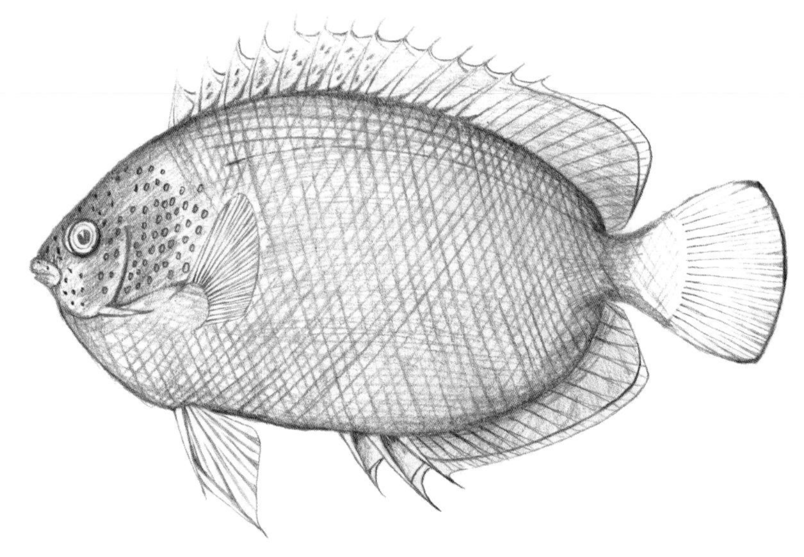

【英文名】Japanese angelfish

【别名】断纹盖刺鱼、日本仙、蓝新娘

【分类地位】鲈形目Perciformes
刺盖鱼科Pomacanthidae

【主要形态特征】

背鳍XIV-16；臀鳍Ⅲ-17；胸鳍16~17；腹鳍Ⅰ-5。

体呈长椭圆形，侧扁，背部轮廓略突出。头较小，头背部于眼上方平直。吻短钝。眼小，侧位而高。口小，前位，口裂水平状。上下颌齿细长，有3个齿尖，排列呈刷毛状。眶前骨下缘突出，后缘游离，具锯齿和小棘。前鳃盖骨后缘具较强锯齿，下缘常有齿，隅角具一向后强棘，强棘前具0~2枚小棘。间鳃盖骨短圆。

体被中大强栉鳞，体前背部具辅鳞。侧线不完全，与背缘平行，止于背鳍基底后端的前下方。

背鳍连续，无缺刻。臀鳍鳍条部与背鳍鳍条部外缘钝圆形。腹鳍尖形，后端几达臀鳍起点。尾鳍截形。

体前半部呈黄色至橙红色，散布蓝紫色小点或线纹；后半部一致呈蓝紫色。胸鳍、腹鳍和尾鳍黄色。

【生物学特性】

暖水性珊瑚礁鱼类。主要栖息于岩礁和珊瑚礁区，栖息水深12~60m。具性逆转特性，雌性先成熟。最大全长可达15cm。

【地理分布】

分布于太平洋区日本中南部至夏威夷群岛西北部。在我国主要分布于台湾东北部海域。

【资源状况】

小型鱼类，无食用价值，我国较罕见。体色艳丽，是极受欢迎的观赏鱼，常潜水捕捞，鲜活出售，在水族行业具有较高的商业价值。

75.胄刺尻鱼 *Centropyge loriculus* (Günther, 1874)

【英文名】flame angel

【别名】火焰仙

【分类地位】鲈形目Perciformes
刺盖鱼科Pomacanthidae

【主要形态特征】

背鳍XIV-16~18；臀鳍Ⅲ-17~18；胸鳍17~18；腹鳍Ⅰ-5。

体呈长椭圆形，侧扁。头较小。吻短钝。眼小，侧位而高。口小，前位，口裂水平状。上下颌齿细长，有3个齿尖，排列呈刷毛状。眶前骨下缘突出，后缘游离，具锯齿和小棘。前鳃盖骨和眶前骨后缘及间鳃盖骨下缘具细锯齿，隅角具一向后强棘。间鳃盖骨短圆。

体被中大强栉鳞。侧线不完全，与背缘平行，止于背鳍基底后端的前下方。

背鳍连续，无缺刻。臀鳍鳍条部与背鳍鳍条部外缘呈尖角状。腹鳍尖形。尾鳍圆形。

体呈橙红色，体侧具4~5条黑色横带，背鳍和臀鳍后缘具黑色和蓝紫色交替的短纵带。

【生物学特性】

暖水性珊瑚礁鱼类。主要栖息于水质清澈的潟湖和面海的礁区，栖息水深15~60m。常由1尾雄鱼和2~6尾雌鱼集成小群。主要以海藻为食。最大全长可达15cm。

【地理分布】

广泛分布于太平洋热带28°N—25°S海域。在我国主要分布于南海海域。

【资源状况】

小型鱼类，无食用价值，我国较罕见。体色艳丽，是极受欢迎的观赏鱼，常潜水捕捞，鲜活出售，在水族行业具有较高的商业价值。已实现人工繁殖。

76.仙女刺尻鱼 *Centropyge venusta* (Yasuda *et* Tominaga, 1969)

【英文名】purplemask angelfish

【别名】仙女刺鲷鱼、仙女刺蝶鱼、紫面仙、黄肚仙、蓝背仙

【分类地位】鲈形目Perciformes
刺盖鱼科Pomacanthidae

【主要形态特征】

背鳍XIV-16；臀鳍III-15；胸鳍15；腹鳍I-5。

体呈卵圆形，侧扁，背部轮廓略突出。头小。吻短钝。眼小，侧位而高。口小，前位，口裂水平状。上下颌齿细长，有3个齿尖，排列呈刷毛状。眶前骨前缘中部具缺刻，后缘游离且具锯齿。前鳃盖骨边缘具细锯齿，隅角具一向后强棘。间鳃盖骨大，下缘锯齿状。

体被中大强栉鳞。侧线不完全，与背缘平行，止于背鳍基底后端的前下方。

背鳍连续，无缺刻。臀鳍鳍条部与背鳍鳍条部外缘圆弧形。腹鳍尖形，后端伸达臀鳍第三鳍棘。尾鳍圆形。

体呈黄色，体侧后上方自背鳍第二和第三鳍棘下方至尾柄处黑褐色，眼后至背鳍起点间具一三角形黑褐色斑。各鳍均具蓝色边缘，背鳍后部、臀鳍后部和尾鳍具蓝色斑点。

【生物学特性】

暖水性珊瑚礁鱼类。主要栖息于外围礁石斜坡区，栖息水深10~40m。多独游或集成小群游动，常躲藏于暗礁或洞穴中。主要以海藻或附生生物为食。最大体长可达12cm。

【地理分布】

分布于西太平洋区日本至菲律宾。在我国主要分布于台湾周边海域。

【资源状况】

小型鱼类，无食用价值，我国较罕见。体色艳丽，是极受欢迎的观赏鱼，常潜水捕捞，鲜活出售，在水族行业具有较高的商业价值。

77.福氏刺尻鱼 *Centropyge vrolikii* (Bleeker, 1853)

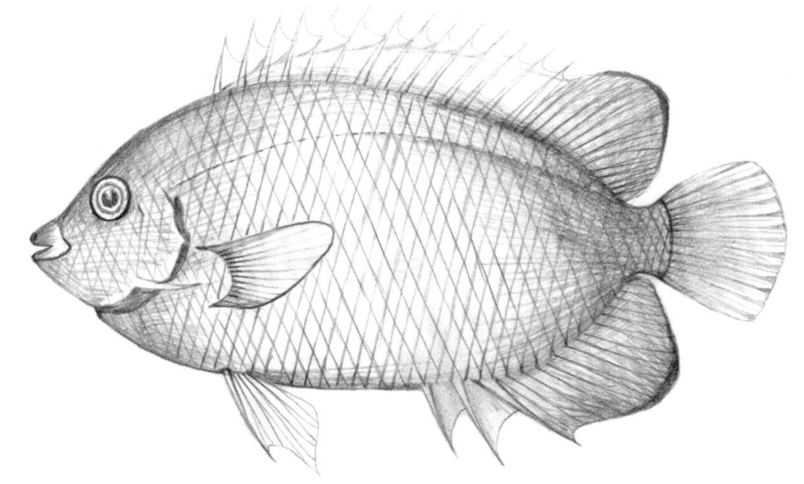

【英文名】pearlscale angelfish

【别名】棕刺尻鱼、珠点刺尻鱼、黑尾新娘、黑尾神仙

【分类地位】鲈形目Perciformes
刺盖鱼科Pomacanthidae

【主要形态特征】

背鳍XIV-15~16；臀鳍Ⅲ-16~17；胸鳍16~17；腹鳍Ⅰ-5。

体呈卵圆形，侧扁，背腹部轮廓相似。头小，头背缘陡直。吻短钝。眼小，侧位而高。口小，前位，口裂水平状。上下颌齿细长，矛状，有3个齿尖，中央尖甚长，尖端稍向内弯曲，侧尖甚短，排列呈刷毛状。眶前骨下缘突出，后缘游离且具锯齿。前鳃盖骨后缘具较强锯齿，下缘有刺，隅角具一向后强棘。间鳃盖骨很小，下缘锯齿状。

体被中大强栉鳞，纵横行排列整齐。侧线不完全，与背缘平行，止于背鳍基底后端的前下方。

背鳍连续，无缺刻。臀鳍鳍条部与背鳍鳍条部外缘呈尖角状。胸鳍圆形。腹鳍尖形，后端伸达臀鳍起点。尾鳍圆形。

体前半部呈淡黄色至乳黄色，后半部暗褐色。背鳍鳍条部、臀鳍鳍条部、尾柄和尾鳍黑褐色，背鳍、臀鳍和尾鳍具蓝色边缘。

【生物学特性】

暖水性珊瑚礁鱼类。主要栖息于珊瑚丛生的潟湖和面海的礁石区，栖息水深1~25m。主要以海藻为食。繁殖期雌雄配对生活。最大全长可达12cm。

【地理分布】

分布于西太平洋区，西至圣诞岛，东至马绍尔群岛和瓦努阿图，北至日本南部，南至豪勋爵岛。在我国主要分布于南海和台湾周边海域。

【资源状况】

小型鱼类，无食用价值。体色艳丽，是极受欢迎的观赏鱼，常潜水捕捞，鲜活出售，在水族行业具有较高的商业价值。

78.中白荷包鱼 *Chaetodontoplus mesoleucus* (Bloch, 1787)

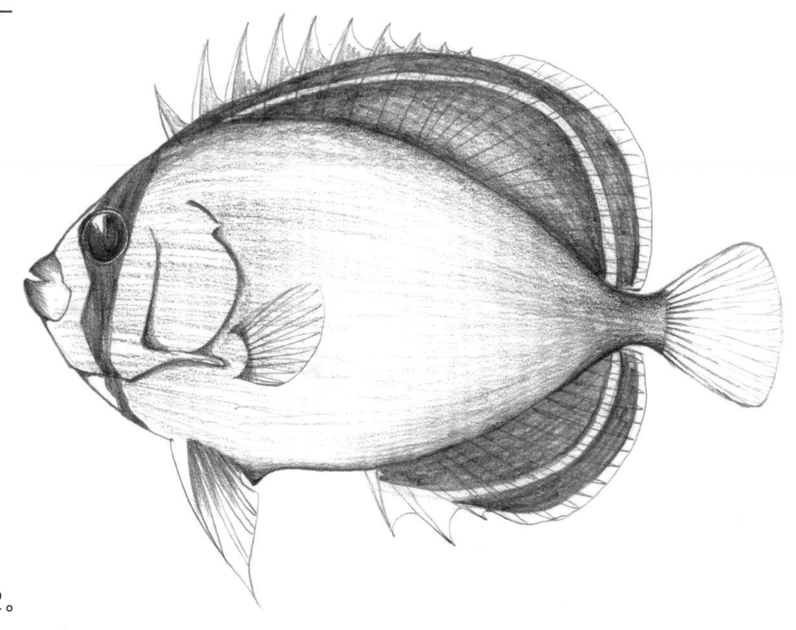

【英文名】vermiculated angelfish

【别名】虫纹荷包鱼、黄尾荷包鱼、黄尾仙

【分类地位】鲈形目Perciformes
刺盖鱼科Pomacanthidae

【主要形态特征】

背鳍Ⅻ-17~18；臀鳍Ⅲ-17~18；胸鳍15；腹鳍Ⅰ-5。侧线鳞61~72。

体呈卵圆形，侧扁，背腹部轮廓相似。头小，头背缘陡直。吻短钝。眼中大，侧位而高。口小，前位，口裂略斜。上下颌齿细长，矛状，有3个齿尖，中央尖甚长，尖端稍向内弯曲，侧尖甚短，排列呈刷毛状。眶前骨前缘光滑，后缘不游离。前鳃盖骨后缘具锯齿，隅角具一向后强棘。间鳃盖骨大。

体被小栉鳞，奇鳍密被细鳞，偶鳍鳍条和鳍棘也有细鳞。侧线不完全，与背缘平行，止于背鳍基底后端的前下方。

背鳍连续，无缺刻。臀鳍鳍条部与背鳍鳍条部外缘圆弧形。胸鳍圆形。腹鳍尖形，后端伸达臀鳍起点。尾鳍圆形。

体呈略带紫色的灰色，体侧密布蠕虫状暗斑纹，头部具与眼径等宽的黑色眼带。腹鳍色浅，尾鳍黄色，背鳍鳍条部、臀鳍鳍条部和尾鳍后缘淡蓝色。

【近似种】

本种与黄吻荷包鱼（*C. poliourus*）相似，区别为后者尾鳍灰色，后缘淡黄色。

【生物学特性】

暖水性珊瑚礁鱼类。主要栖息于大陆架岩礁区，栖息水深1~20m。常集成小群。主要以海绵、海鞘和丝状藻类等为食。最大全长可达18cm。

【地理分布】

分布于印度—西太平洋，西至斯里兰卡，东至巴布亚新几内亚，北至日本南部，南至印度尼西亚。在我国主要分布于台湾周边海域。

【资源状况】

小型鱼类，无食用价值，我国较罕见。体色艳丽，是极受欢迎的观赏鱼，常潜水捕捞，鲜活出售，在水族行业具有较高的商业价值。

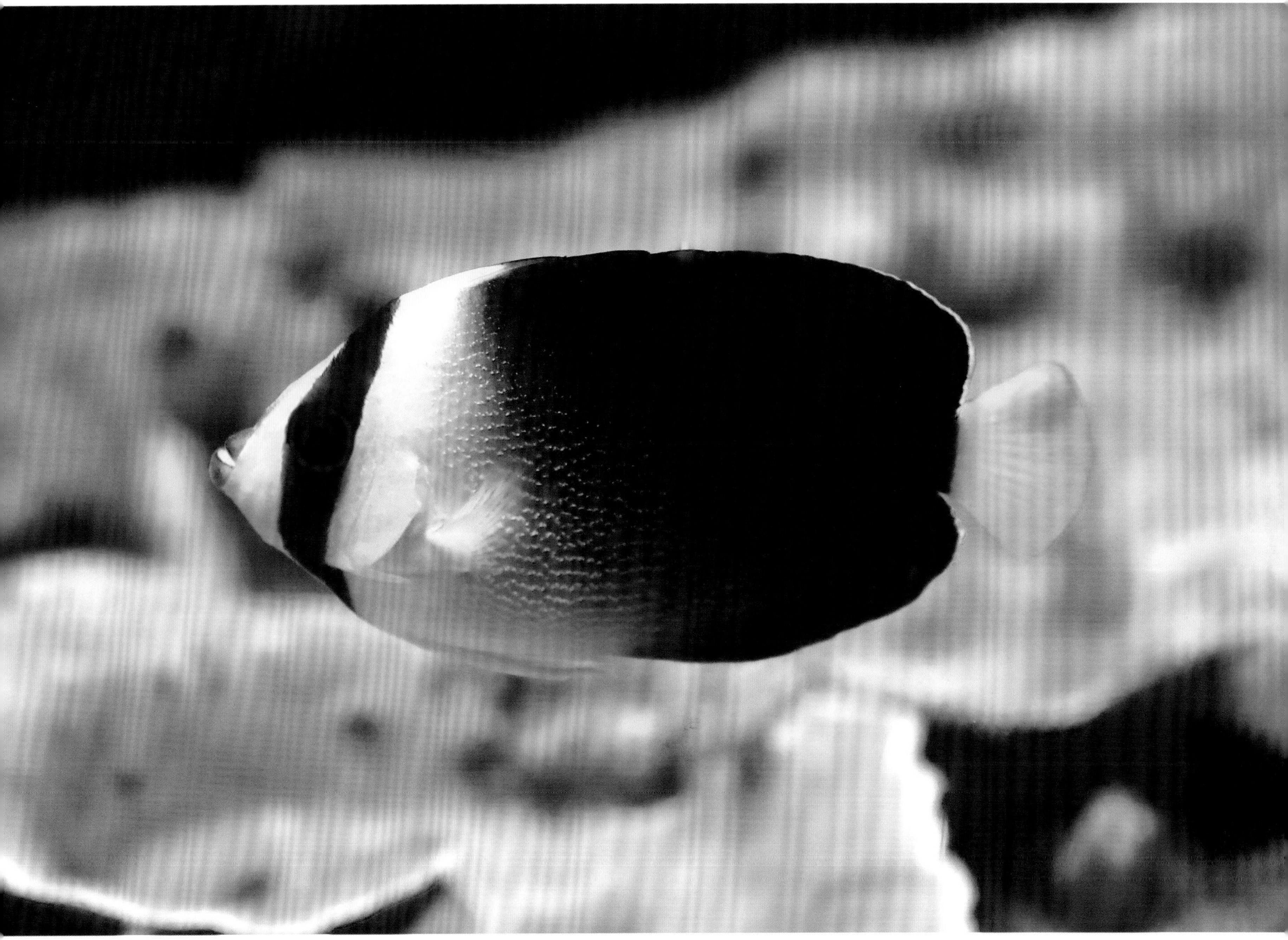

雌鱼

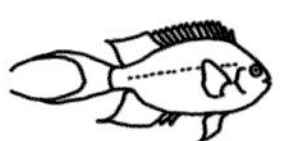

79.美丽月蝶鱼 *Genicanthus bellus* Randall, 1975

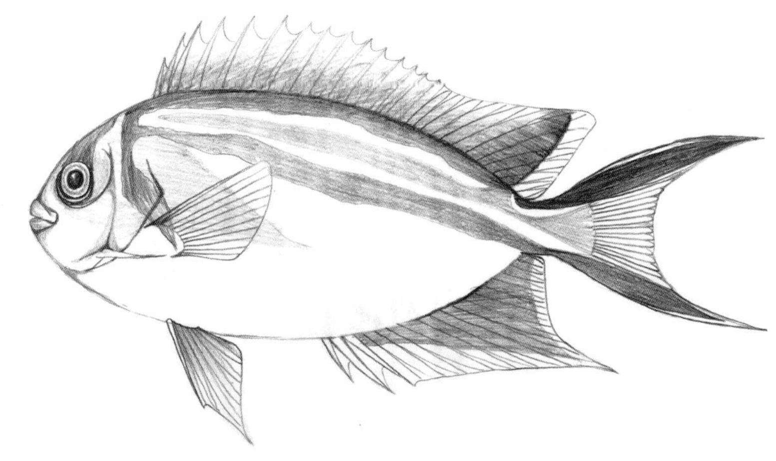

【英文名】ornate angelfish

【别名】美丽颊刺鱼、土耳其仙、胜利女神

【分类地位】鲈形目Perciformes
刺盖鱼科Pomacanthidae

【主要形态特征】

背鳍XV-15~16；臀鳍Ⅲ-16~17；胸鳍16~17；腹鳍Ⅰ-5。纵列鳞46~48。

体呈长椭圆形，侧扁，背腹部轮廓相似。头小，头背缘向下陡斜。吻短，前端钝圆。眼中大，侧位而高。口小，前位，口裂略呈水平状。上下颌齿短，细尖，具3个齿尖，排列呈刷毛状。眶前骨下缘突出，后缘游离且具较强锯齿，前缘中部具一缺刻。前鳃盖骨后缘具明显锯齿，隅角具一向后强棘。间鳃盖骨稍大。

体被中大弱栉鳞。侧线中断，略呈弓形弯曲，止于背鳍鳍条部后端。

背鳍连续，无缺刻。臀鳍鳍条部与背鳍鳍条部中间鳍条延长，外缘呈尖角状。胸鳍圆形。腹鳍尖形。尾鳍深凹形，上下叶延长呈丝状。

雄鱼体呈淡棕色，体侧具2条橙色纵带，一条自鳃孔沿体侧中部至尾柄，另一条自项部沿背鳍基底至尾柄，尾鳍上下叶蓝紫色。雌鱼和幼鱼体呈白色至淡蓝色，体侧自鳃孔后上方斜向下至尾柄下部具镶白边的黑色纵带，纵带下方具蓝色宽纵带，鳃盖后缘和背鳍基部黑色，在项部自眼下缘具黑色眼带，尾鳍上下叶黑色。

【生物学特性】

暖水性珊瑚礁鱼类。主要栖息于外围礁石陡坡区，栖息水深24~110m。常由1尾雄鱼和2~6尾雌鱼集成小群。主要以浮游动物为食。最大全长可达18cm。

【地理分布】

分布于印度—西太平洋区科科斯环礁、菲律宾、帕劳、库克群岛和社会群岛。在我国主要分布于南海诸岛海域。

【资源状况】

小型鱼类，无食用价值，我国较罕见。体色艳丽，是极受欢迎的观赏鱼，常潜水捕捞，鲜活出售，在水族行业具有较高的商业价值。

80.黑斑月蝶鱼 *Genicanthus melanospilos* (Bleeker, 1857)

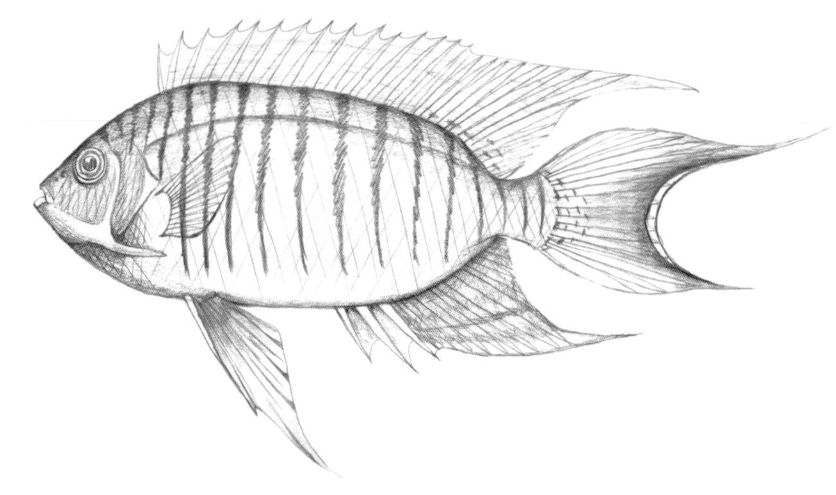

【英文名】spotbreast angelfish

【别名】月蝶鱼、黑纹颊刺鱼、黑斑神仙、燕尾仙、日本燕

【分类地位】鲈形目Perciformes
刺盖鱼科Pomacanthidae

【主要形态特征】

背鳍XV-15~17；臀鳍Ⅲ-17~18；胸鳍15~17；腹鳍Ⅰ-5。纵列鳞46~48。

体呈长椭圆形，侧扁，背腹部轮廓相似。头小，头背缘向下陡斜。吻短，前端钝圆。眼中大，侧位而高。口小，前位，口裂略呈水平状。上下颌齿短，细尖，具3个齿尖：中央尖较长，似箭头状；侧尖短，排列呈刷毛状。眶前骨下缘突出，后缘游离且具较强锯齿，前缘中部具一缺刻，其前方具一较强的扁刺及几个小刺。前鳃盖骨后缘具明显锯齿，隅角具一向后强棘，棘长约为眼径的1.5倍，下缘具小刺。间鳃盖骨稍大，下缘具多个小刺突。

体被中大弱栉鳞。侧线中断，略呈弓形弯曲，止于背鳍鳍条部后端。

背鳍连续，无缺刻。臀鳍鳍条部与背鳍鳍条部中间鳍条延长，外缘呈尖角状。胸鳍圆形。腹鳍尖形，第一鳍条延长至臀鳍第三鳍棘。尾鳍深凹形，上下叶延长呈丝状。

雄鱼体呈淡蓝色，体侧具约15条黑色窄横带，头背部由项部至吻端也具数条横带。雌鱼及幼鱼体上侧呈黄色，下侧为淡蓝色，体侧无横带，尾鳍上下叶黑色。

【生物学特性】

暖水性珊瑚礁鱼类。主要栖息于珊瑚丛生的外围礁石斜坡区和陡坡区，栖息水深20~45m。常成对活动，隐藏于洞穴或岩石基部。主要以浮游动物为食。最大全长可达18cm。

【地理分布】

分布于西太平洋区，西至印度尼西亚，东至斐济，北至日本南部，南至新喀里多尼亚。在我国主要分布于南海和台湾周边海域。

【资源状况】

小型鱼类，无食用价值。体色艳丽，是极受欢迎的观赏鱼，常潜水捕捞，鲜活出售，在水族行业具有较高的商业价值。

《中国物种红色名录》将其列为濒危（EN）等级。

雄鱼

雄鱼

雌鱼

81.半纹月蝶鱼 *Genicanthus semifasciatus* (Kamohara, 1934)

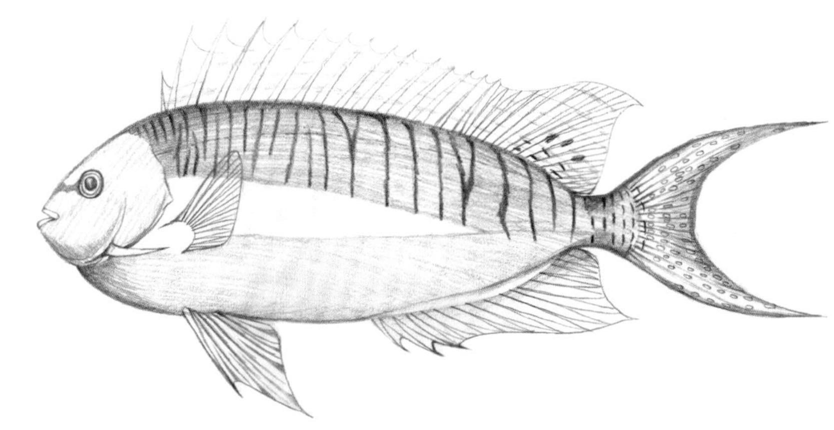

【英文名】Japanese swallow

【别名】半纹背颊刺鱼、半纹神仙、虎皮神仙

【分类地位】鲈形目Perciformes
刺盖鱼科Pomacanthidae

【主要形态特征】

背鳍XV-15~16；臀鳍Ⅲ-17；胸鳍16~17；腹鳍Ⅰ-5。

体呈长椭圆形，侧扁，背腹部轮廓相似。头小，头背缘向下陡斜。吻短，前端钝圆。眼中大，侧位而高。口小，前位，口裂略呈水平状。上下颌齿短，细尖，具3个齿尖，排列呈刷毛状。眶前骨下缘突出，后缘游离且具较强锯齿，前缘中部具一缺刻。前鳃盖骨后缘具锯齿，隅角具一向后强棘。间鳃盖骨稍大。

体被中大弱栉鳞。侧线中断，略呈弓形弯曲，止于背鳍鳍条部后端。

背鳍连续，无缺刻。臀鳍鳍条部与背鳍鳍条部中间鳍条延长，外缘呈尖角状。胸鳍圆形。腹鳍尖形，第一鳍条延长至臀鳍。尾鳍深凹形，上下叶延长呈丝状。

雄鱼体背侧呈淡褐色，腹侧银灰色，体侧上半部具10余条黑色波浪状横带，头部至体侧中部具橙黄色纵带。雌鱼及幼鱼体侧无黑色横带和橙色纵带，眼上方头部有黑色三角区，鳃盖后上方有一黑斑，尾柄后部及尾鳍上下叶黑色。

【生物学特性】

暖水性珊瑚礁鱼类。主要栖息于面海的岩礁和珊瑚礁区，栖息水深15~100m。常由1尾雄鱼和数尾雌鱼集成小群。主要以浮游动物为食。具性逆转特性，雌性先成熟。最大全长可达21cm

【地理分布】

分布于西太平洋区日本南部至菲律宾北部。在我国主要分布于台湾周边海域。

【资源状况】

小型鱼类，无食用价值。体色艳丽，是极受欢迎的观赏鱼，偶尔通过潜水捕捞，鲜活出售，在水族行业具有较高的商业价值。

82.渡边月蝶鱼 *Genicanthus watanabei* (Yasuda *et* Tominaga, 1970)

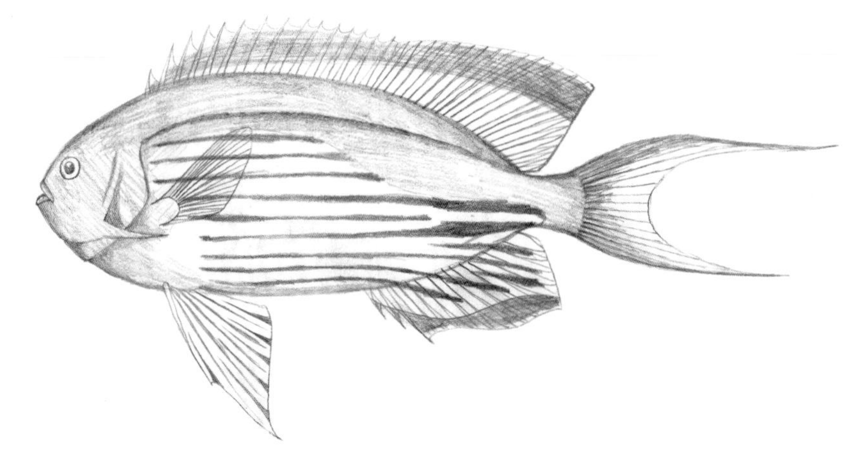

【英文名】blackedged angelfish

【别名】渡边颊刺鱼、渡边氏神仙、蓝宝神仙、蓝宝新娘

【分类地位】鲈形目Perciformes
刺盖鱼科Pomacanthidae

【主要形态特征】

背鳍XV-15~16；臀鳍Ⅲ-14~17；胸鳍16；腹鳍Ⅰ-5。纵列鳞45~48。

体呈卵圆形，侧扁，背腹部轮廓相似。头小。吻短，前端钝圆。眼中大，侧位而高。口小，前位，口裂略呈水平状。上下颌齿短，细尖，具3个齿尖，排列呈刷毛状。眶前骨下缘突出，后缘游离且具锯齿，前缘中部具一缺刻。前鳃盖骨后缘具锯齿，隅角具一向后强棘。间鳃盖骨稍大。

体被中大弱栉鳞。侧线中断，略呈弓形弯曲，止于背鳍鳍条部后端。

背鳍连续，无缺刻。臀鳍鳍条部与背鳍鳍条部外缘呈尖角状。胸鳍圆形。腹鳍尖形，第一鳍条延长至臀鳍。尾鳍深凹形，上下叶延长呈丝状。

雄鱼体背侧呈蓝灰色，腹部银白色，体侧下2/3处自鳃盖后缘至尾柄具8条黑色纵带，最上条纵纹后半部黄色；背鳍和臀鳍边缘具宽黑边。雌鱼及幼鱼体一致呈蓝灰色，无纵带，眼上方有一黑色短横带，吻部上方有一"∩"形黑斑；背鳍和臀鳍边缘具宽黑边，尾鳍上下叶黑色。

【生物学特性】

暖水性珊瑚礁鱼类。主要栖息于潮流经过的外围礁石斜坡区和陡坡区，栖息水深21~81m。常由1尾雄鱼和1~4尾雌鱼集成小群。主要以浮游动物为食。最大全长可达15cm。

【地理分布】

分布于西太平洋区，西至中国台湾，东至土阿莫土群岛，北至日本南部，南至新喀里多尼亚和南方群岛。在我国主要分布于台湾周边海域。

【资源状况】

小型鱼类，无食用价值。体色艳丽，是极受欢迎的观赏鱼，偶尔通过潜水捕捞，鲜活出售，在水族行业具有较高的商业价值。

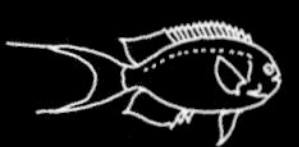

雌鱼

83.环纹刺盖鱼 *Pomacanthus annularis* (Bloch, 1787)

【英文名】bluering angelfish

【别名】肩环刺盖鱼、蓝环神仙

【分类地位】鲈形目Perciformes
刺盖鱼科Pomacanthidae

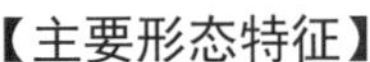

【主要形态特征】

背鳍XIII-20~21；臀鳍III-20；胸鳍18~20；腹鳍I-5。侧线鳞78~80。

体略呈圆形，侧扁而高。头较小，背缘直线状向下倾斜。吻较长，前端钝圆。眼较小。口小，稍上位，下颌稍长于上颌。上下颌齿细尖，长矛状，具3个齿尖，中央尖甚长，侧尖甚短，排列呈带状。前鳃盖骨后缘具弱锯齿，下缘具3个棘突，隅角具一向后强棘。

体被中大强栉鳞，各鳞基底具一列辅鳞，背部、头部鳞甚小，有的几呈刺状，胸部及奇鳍被小鳞，腹鳍腋部具腋鳞。侧线完全，与背缘平行，止于尾鳍基部。

背鳍连续，无缺刻，背鳍鳍条部外缘呈尖角状，后缘直线状，垂直于尾柄。臀鳍鳍条部外缘圆形，后缘垂直于尾柄。胸鳍圆形。腹鳍尖形，后端伸达臀鳍起点。尾鳍截形或钝圆形。

幼鱼体呈红褐色至黑色，体侧具3~5条深蓝色垂直弧形纹和数条新月形白色窄横带。成鱼体呈黄褐色至灰褐色，由胸鳍基部斜向后上方至背鳍鳍条部有5~7条蓝色弧纹，肩部具一比眼大的蓝色环纹，头部有2条蓝色纵带，上侧一条自鳃盖后缘上部向前穿过眼后经后鼻孔上缘与另一侧纵带相连，下侧一条与上侧一条平行，自鳃盖后缘中部向前经眼下缘和前鼻孔下缘与另一侧纵带相连。胸鳍基部具2条平行蓝色横带。尾鳍白色，边缘黄色。

【生物学特性】

暖水性珊瑚礁鱼类。主要栖息于水深30以深的沿岸岩礁区，栖息水深1~60m。成鱼常成对隐藏于洞穴中，幼鱼栖息于着生丝状藻的近海浅水岩礁区。主要以海绵和海鞘等为食。最大全长可达45cm。

【地理分布】

分布于印度—西太平洋区，西至东非沿岸，东至新喀里多尼亚，北至日本南部，南至澳大利亚北部。在我国主要分布于南海和台湾周边海域。

【资源状况】

中小型鱼类，无食用价值。体色及条纹鲜艳多变，幼鱼、成鱼差异显著，且易在水族箱中存活，是极受欢迎的观赏鱼。一般通过潜水捕捞，活体进行商业贸易，在水族行业具有较高的商业价值。

84.黄颅刺盖鱼 *Pomacanthus xanthometopon* (Bleeker, 1853)

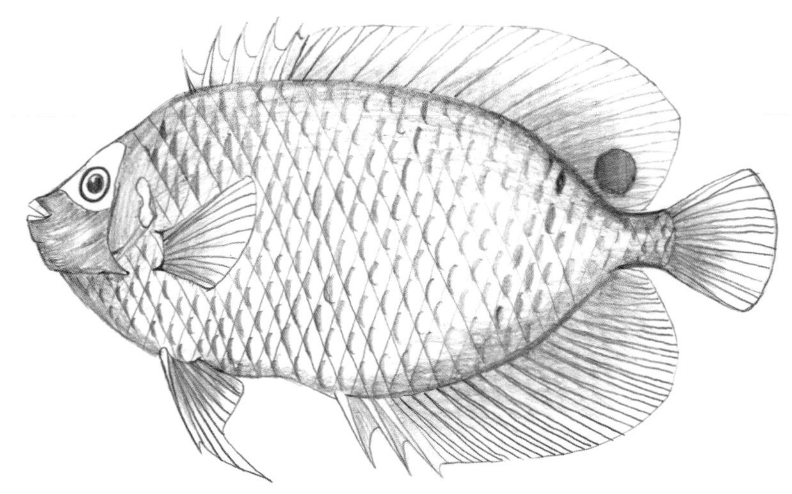

【英文名】yellowface angelfish

【别名】黄鳍刺蝶鱼、蓝面神仙

【分类地位】鲈形目Perciformes
刺盖鱼科Pomacanthidae

【主要形态特征】

背鳍XIII~XIV-16~18；臀鳍III-16~18；胸鳍18~20；腹鳍I-5。

体呈卵圆形，侧扁而高。头较小，头背缘陡斜。吻较短，前端钝圆。眼较小。口小，稍上位，下颌稍长于上颌。上下颌齿细尖，长矛状，具3个齿尖，排列呈带状。前鳃盖骨后缘和下缘具弱锯齿，隅角具一向后强棘。主鳃盖骨后缘平滑。

体被中大强栉鳞，头部和奇鳍具小鳞，颊部鳞大小不一。侧线完全，与背缘平行，止于尾鳍基部。

背鳍连续，无缺刻。背鳍鳍条部和臀鳍鳍条部外缘圆形。胸鳍圆形。腹鳍尖形，后端伸达臀鳍起点。尾鳍钝圆形。

幼鱼体呈暗褐色至黑色，体侧具18~20条蓝白相间的弧纹，随着成长弧纹逐渐减少。成鱼头部呈蓝色，具一黄色鞍状斑横越两眼，眼下部散布黄色小斑点；体侧鳞片蓝色且具黄色边缘，交织成网状；体背和背鳍大部色淡，胸部、胸鳍、尾鳍和臀鳍后半部为黄色，背鳍后部具一大黑斑。

【生物学特性】

暖水性珊瑚礁鱼类。主要栖息于珊瑚丛生的潟湖和外围礁石斜坡区，栖息水深5~30m。成鱼常在洞穴附近活动，幼鱼栖息于近海有海藻的洞穴附近的浅水区。主要以海绵和海鞘等为食。最大全长可达38cm。

【地理分布】

分布于印度—太平洋区，西至马尔代夫，东至瓦努阿图，北至日本南部，南至澳大利亚北部。在我国主要分布于台湾周边海域。

【资源状况】

中小型鱼类，无食用价值。体色及条纹鲜艳多变，幼鱼、成鱼差异显著，且易在水族箱中存活，是极受欢迎的观赏鱼。一般通过潜水捕捞，活体进行商业贸易，在水族行业具有较高的商业价值。

85.尖吻棘鲷 *Evistias acutirostris* (Temminck *et* Schlegel, 1844)

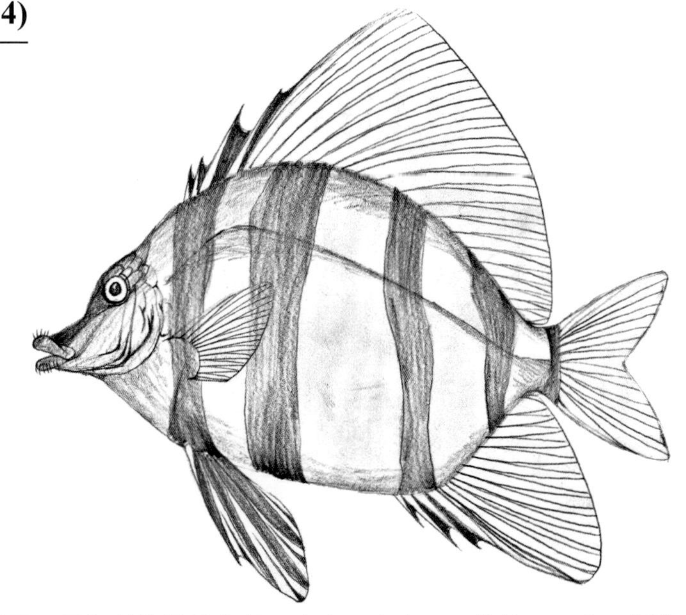

【英文名】striped boarfish

【别名】五棘鲷、天狗旗鲷

【分类地位】鲈形目Perciformes
五棘鲷科Pentacerotidae

【主要形态特征】

背鳍Ⅳ-26~29；臀鳍Ⅲ-13；胸鳍17~18；腹鳍Ⅰ-5。

体略呈三角形，侧扁而高，背部轮廓呈弓状弯曲。头小，头背部颅骨裸露，具辐射状骨质突起。吻尖而突出，圆锥状。眼大，侧位而高。口小，前位，口裂微倾斜。唇较厚，唇上及颏部具绒毛状小须。前颌骨稍能活动，上颌骨一部分被眶前骨所遮盖，后部扩大达眼前缘下方。上下颌齿数行，圆锥状，外侧一行较大，排列紧密，内侧呈不规则多行排列，大部埋于皮内，仅尖端外露；犁骨和舌上无齿。前鳃盖骨和主鳃盖骨边缘光滑。鳃耙短小，结节状。

体被小栉鳞。侧线完全，位高，在胸鳍上方呈一大弧形弯曲，与背缘平行，止于尾鳍基。

背鳍高大呈帆状，具4枚鳍棘，第四鳍棘最强大，但长度仅为背鳍最长鳍条的1/2。臀鳍具3枚鳍棘，第二鳍棘最强大，但长度仅为臀鳍最长鳍条的1/2。腹鳍起点在胸鳍基部后缘下方。臀鳍浅凹形。

体呈黑褐色，体侧具5条灰黄色横带。各鳍黄色。

【近似种】

本种与帆鳍鱼（*Histiopterus typus*）相似，区别为后者背鳍和臀鳍最长鳍棘分别与该鳍最长鳍条约等长。

【生物学特性】

暖水性近海底层鱼类。主要栖息于较深的岩礁或沙底质海域，栖息水深18~193m。常成对或集成小群在礁石陡坡区活动。最大全长可达90cm。

【地理分布】

分布于太平洋区日本太平洋沿岸、夏威夷群岛、澳大利亚、新西兰、豪勋爵岛、洛福克群岛和克马德克群岛。在我国主要分布于台湾周边海域。

【资源状况】

中型鱼类，偶尔通过底拖网或延绳钓捕获。可供食用。

86.鲻形汤鲤 *Kuhlia mugil* (Forster, 1801)

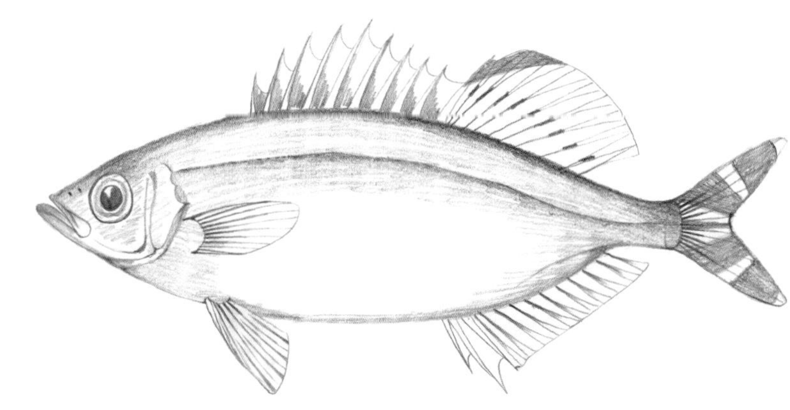

【英文名】barred flagtail

【别名】银汤鲤、花尾汤鲤

【分类地位】鲈形目Perciformes
汤鲤科Kuhliidae

【主要形态特征】

背鳍X-10~11；臀鳍Ⅲ-10~12；胸鳍13~15；腹鳍Ⅰ-5。侧线鳞49~52。

体呈长椭圆形，甚侧扁。头中大。吻较尖长，约等于眼径。眼大，侧上位。口较大。上颌骨向后伸达瞳孔前缘下方。上下颌与犁骨、腭骨均具小齿。眶前骨和前鳃盖骨边缘具锯齿。

体被中小栉鳞，颊部及鳃盖具鳞，背鳍和臀鳍基部具鳞鞘。侧线完全，胸鳍上方略弯曲。

背鳍连续，鳍棘部和鳍条部间具缺刻，鳍棘强，具10枚鳍棘。臀鳍与背鳍鳍条部同形相对。腹鳍胸位。尾鳍深叉形。

体呈青色，下部银白色。各鳍淡黄色，背鳍和臀鳍具不明显的黑色边缘，尾鳍上下叶各有2条黑色宽斜带，中间另有一黑色细纵带。

【生物学特性】

暖水性岩礁鱼类。主要栖息于沿岸岩礁区边缘，也喜栖息于河口咸淡水水域，但不进入淡水河流中，幼鱼常出现于潮池。常集成紧密的小群活动。夜间摄食，主要以小鱼和虾蟹类为食。常见个体全长20cm左右，最大体长可达40cm。

【地理分布】

分布于印度—太平洋区，西至红海和东非沿岸，东至太平洋东部，北至日本南部，南至澳大利亚新南威尔士和豪勋爵岛。在我国主要分布于南海和台湾周边海域。

【资源状况】

中小型鱼类，主要通过流刺网或钩钓捕获。肉味鲜美，可食用。偶见于大型水族馆。

87.条石鲷 *Oplegnathus fasciatus* (Temminck *et* Schlegel, 1844)

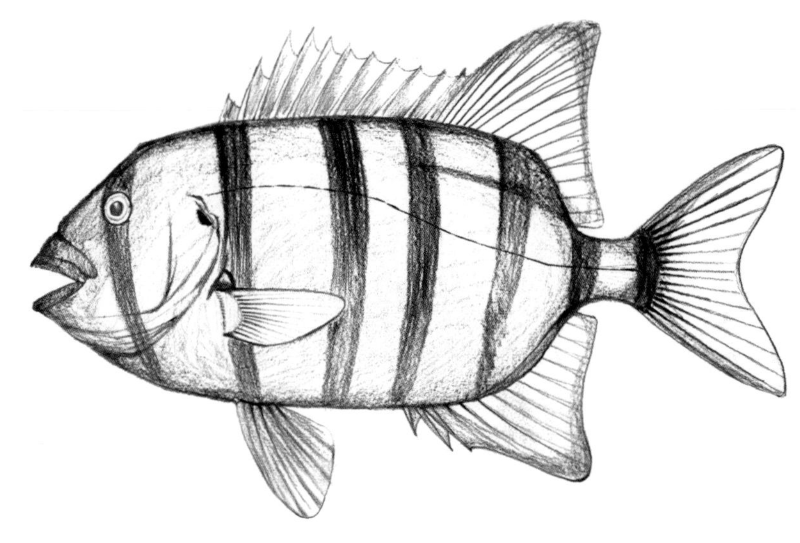

【英文名】barred knifejaw

【别名】海胆鲷、黑嘴

【分类地位】鲈形目Perciformes
石鲷科Oplegnathidae

【主要形态特征】

背鳍Ⅻ-17~18；臀鳍Ⅲ-12~13；胸鳍13；腹鳍Ⅰ-5。侧线鳞80~83。

体呈椭圆形，侧扁而高，背缘和腹缘圆弧形。头短小，高大于长。吻圆锥形，钝尖。眼较小，侧上位。口小，前位，不能伸缩。上下颌齿愈合，齿间隙充满石灰质，形成坚固的骨喙；腭骨无齿。前鳃盖骨边缘具细锯齿，主鳃盖骨后缘具一扁棘。

体被细小栉鳞，吻部无鳞，颊部具鳞，各鳍基底均被小鳞，背鳍和臀鳍基底具鳞鞘。侧线完全，侧上位，与背缘平行，伸达尾鳍基。

背鳍连续，鳍棘部与鳍条部间具缺刻，鳍条部高于鳍棘部，第五鳍条最长。臀鳍鳍棘短小，鳍条部与背鳍鳍条部同形相对。胸鳍短圆。腹鳍胸位。尾鳍截形或微凹。

体呈黄褐色，体侧具7条黑色横带，雄性成鱼横带不明显，口周围变为黑色。腹鳍黑色，奇鳍有黑缘。

【近似种】

本种与斑石鲷（*O. punctatus*）相似，区别为后者头、体和各鳍密布大小不一的黑斑，雄性成鱼口周围为白色。

【生物学特性】

暖水性岩礁鱼类。主要栖息于沿岸岩礁区，栖息水深1~10m，幼鱼常随海藻漂流。肉食性，其坚固的骨喙可咬碎贝类、海胆等的坚硬外壳。最大全长可达80cm，最大体重达6.4kg。

【地理分布】

分布于西北太平洋区日本、朝鲜半岛和中国。我国黄海、东海和台湾周边海域均有分布。

【资源状况】

中大型鱼类，主要通过底拖网、延绳钓和钩钓捕获。肉味鲜美，可供食用，已实现人工繁育，为东南沿海新的海水养殖对象。

雄性成鱼

幼鱼

88.花尾唇指鎓 *Cheilodactylus zonatus* Cuvier, 1830

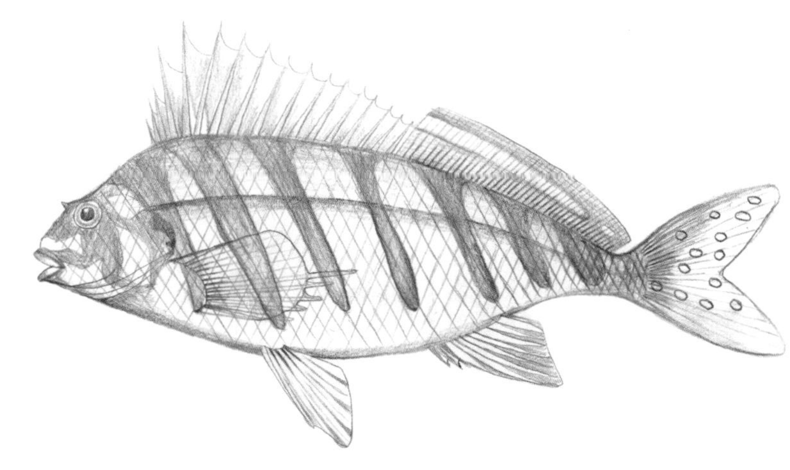

【英文名】spottedtail morwong
【别名】花尾鹰斑鎓、三刀
【分类地位】鲈形目Perciformes
唇指鎓科Cheilodactylidae

【主要形态特征】

背鳍XVII-32；臀鳍III-8；胸鳍14；腹鳍I-5。侧线鳞56~62。

体呈长椭圆形，侧扁；背部狭窄，呈锐棱状，腹面圆钝；背缘曲度大，体高以背鳍第四鳍棘处最高，此处向前至吻端倾斜度大，腹缘曲度小，近平直。头中大，前端钝圆。吻钝尖。眼中大，侧上位，眼上缘有明显乳状突起。口小，前位，唇厚。上下颌齿细小，圆锥形，尖端黄色，在前端成多行排列，向后渐成单行；犁骨和腭骨无齿。前鳃盖骨边缘光滑，主鳃盖骨后上角具一半月状缺刻，边缘具膜。

体被圆鳞，全体除吻端至眼间隔间无鳞外，颊部、鳃盖及头顶部均被鳞，背鳍及臀鳍具发达鳞鞘。侧线完全，侧上位，平直。

背鳍连续，鳍棘部与鳍条部间具浅缺刻；鳍棘部发达，前方3枚鳍棘较短，第四鳍棘最长，各鳍棘间的鳍膜具较深缺刻。臀鳍基底短。胸鳍宽大，侧下位，峡部鳍条肉质肥厚而不分枝，最长鳍条后端超越腹鳍基底，不达肛门。腹鳍小。尾鳍深叉形。

体呈银灰色，体侧和头部有9条红褐色斜带，均达胸鳍以下。各鳍黄褐色，背鳍鳍条部有一与基底平行的蓝色纵带，尾鳍上散布白色圆斑。

【生物学特性】

暖水性近岸底层鱼类。主要栖息于近岸岩礁和砂质混合海域。主要以甲壳类等底栖动物为食。最大全长可达45cm。

【地理分布】

分布于西太平洋区日本本州中部至中国南部。在我国主要分布于东海南部、南海和台湾周边海域。

【资源状况】

中小型鱼类，偶尔通过延绳钓和钩钓捕获。天然产量不大，可食用。在日本有人工养殖。

89.豆娘鱼 *Abudefduf sordidus* (Forsskål, 1775)

【英文名】blackspot sergeant

【别名】灰豆娘鱼、梭地豆娘鱼

【分类地位】鲈形目Perciformes
雀鲷科Pomacentridae

【主要形态特征】

背鳍XIII-14~16；臀鳍II-14~15；胸鳍19~20；腹鳍I-5。侧线鳞20~23。

体呈卵圆形，侧扁而高。头短而高，背缘略呈直线状。吻短，前端略尖。眼中大，侧位而高。口前位，口裂略倾斜。上颌骨后端约达眼前缘下方。上下颌齿各1行，侧扁，齿端具缺刻。眶前骨与眶下骨下缘均光滑无锯齿，前鳃盖骨边缘光滑，其他鳃盖骨均光滑无锯齿。

体被中大栉鳞，眶前骨和眶下骨裸露无鳞，背鳍起点前方鳞向前达眼间隔前端，不达鼻孔，背鳍和臀鳍基底具鳞鞘。侧线不完全。

背鳍连续，鳍条部延长呈尖角状。臀鳍具2枚鳍棘，鳍条部外形与背鳍鳍条部相似。腹鳍第一鳍条呈丝状延长。尾鳍叉形。

体呈灰白至淡黄色。体侧有6条暗灰色横带，尾柄前端背面具一黑色鞍状斑，胸鳍基底上方有一小黑斑。

【生物学特性】

暖水性珊瑚礁鱼类。主要栖息于水深3m以浅的沿岸浅水潟湖和岩礁区，幼鱼常出现于潮池中。主要以海藻和甲壳类等无脊椎动物为食。繁殖期雌雄配对生活，雄鱼具领域性和护卵行为。最大全长可达24cm。

【地理分布】

分布于印度—太平洋，西至红海和东非沿岸，东至夏威夷群岛和皮特凯恩群岛，北至日本，南至澳大利亚。在我国主要分布于南海和台湾周边海域。

【资源状况】

小型鱼类，可供食用。可供观赏，可见于大型水族馆。

90.鞍斑双锯鱼 *Amphiprion polymnus* (Linnaeus, 1758)

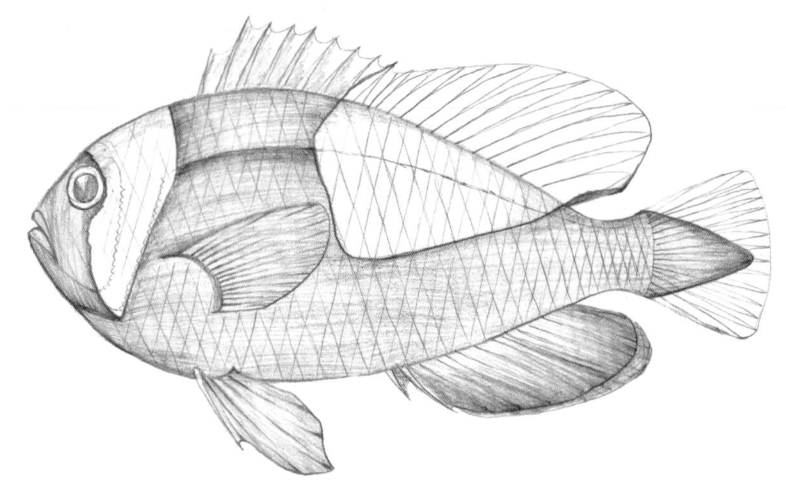

【英文名】saddleback clownfish

【别名】神女双锯鱼、黑双锯鱼、多斑双锯齿盖鱼、鞍斑海葵鱼、鞍背小丑

【分类地位】鲈形目Perciformes
雀鲷科Pomacentridae

【主要形态特征】

背鳍Ⅹ~Ⅺ-16~18；臀鳍Ⅱ-12~14；胸鳍16~18；腹鳍Ⅰ-5。侧线鳞37~41。

体呈长椭圆形，侧扁，背腹缘凸度相似。头短而高。吻短，前端圆钝。眼中大，侧位而高。口小，前位，口裂甚斜。上颌骨末端达眼前缘下方。上下颌齿1行，圆锥状，前部齿扩大。眶下骨和眶前骨具放射状锯齿，各鳃盖骨后缘均具锯齿。

体被小栉鳞，背鳍和臀鳍基底具鳞鞘。侧线不完全，约与背缘平行，止于背鳍最后鳍条稍前下方。

背鳍连续，鳍棘部与鳍条部间具缺刻，鳍条部后缘略圆。臀鳍高度较背鳍低，后缘略尖。胸鳍宽圆。腹鳍后端伸达肛门或臀鳍起点。尾鳍截形，后端略圆。

体呈橙色至暗褐色。眼后自项部至间鳃盖骨下缘具一白色宽横带；背鳍鳍条部至肛门具一白色宽斜带，随生长逐渐萎缩呈鞍状斑。

【生物学特性】

暖水性珊瑚礁鱼类。主要栖息于沙底质的潟湖和珊瑚礁区，栖息水深2~30m。喜与*Heteractis crispa*和*Stichodactyla haddoni*海葵共生。主要以藻类和浮游生物为食。具性逆转特性，雄性先成熟，繁殖期雌雄配对生活，雄鱼具领域性和护卵行为。最大全长可达13cm。

【地理分布】

分布于西太平洋区，西至印度尼西亚和马来西亚，东至所罗门群岛，北至日本南部，南至澳大利亚。在我国主要分布于南海和台湾周边海域。

【资源状况】

小型鱼类，无食用价值。体色艳丽，是极受欢迎的观赏鱼，偶尔通过潜水捕捞，鲜活出售，在水族行业具有较高的商业价值。已实现人工繁殖。

91.绿光鳃鱼 *Chromis atripectoralis* Welander *et* Schultz, 1951

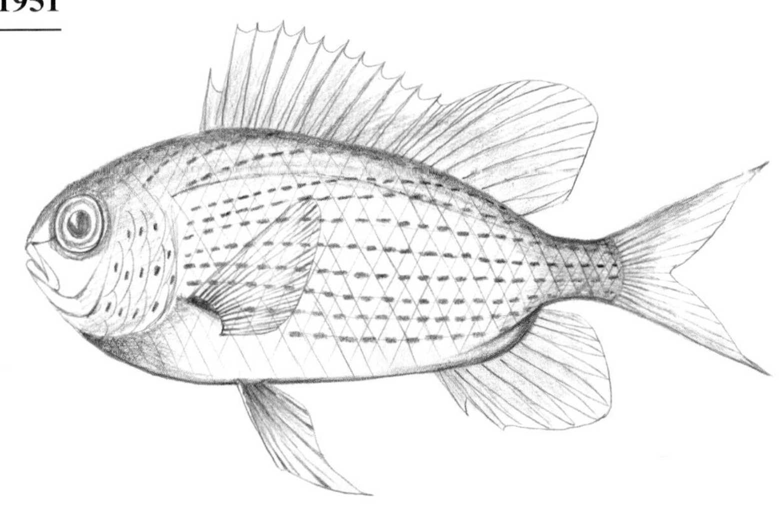

【英文名】black-axil chromis

【别名】黑腋光鳃雀鲷、月腋光鳃鱼

【分类地位】鲈形目Perciformes
雀鲷科Pomacentridae

【主要形态特征】

背鳍Ⅻ-9~10；臀鳍Ⅱ-9~10；胸鳍18~20；腹鳍Ⅰ-5。侧线鳞15~16。

体呈卵圆形，甚侧扁，体长为体高的2.0~2.1倍。头短而高。吻短，前端钝圆。眼中大，侧上位。口小，前位，上颌骨末端伸达眼前缘下方。上下颌齿细小，圆锥状，下颌前端具向前犬齿。眶下骨裸露，前鳃盖骨后缘光滑。

体被大栉鳞，背鳍和臀鳍基底具鳞鞘。侧线不完全。

背鳍连续，鳍棘部和鳍条部间具缺刻，鳍条部延长而呈角形。臀鳍鳍棘2枚，鳍条部后缘圆弧形。胸鳍宽圆，鳍条通常18~20枚。腹鳍第一鳍条呈丝状延长。尾鳍叉形，上下叶末端尖形。

体背侧呈绿色至淡蓝色，腹侧淡绿色。体侧沿鳞列有深色点列，胸鳍腋部具小黑斑。

【生物学特性】

暖水性珊瑚礁鱼类。主要栖息于水质清澈的潟湖、面海岩礁斜坡区和珊瑚礁区，栖息水深1~30m。常集成大群在枝状珊瑚上方活动。主要以浮游动物为食。繁殖期雌雄配对生活，雄鱼具领域性和护卵行为。最大全长可达12cm。

【地理分布】

广泛分布于印度—太平洋区，包括除夏威夷群岛、马克萨斯群岛和皮特凯恩群岛外的主要岛屿，北至日本南部，南至澳大利亚。在我国主要分布于台湾周边海域。

【资源状况】

小型鱼类，可供食用。可供观赏，可见于大型水族馆。

92.长棘光鳃鱼 *Chromis chrysura* (Bliss, 1883)

【英文名】stout chromis

【别名】短身光鳃雀鲷、黄光光鳃鱼、琉球光鳃鱼

【分类地位】鲈形目Perciformes

雀鲷科Pomacentridae

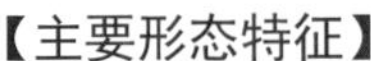

【主要形态特征】

背鳍XIII-14~15；臀鳍Ⅱ-13~14；胸鳍18~19；腹鳍Ⅰ-5。侧线鳞17~19。

体呈卵圆形，侧扁而高，体长为体高的1.6~1.8倍。头短而高。吻短。眼中大，侧上位。口小，前位，上颌骨后端伸达眼前缘下方。上下颌齿细小，圆锥形。眶前骨边缘光滑，眶下骨裸露，前鳃盖骨及其他鳃盖骨边缘光滑。

体被大弱栉鳞，背鳍、臀鳍、尾鳍和胸鳍近基底部均被鳞。侧线不完全。

背鳍连续，具13枚鳍棘，第一鳍棘短于眼径，中部鳍条较长，后缘外廓圆形。臀鳍第二鳍棘长超过后部鳍条。胸鳍尖长。腹鳍第一鳍条呈丝状延长，后端超过肛门。尾鳍叉形，上下叶末端尖。

体大部呈暗褐色，腹部较浅。背鳍鳍条部大部、臀鳍鳍条部后部、尾柄和尾鳍白色，尾鳍上下叶边缘黑褐色。

【生物学特性】

暖水性珊瑚礁鱼类。主要栖息于珊瑚礁和岩礁的外围，栖息水深6~45m。常集成大群于浅水潟湖活动。主要以浮游动物为食。繁殖期雌雄配对生活，雄鱼具领域性和护卵行为。最大体长可达14cm。

【地理分布】

分布于印度—西太平洋区，有3个隔离的群体，分别分布于：①日本南部至中国台湾；②珊瑚海，包括新喀里多尼亚、瓦努阿图、斐济和澳大利亚东部；③毛里求斯和留尼汪岛。在我国主要分布于南海和台湾周边海域。

【资源状况】

小型鱼类，可供食用。可供观赏，可见于大型水族馆。

93.双斑光鳃鱼 *Chromis margaritifer* Fowler, 1946

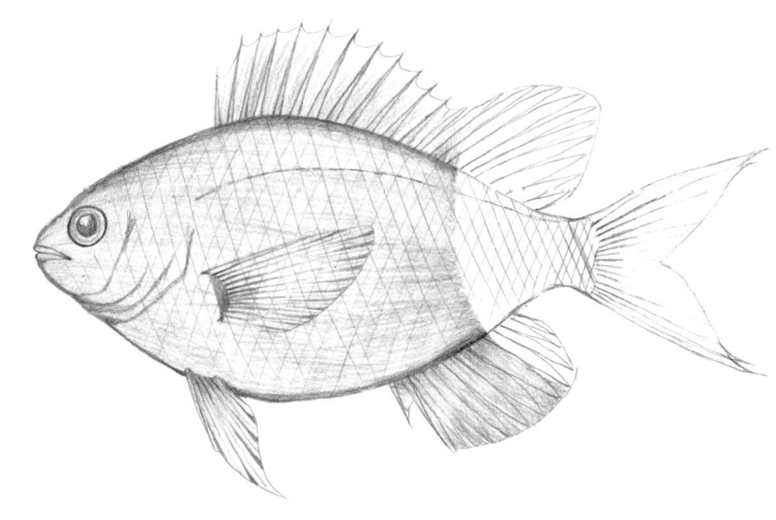

【英文名】bicolor chromis

【别名】双色光鳃鱼、两色光鳃雀鲷、双斑光鳃雀鲷、黑褐光鳃鱼

【分类地位】鲈形目Perciformes
雀鲷科Pomacentridae

【主要形态特征】

背鳍Ⅻ-12~13；臀鳍Ⅱ-11~12；胸鳍16~18；腹鳍Ⅰ-5。侧线鳞16~18。

体呈卵圆形，侧扁而高，体长为体高的1.9~2.0倍。头短而高。吻短，前端钝尖。眼中大，侧上位。口小，前位，上颌骨后端伸达眼前缘下方。上下颌齿锐尖，圆锥状。眶前骨、眶下骨和鳃盖各骨边缘光滑。

体被大弱栉鳞，各奇鳍基底均被小鳞。侧线不完全。

背鳍连续，具12枚鳍棘，中部鳍棘最长。臀鳍鳍条部和背鳍鳍条部后缘圆形。胸鳍宽圆。腹鳍第一鳍条呈丝状延长。尾鳍叉形，上下叶末端丝状延长。

体呈黑褐色至黑色。背鳍鳍条部大部、臀鳍鳍条部后部、尾柄和尾鳍白色，胸鳍基部具大黑斑。背鳍鳍棘尖端蓝色。

【生物学特性】

暖水性珊瑚礁鱼类。主要栖息于沿海海藻-珊瑚礁混合区和岩礁区海域，栖息水深2~20m。常独游或集成小群活动。主要以浮游动物为食。繁殖期雌雄配对生活，雄鱼具领域性和护卵行为。最大全长可达9cm。

【地理分布】

分布于印度—太平洋区，西至圣诞岛和澳大利亚西北部，东至莱恩群岛和土阿莫土群岛，北至日本南部，南至澳大利亚。在我国主要分布于南海和台湾周边海域。

【资源状况】

小型鱼类，可供食用。可供观赏，可见于大型水族馆。

94.尾斑光鳃鱼 *Chromis notata* (Temminck *et* Schlegel, 1843)

【英文名】pearl-spot chromis

【别名】尾斑光鳃雀鲷、斑鳍光鳃鱼、斑鳍光鳃雀鲷

【分类地位】鲈形目Perciformes
雀鲷科Pomacentridae

【主要形态特征】

背鳍Ⅻ~ⅩⅣ-12~14；臀鳍Ⅱ-10~12；胸鳍18~20；腹鳍Ⅰ-5。侧线鳞16~19。

体呈卵圆形，侧扁。头短而高。吻短，前端钝尖。眼中大，侧上位。口小，前位，上颌骨后端伸达眼前缘下方。上下颌齿细小，圆锥形，外行齿较大。眶前骨、眶下骨和鳃盖各骨边缘光滑。

体被大弱栉鳞，各奇鳍基底均被小鳞。侧线不完全。

背鳍连续，中部鳍棘最长。臀鳍鳍条部和背鳍鳍条部延长呈尖形。胸鳍宽圆。腹鳍第一鳍条呈丝状延长。尾鳍叉形。

体呈灰褐色，腹面较淡。背鳍基底末端下方具一白斑，胸鳍基底具一大黑斑。背鳍和臀鳍鳍条部后半部灰白色；尾鳍上下叶边缘黑褐色，中央鳍条灰白色；胸鳍和腹鳍灰色。

【生物学特性】

暖水性珊瑚礁鱼类。主要栖息于岩礁和珊瑚礁区，栖息水深2~15m。主要以浮游动物为食。繁殖期雌雄配对生活，雄鱼具领域性和护卵行为。最大全长可达17cm。

【地理分布】

分布于西北太平洋区日本南部至中国。在我国主要分布于东海南部、南海和台湾周边海域。

【资源状况】

小型鱼类，可供食用。可供观赏，可见于大型水族馆。

95.黑新箭齿雀鲷 *Neoglyphidodon melas* (Cuvier, 1830)

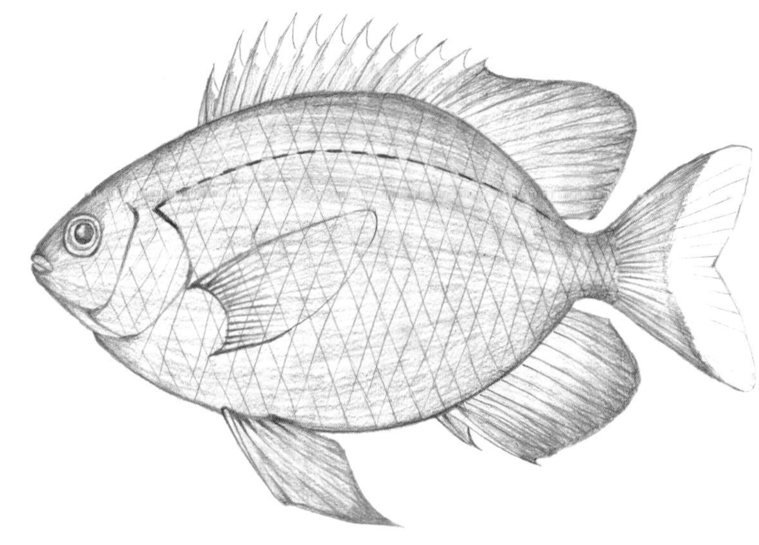

【英文名】bowtie damselfish

【别名】黑豆娘鱼、黑新刻齿雀鲷、黑拟豆娘鱼

【分类地位】鲈形目Perciformes
雀鲷科Pomacentridae

【主要形态特征】

背鳍XIII-13~15；臀鳍II-12~15；胸鳍17~19；腹鳍I-5。侧线鳞15~18。

体呈卵圆形，侧扁而略高。头短而略高。吻略短，前端略钝尖。眼中大，侧位而略高。口小，前位，口裂倾斜。上下颌齿侧扁，各2行，外行齿较大，切缘略圆；内行齿棍状，切缘颇尖。眶前骨、眶下骨和鳃盖各骨边缘光滑。

体被中大栉鳞，眶前骨与眶下骨具鳞，背鳍起点前方鳞向前几近吻端。侧线不完全。

背鳍连续，无缺刻。臀鳍鳍条部和背鳍鳍条部外缘呈圆形。胸鳍短圆。腹鳍第一鳍条呈丝状延长，末端近或超越肛门。尾鳍后缘凹入。

成鱼体一致呈蓝黑色。幼鱼体呈银白色，头顶和体背部金黄色且延伸至背鳍；腹鳍及臀鳍蓝色且有黑缘；尾鳍色淡，上下叶边缘黄色。

【生物学特性】

暖水性珊瑚礁鱼类。主要栖息于珊瑚繁盛的潟湖和面海岩礁区，通常生活于软珊瑚区，栖息水深1~12m。常独游或成对活动。幼鱼常生活于鹿角珊瑚周围；成鱼则常生活于砗磲附近，并以其排泄物为食。繁殖期雌雄配对生活，雄鱼具领域性和护卵行为。最大全长可达18cm。

【地理分布】

分布于印度—西太平洋区，西至红海和东非沿岸，东至印度—马来群岛，北至日本南部，南至澳大利亚。在我国主要分布于南海和台湾周边海域。

【资源状况】

小型鱼类，无食用价值。具色彩艳丽幼鱼体色至均匀蓝黑成鱼体色的变态行为，是极受欢迎的观赏鱼，偶尔通过潜水捕捞，鲜活出售，在水族行业具有较高的商业价值。

96.长崎雀鲷 *Pomacentrus nagasakiensis* Tanaka, 1917

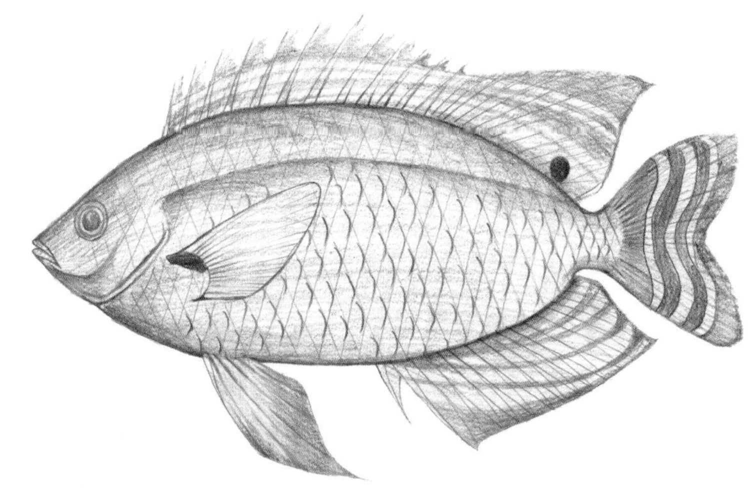

【英文名】Nagasaki damsel

【别名】厚壳仔

【分类地位】鲈形目Perciformes
雀鲷科Pomacentridae

【主要形态特征】

背鳍XIII-15~16；臀鳍II-15~16；胸鳍18~19；腹鳍I-5。侧线鳞17~19。

体呈长椭圆形，侧扁。头短。吻短而钝圆。眼大，侧位而略高。口小，前位。上下颌前方齿各2行，后方齿各1行，齿端截形，钝而薄。眶前骨和眶下骨间具深缺刻，眶下骨下缘和前鳃盖骨后缘具锯齿。

体被中大栉鳞，鼻部具鳞。侧线不完全。

背鳍连续，无缺刻。臀鳍鳍条部和背鳍鳍条部外缘略呈尖形。胸鳍短圆。腹鳍第一鳍条呈丝状延长。尾鳍后缘浅凹入。

体呈灰色至暗褐色。头部具许多蓝色线纹或斑点。胸鳍基部上半部具一黑斑，背鳍后方具一眼斑（大成鱼消失）。背鳍、臀鳍和尾鳍具数条淡色线纹。鳞片边缘黑色。

【生物学特性】

暖水性珊瑚礁鱼类。主要栖息于潟湖和面海岩礁区的沙质底质海域，栖息水深3~35m。常集成小群在软珊瑚或柳珊瑚上方活动。主要以浮游动物为食。繁殖期雌雄配对生活，雄鱼具领域性和护卵行为。最大全长可达11cm。

【地理分布】

分布于印度—西太平洋区，西至马尔代夫和斯里兰卡，东至瓦努阿图，北至日本南部，南至澳大利亚西北部和新喀里多尼亚。在我国主要分布于台湾周边海域。

【资源状况】

小型鱼类，无食用价值。体色艳丽，是极受欢迎的观赏鱼，偶尔通过潜水捕捞，鲜活出售，在水族行业具有较高的商业价值。

雌鱼

97.黄尾阿南鱼 *Anampses meleagrides* Valenciennes, 1840

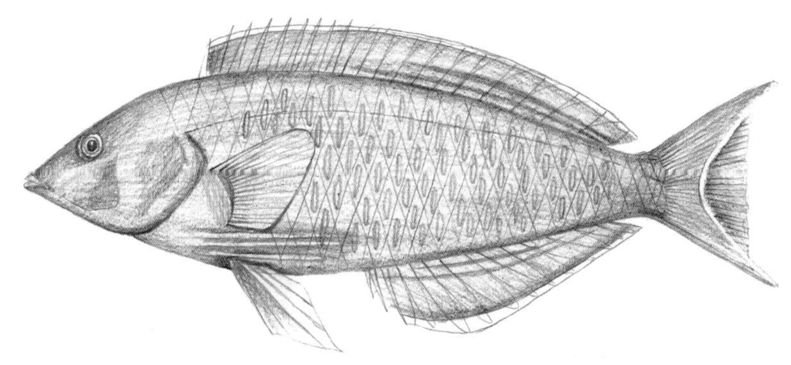

【英文名】spotted wrasse

【别名】北斗阿南鱼、黄尾珍珠龙

【分类地位】鲈形目Perciformes
隆头鱼科Labridae

【主要形态特征】

背鳍Ⅸ-11~13；臀鳍Ⅲ-11~13；胸鳍12~14；腹鳍Ⅰ-5。侧线鳞26~28。

体呈长椭圆形，侧扁。头中大。吻稍尖长。眼中大，侧上位。口小，前位。唇稍厚，内侧具纵褶。上下颌齿各1行，前方各有1对向前伸出的门状齿。前鳃盖骨边缘光滑。

体被中大圆鳞，颊部无鳞。侧线完全，与背缘平行。

背鳍连续，无缺刻，鳍棘9枚，硬而尖，鳍膜间无缺刻。臀鳍与背鳍鳍条部同形相对。胸鳍宽圆。腹鳍短。幼鱼尾鳍圆形，成鱼凹形至截形。

雌雄鱼体色差异大：雌鱼体呈黑褐色，吻端红色，体侧每鳞均具一小白圆点，尾鳍黄色；雄鱼体及鳍呈黑褐色，体侧每鳞均具蓝色细线，尾鳍后端具一弧形蓝线，线后至鳍缘色淡。

【近似种】

本种雄鱼与虫纹阿南鱼（*A. geographicus*）雄鱼相似，区别为后者头部具蓝色虫纹，侧线鳞48~50。

【生物学特性】

暖水性近海中下层鱼类。主要栖息于面海的珊瑚礁、碎石和岩礁混合区域，也常见于软珊瑚或海绵着生区，栖息水深3~60m。主要以小型甲壳类、软体动物和多毛类等为食。具性逆转特性，雌性先成熟。最大全长可达22cm。

【地理分布】

分布于印度—太平洋区，西至红海和东非沿岸，东至萨摩亚群岛和土阿莫土群岛，北至日本南部，南至澳大利亚。在我国主要分布于南海和台湾周边海域。

【资源状况】

小型鱼类，可食用。体色艳丽，是极受欢迎的观赏鱼，偶尔通过潜水捕捞，鲜活出售，在水族行业具有较高的商业价值。

雌鱼

98.蓝猪齿鱼 *Choerodon azurio* (Jordan *et* Snyder, 1901)

【英文名】azurio tuskfish

【别名】鹦哥鲤、石姥

【分类地位】鲈形目Perciformes
隆头鱼科Labridae

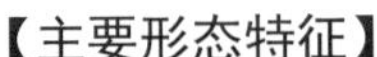

【主要形态特征】

背鳍XIII-7；臀鳍III-10；胸鳍16；腹鳍I-5。侧线鳞27~29。

体呈长卵圆形，侧扁。头颇大，背缘颇陡，额部隆起。吻长，前端钝圆。眼中大，侧位而高。口大，前位而低。上下颌前端各具2对犬齿，上颌内侧1对较强大，口闭时外露；上颌齿愈合为骨质嵴，后部及口角均无犬齿；下颌前端的齿愈合成嵴状，后部的齿仅在基部愈合。上唇略厚，内面有纵褶，口闭合时几可完全纳入眶前骨下。前鳃盖骨后缘具细锯齿，下缘光滑，鳃盖后缘有宽的软瓣片。

体被大圆鳞，背鳍起点前方有鳞片6~7行，向前不伸达眼间隔；颊部具小鳞5~7行；前鳃盖骨无鳞，间鳃盖骨和主鳃盖骨被鳞；背鳍与臀鳍基底具低鳞鞘，腹鳍具腋鳞。侧线完全，与背鳍平行，向后伸达尾鳍基。

背鳍连续，无缺刻，具13枚鳍棘，鳍棘细尖，各鳍棘间鳍膜具缺刻，鳍条部后缘尖形。臀鳍高度较背鳍略低，后缘亦呈尖形。胸鳍宽圆。腹鳍较短，后端不达肛门。尾鳍后缘略呈截形。

体背呈红褐色，腹侧淡黄色。体侧自胸鳍腋部至背鳍中部鳍棘基底具一黑色宽斜带，体侧后部每一鳞片具暗色横斑，尾鳍暗褐色。幼鱼体呈红褐色，体具黄白色斑驳，背鳍鳍条部后基具一黑斑。

【生物学特性】

暖水性珊瑚礁鱼类。主要栖息于近岸珊瑚礁或岩礁区海域，栖息水深7~80m。夜晚常隐蔽在礁石缝隙中，白天外出觅食。主要以软体动物、底栖甲壳类和小鱼等为食。繁殖期雌雄配对生活。常见个体体长20~30cm左右，最大全长可达40cm。

【地理分布】

分布于西太平洋区日本南部、朝鲜半岛和中国。在我国主要分布于东海南部、南海和台湾周边海域。

【资源状况】

中小型鱼类，肉质细嫩，可供食用，常通过底拖网、延绳钓和定置网捕获。体色鲜艳，可作为观赏鱼。

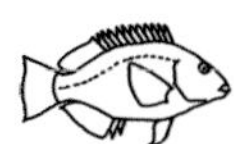

99. 七带猪齿鱼 *Choerodon fasciatus* (Günther, 1867)

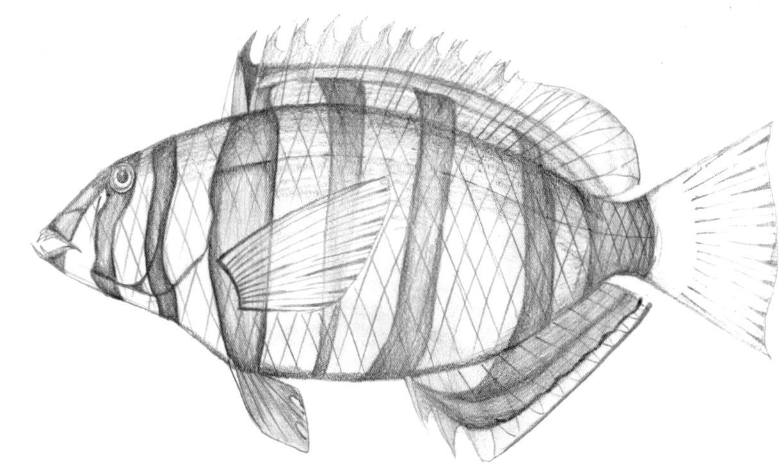

【英文名】harlequin tuskfish

【别名】条纹象齿鱼、七带寒鲷、番王

【分类地位】鲈形目Perciformes

隆头鱼科Labridae

【主要形态特征】

背鳍Ⅻ-8；臀鳍Ⅲ-10；胸鳍14~15；腹鳍Ⅰ-5。侧线鳞28~29。

体呈长椭圆形，侧扁。头大。吻长，前端钝尖。眼中大，侧位而高。口大，前位。上下颌前端有愈合齿，两侧为犬齿，上颌犬齿6枚，下颌犬齿4枚，向后外侧伸出弯曲。前鳃盖骨边缘具细锯齿。

体被大圆鳞，眼间隔、吻与下颌裸露；颊部、鳃盖、背鳍基部、臀鳍基部被鳞。侧线完全，与背鳍平行，向后伸达尾鳍基。

背鳍连续，无缺刻，具12枚鳍棘，鳍棘细尖，各鳍棘间鳍膜具缺刻，鳍条部后缘圆弧形。臀鳍高度较背鳍略高，后缘亦呈圆弧形。胸鳍宽圆。腹鳍稍尖。尾鳍后缘截形。

体背呈黄绿色，腹面较淡。成鱼头体共具7~8条红色横带，横带边缘蓝白色；背鳍红色，鳍棘前端色暗；胸鳍黄色，基部红色；腹鳍红色，鳍棘部与鳍缘淡蓝色；臀鳍黑红色，边缘淡蓝色；尾鳍白色，末缘红色。幼鱼背鳍和臀鳍末端各具一大眼斑。

【生物学特性】

暖水性珊瑚礁鱼类。主要栖息于面海的珊瑚礁和岩礁区，栖息水深5~35m。常独游且具领域性。主要以软体动物、甲壳类、蠕虫和棘皮动物等为食。繁殖期雌雄配对生活。最大全长可达30cm。

【地理分布】

分布于西太平洋区，分布区隔离，分别为中国台湾至琉球群岛，以及新喀里多尼亚至澳大利亚昆士兰。在我国主要分布于南海和台湾周边海域。

【资源状况】

中小型鱼类，肉质细嫩，可供食用，常通过延绳钓和钩钓捕获。体色鲜艳，常被作为观赏鱼。

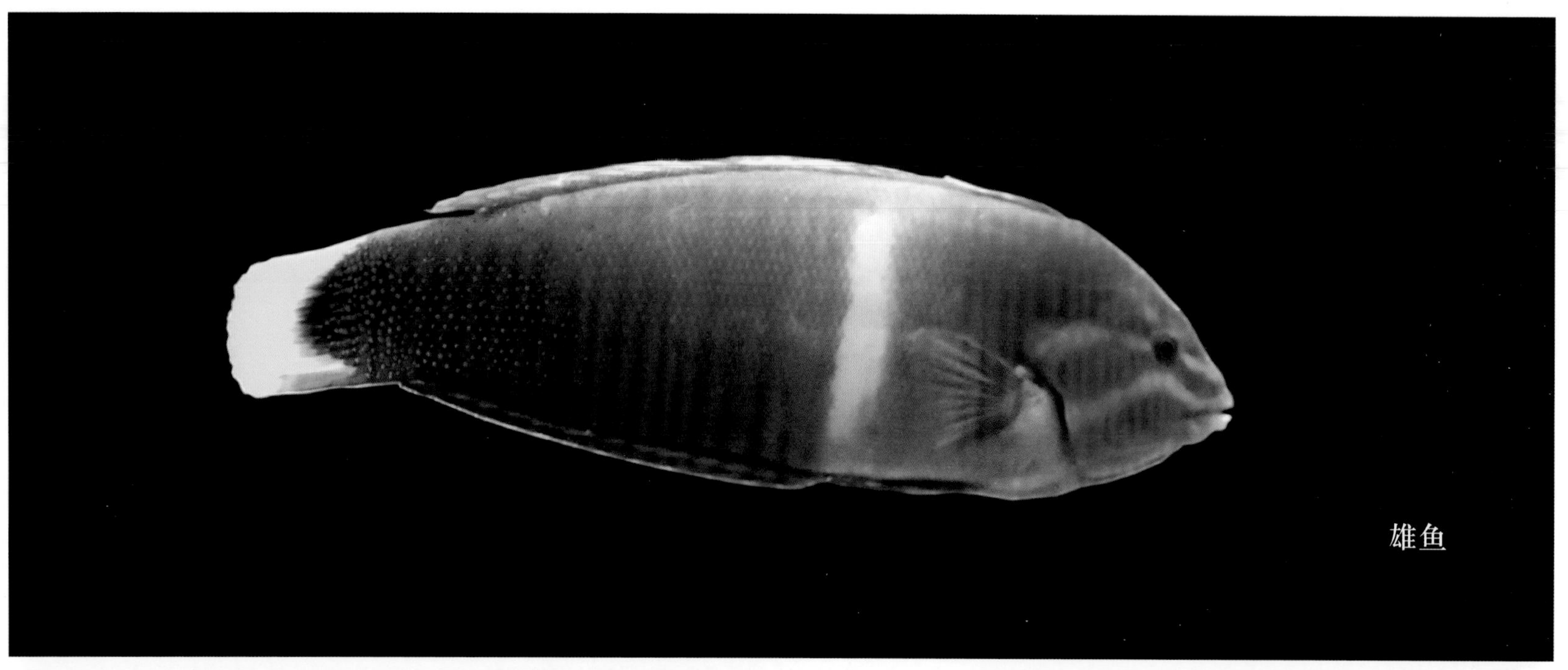
雄鱼

雌鱼

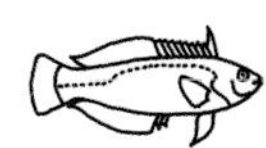

100.露珠盔鱼 *Coris gaimard* (Quoy *et* Gaimard, 1824)

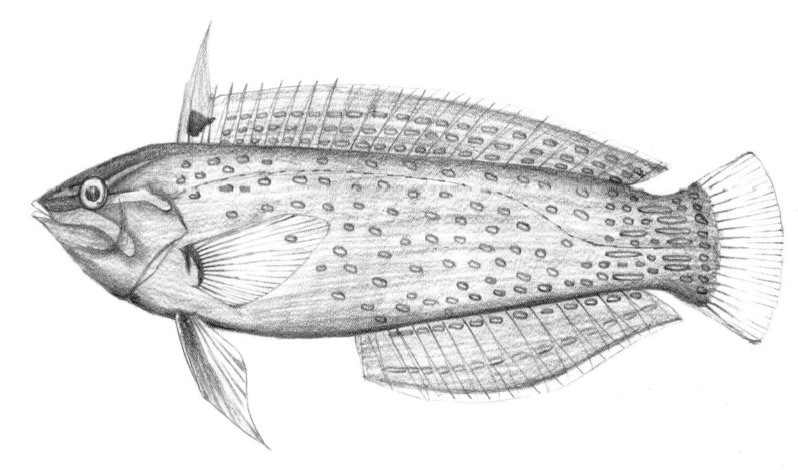

【英文名】African coris

【别名】盖马氏盔鱼、红龙

【分类地位】鲈形目Perciformes
隆头鱼科Labridae

【主要形态特征】

背鳍Ⅸ-12~13；臀鳍Ⅲ-12；胸鳍13；腹鳍Ⅰ-5。侧线鳞71~83。

体呈长椭圆形，侧扁。头中大。吻中长，前端钝尖。眼中大，侧位而高。口小，前位。上下颌齿各1行，圆锥状，前端各具1对大犬齿。前鳃盖骨边缘光滑无锯齿。

体被小圆鳞，头部裸露无鳞。侧线完全，前部与背缘平行，后部在背鳍第八鳍条下方急剧向下弯折。

背鳍连续，成鱼第一鳍棘和第二鳍棘延长。成鱼腹鳍第一鳍条和第二鳍条延长，后端伸达臀鳍第三鳍棘基部。尾鳍后缘圆弧形。

体色因性别和成长而异：雄鱼体呈橄榄褐色，体后部较暗且具蓝色小点，头部具数条深绿色纵带，背鳍第六至第九鳍棘下方有一淡绿色横带；尾鳍黄色，外侧红色。雌鱼体呈黄褐色，体后部较暗且散布蓝色小点，头部具数条深绿色纵带，背鳍和臀鳍散布蓝色小点；尾鳍亮黄色。幼鱼体呈红色，体背部有3个镶黑边的不规则白斑，头顶和枕部各具一镶黑边的白斑；尾鳍色淡，基部白色，前缘黑色；背鳍和臀鳍边缘黑色。

【生物学特性】

暖水性珊瑚礁鱼类。主要栖息于珊瑚礁外缘以及潟湖和面海岩礁的珊瑚、沙、碎石镶嵌区，栖息水深1~50m。通常独居。主要以软体动物、蟹类等底栖无脊椎动物为食。繁殖期雌雄配对生活。最大全长可达40cm。

幼鱼

【地理分布】

分布于印度—太平洋区，西至东印度洋区圣诞岛和科科斯群岛，东至社会群岛和土阿莫土群岛，北至日本南部，南至澳大利亚。在我国主要分布于南海和台湾周边海域。

【资源状况】

中小型鱼类，体色艳丽，是极受欢迎的观赏鱼，偶尔通过潜水捕捞，鲜活出售，在水族行业具有较高的商业价值。

成鱼

成鱼

101.伸口鱼 *Epibulus insidiator* (Pallas, 1770)

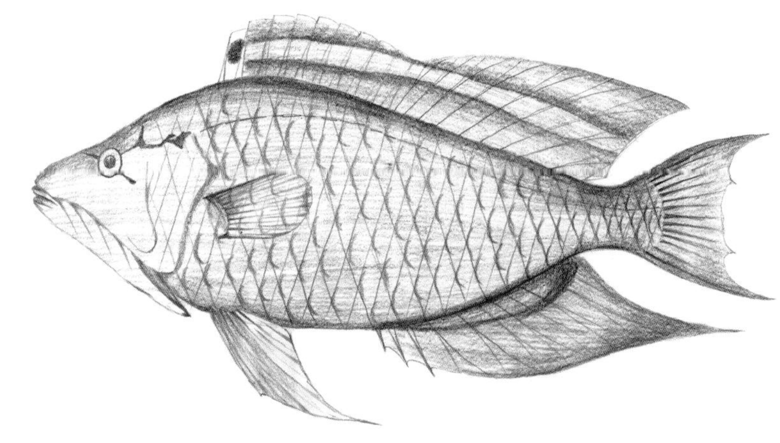

【英文名】sling-jaw wrasse

【别名】阔嘴郎

【分类地位】鲈形目Perciformes
隆头鱼科Labridae

【主要形态特征】

背鳍Ⅸ~Ⅹ-9~11；臀鳍Ⅲ-8~9；胸鳍12；腹鳍Ⅰ-5。侧线鳞14~15+8~9。

体呈长椭圆形，侧扁。头大。吻长，前端略呈尖形。眼中大，侧位而高。口中大，前位，上下颌能向前伸出很长，下颌骨向后伸越鳃盖膜边缘。上下颌齿各1行，锥形，上下颌前方各有1对犬齿，分别向前和向上。

体被大圆鳞，前鳃盖骨完全为鳞所覆盖。侧线不连续。

背鳍连续，无缺刻，鳍条部后缘尖突。臀鳍鳍棘与鳍条高度略高于背鳍，鳍条部后缘尖突。胸鳍圆形。腹鳍尖长，后端伸达臀鳍起点。尾鳍后缘截形，成鱼尾鳍上下叶呈丝状延长。

体色因栖息地和生长而多变：成鱼一般头体呈黄色、暗黄褐色、黑褐色或橄榄绿色，鳞片边缘色深而形成点状列；背鳍第一鳍棘与第二鳍棘间有一暗色斑，向后形成2条暗色纵带；眼后有一黑色纵带。幼鱼体呈褐色，体侧具4条白色细横带，眼周具放射状细白纹；背鳍与臀鳍鳍条部各有一暗色斑。

【生物学特性】

暖水性珊瑚礁鱼类。主要栖息于珊瑚丛生的潟湖和面海的礁区，栖息水深1~42m。通常独居。主要以小型甲壳类和鱼类等为食。雄鱼具领域性。最大体长可达54cm。

幼鱼

【地理分布】

分布于印度—太平洋区，西至红海和东非沿岸，东至夏威夷群岛和土阿莫土群岛，北至日本南部，南至新喀里多尼亚。在我国主要分布于南海和台湾周边海域。

【资源状况】

中型鱼类，因其口部伸缩特性，常见于水族馆中。肉和内脏因食物链积累而含珊瑚礁鱼毒素。

102.雀尖嘴鱼 *Gomphosus caeruleus* Lacepède, 1801

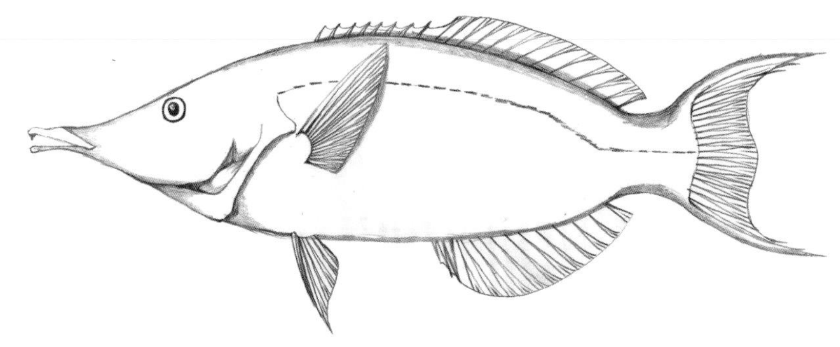

【英文名】green birdmouth wrasse

【别名】红海尖嘴龙

【分类地位】鲈形目Perciformes
隆头鱼科Labridae

【主要形态特征】

背鳍Ⅸ~Ⅹ-9~11；臀鳍Ⅲ-8~9；胸鳍12；腹鳍Ⅰ-5。侧线鳞27。

体呈长形，侧扁。头长，尖形。吻延长呈管状。眼小，侧位而高。口小，前位，略能向前伸出，口裂水平状。唇稍厚，内侧具纵褶。上下颌齿各1行，短锥状；前端具1对上部弯向口内的犬齿，口闭时上颌齿居外，下颌犬齿居内；口角处无犬齿。前鳃盖骨后缘游离且光滑。

体被中大圆鳞，头部除鳃盖上方外均裸露无鳞，背鳍前鳞8行。侧线完全，在背鳍后部下方急剧向下弯折。

背鳍连续，鳍棘部低于鳍条部，最后鳍棘最长。臀鳍第三鳍棘最长，鳍条部与背鳍同形。胸鳍三角形。腹鳍短小。幼鱼尾鳍圆形；雌性成鱼尾鳍截形，雄性成鱼尾鳍上下叶延长。

体色因性别和生长而异：雄性成鱼体呈深蓝绿色至深黑色，体侧鳞无斑纹，胸鳍基部上方无浅黄色斑块。雌性成鱼头部上半部和体背部褐色，其余浅色；臀鳍和尾鳍黄色。幼鱼背鳍第一至第三鳍棘间鳍膜具一黑斑。

【近似种】

本种与杂色尖嘴鱼（*G. varius*）相似，区别为后者雄鱼体侧鳞具红色的垂直斑纹，胸鳍基部上方具一浅黄色斑块，背鳍前鳞6~7行。

【生物学特性】

暖水性珊瑚礁鱼类。主要栖息于珊瑚丛生的潟湖和面海的礁区，栖息水深1~35m。通常独居。主要以小型无脊椎动物为食。最大全长可达32cm。

【地理分布】

以往研究认为本种仅分布于印度洋区的红海和东非沿岸至安达曼海，但近年来研究表明我国南海也有分布。

【资源状况】

小型鱼类，体形独特，体色艳丽多变，是较受欢迎的观赏鱼，常见于水族馆。

雄鱼

雄鱼

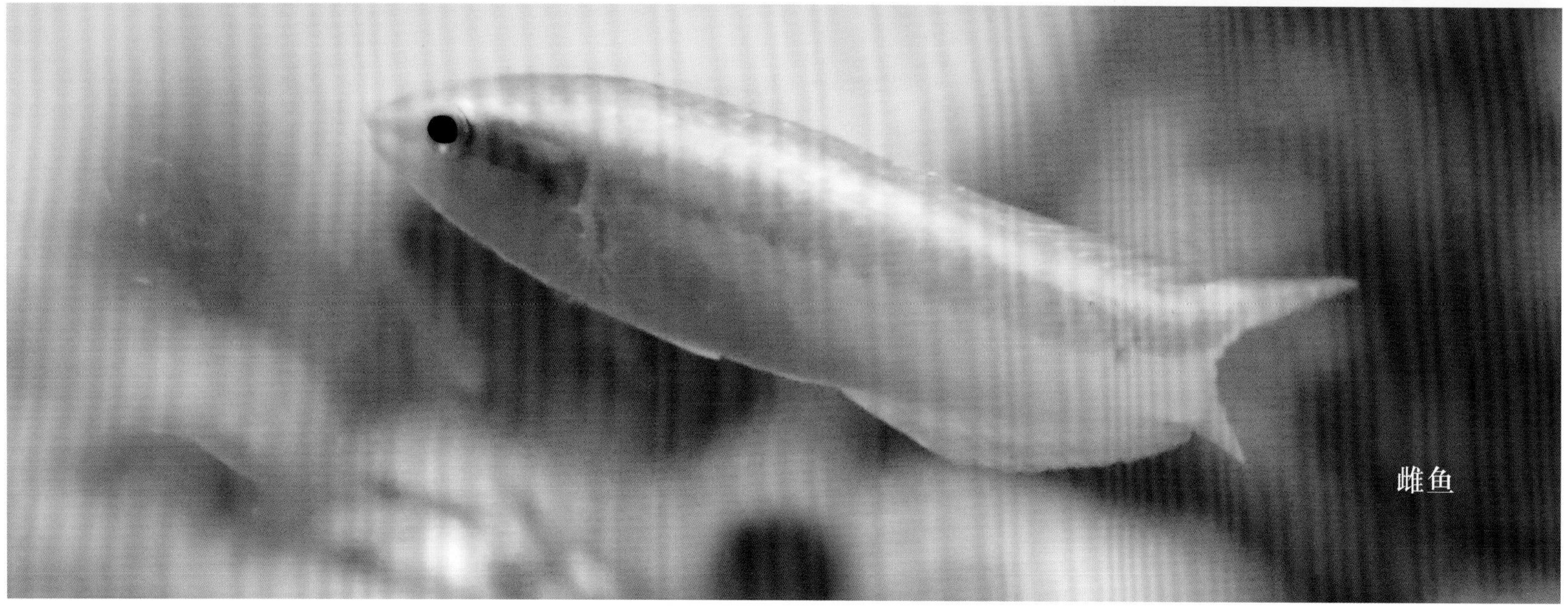

雌鱼

103.哈氏海猪鱼 *Halichoeres hartzfeldii* (Bleeker, 1852)

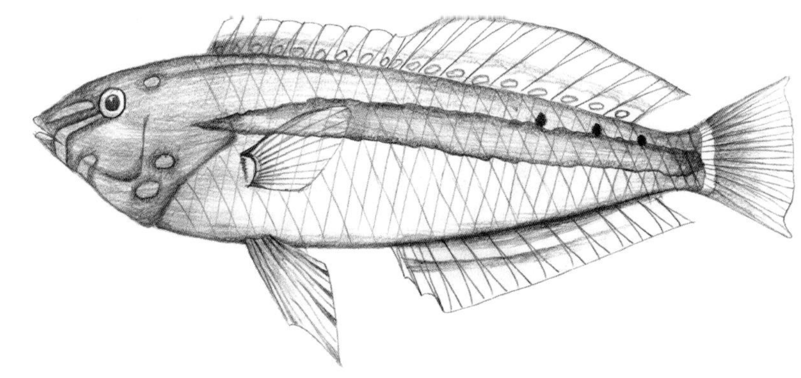

【英文名】Hartzfeld’s wrasse

【别名】纵带海猪鱼

【分类地位】鲈形目Perciformes
隆头鱼科Labridae

【主要形态特征】

背鳍Ⅸ-11；臀鳍Ⅲ-11；胸鳍13；腹鳍Ⅰ-5。侧线鳞27。

体呈长椭圆形，延长而侧扁。头中大。吻颇尖长。口稍大，前位，稍倾斜。唇颇厚，内侧有纵褶，最内纵褶边缘呈锯齿状。上下颌齿各1行，齿锐尖，呈锥形，前端各有细长犬齿1对，口角处有1枚较大犬齿。前鳃盖骨边缘光滑。

体被中大圆鳞，背鳍起点前方鳞伸达眼后缘后方，其他部分裸露无鳞；背鳍和臀鳍基底无鳞鞘。侧线完全。

背鳍连续，无缺刻，最后鳍棘最长；鳍条部稍高于鳍棘部。臀鳍鳍条部与背鳍鳍条部相似。胸鳍近三角形。腹鳍后端未达肛门。幼鱼和雌鱼尾鳍后缘稍呈圆弧形，雄鱼呈双截形。

体色因性别和成长而异：雄性成鱼体呈青色，头部具粉红色斑纹；体侧自鳃盖后缘至尾鳍基有一黄色纵带，纵带末端上方有1~3个暗褐色斑点；胸鳍基上缘有一暗斑。雌性成鱼体背部呈浅粉色，体侧自眼后缘至尾鳍基有一黄色纵带，纵带上方无斑点。幼鱼体呈淡白色，体侧具黄色至暗褐色纵带，纵带末端具黑斑；吻端至眼具眼带；眼上缘沿背鳍基底至尾柄具褐色纵带。

【生物学特性】

暖水性珊瑚礁鱼类。主要栖息于面海的岩礁区周边沙地或沙和碎石混合的开阔区，栖息水深10~70m。常由1尾雄鱼和数尾雌鱼和幼鱼集成小群活动。夜晚潜伏于沙中，白天外出觅食。主要以小型底栖无脊椎动物为食。繁殖期雌雄配对生活。最大全长可达18cm。

【地理分布】

分布于西太平洋区日本南部至印度尼西亚间的热带海域。在我国主要分布于南海和台湾周边海域。

【资源状况】

小型鱼类，体色艳丽，是极受欢迎的观赏鱼，偶尔通过潜水捕捞，鲜活出售，在水族行业具有较高的商业价值。

104.斑点海猪鱼 *Halichoeres margaritaceus* (Valenciennes, 1839)

【英文名】pink-belly wrasse

【别名】虹彩海猪鱼

【分类地位】鲈形目Perciformes
隆头鱼科Labridae

【主要形态特征】

背鳍Ⅸ-11；臀鳍Ⅲ-11；胸鳍13~14；腹鳍Ⅰ-5。侧线鳞27。

体呈长椭圆形，延长而侧扁。头中大。吻颇尖长。口小，前位，口裂水平。唇颇厚，内侧有纵褶。上下颌齿各1行，呈锥形；上颌前方有2对犬齿，内侧1对强大，外侧1对小，略弯向外后方；下颌前端犬齿1对；口角处有1枚犬齿。前鳃盖骨边缘光滑。

体被中大圆鳞，**背鳍起点前方鳞伸越眼后缘上方，**项部正中线鳞埋于皮下，头部其他部分裸露；背鳍和臀鳍基底无鳞鞘。侧线完全。

背鳍连续，无缺刻，最后鳍棘最长；鳍条部稍高于鳍棘部。臀鳍鳍条部与背鳍鳍条部相似，稍低。胸鳍近三角形。腹鳍尖，第一鳍条延长，后端伸达肛门或臀鳍起点。尾鳍后缘呈圆弧形。

体色因性别而异：雄鱼体呈绿色，**体侧具红褐色点并相连形成云状斑块，**腹部粉红色斑消失；**头部具红色纵纹；**背鳍红色，具排列不规则的绿斑点，**背鳍中部有一黑斑，**臀鳍红色，中央具1纵列绿斑。雌鱼体上半部呈橄榄绿色，腹部色淡；体上部鳞片具黑缘；腹部具大小不一的

白斑，**臀鳍起点前腹部具一粉红色大斑；背鳍前部具一小黑斑，中部具一黄色边缘的大黑斑。**

【生物学特性】

暖水性珊瑚礁鱼类。主要栖息于5m以浅的珊瑚礁和岩礁区，主要以甲壳类、软体动物和多毛类等底栖无脊椎动物及小鱼等为食。繁殖期雌雄配对生活。最大体长可达13cm。

【地理分布】

分布于印度—太平洋区，西至东印度洋区科科斯群岛，东至莱恩群岛和土阿莫土群岛，北至日本南部，南至豪勋爵岛和澳大利亚新南威尔士。在我国主要分布于南海和台湾周边海域。

【资源状况】

小型鱼类，体色艳丽，是极受欢迎的观赏鱼，偶尔通过潜水捕捞，鲜活出售，在水族行业具有较高的商业价值。

雄鱼

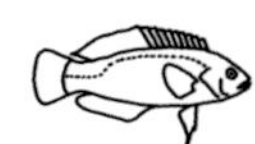

105.饰妆海猪鱼 *Halichoeres ornatissimus* (Garrett, 1863)

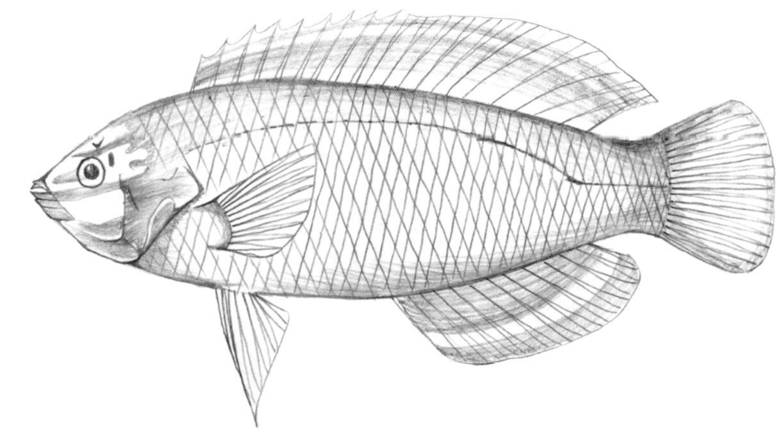

【英文名】ornamented wrasse

【别名】饰妆儒艮鲷、圣诞龙

【分类地位】鲈形目Perciformes
隆头鱼科Labridae

【主要形态特征】

背鳍Ⅸ-12；臀鳍Ⅲ-12；胸鳍13；腹鳍Ⅰ-5。侧线鳞27。

体呈长椭圆形，延长而侧扁。头中大。吻尖长。口小，前位。唇颇厚，内侧有纵褶。上下颌齿各1行，锥形；上颌前方有2对犬齿，外侧1对向后方弯曲。前鳃盖骨后缘具锯齿。

体被中大圆鳞，胸部鳞片小于体侧，颊部无鳞；背鳍和臀鳍基底无鳞鞘。侧线完全。

背鳍连续，无缺刻，最后鳍棘最长；鳍条部稍高于鳍棘部。臀鳍鳍条部与背鳍鳍条部相似，稍低。胸鳍近三角形。腹鳍尖，第一鳍条延长。尾鳍后缘呈圆弧形。

体色因性别和生长而异：幼鱼头及体侧上半部呈淡灰色至淡黄色，腹侧白色；体侧由吻端至尾鳍基具3条橙色纵带，由胸鳍基部至尾鳍基另具一较宽橙色纵带；背鳍具两个黄色边缘的眼斑；尾鳍透明。随着成长，体侧渐为淡绿色，体侧后半部橙色纵纹逐渐断裂成点状列，雄鱼头部具不规则的玫瑰色条纹，颊部具一直线状纵带，眼后具一短垂直黑斑，背鳍眼斑消失；雌鱼背鳍眼斑及眼后黑斑均存在。

【生物学特性】

暖水性珊瑚礁鱼类。主要栖息于珊瑚丛生的潟湖和面海的岩礁区，栖息水深4~15m。主要以小型甲壳类和软体动物等为食。繁殖期雌雄配对生活。最大全长可达18cm。

雄鱼

【地理分布】

分布于太平洋区，西至东印度洋区的科科斯群岛和圣诞岛，东至夏威夷群岛、马克萨斯群岛和土阿莫土群岛，北至日本南部，南至大堡礁。在我国主要分布于台湾周边海域。

【资源状况】

小型鱼类，体色艳丽，是极受欢迎的观赏鱼，偶尔通过潜水捕捞，鲜活出售，在水族行业具有较高的商业价值。

106.双色裂唇鱼 *Labroides bicolor* Fowler *et* Bean, 1928

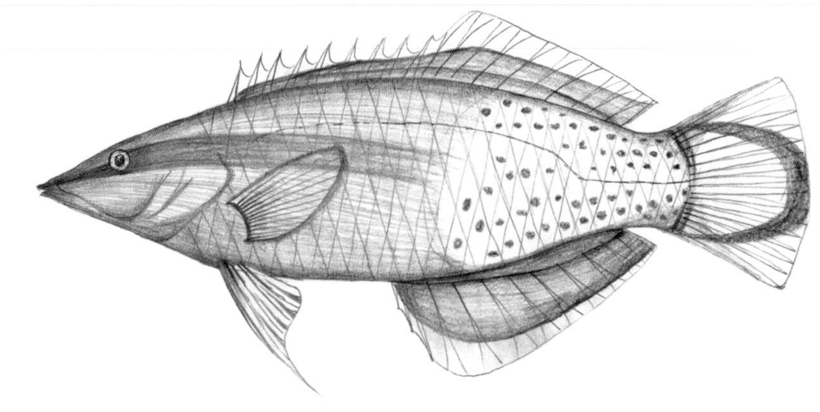

【英文名】bicolor cleaner wrasse

【别名】二色裂唇鱼、双色医生鱼、墨水龙

【分类地位】鲈形目Perciformes
隆头鱼科Labridae

【主要形态特征】

背鳍Ⅸ-10~11；臀鳍Ⅲ-9~10；胸鳍13；腹鳍Ⅰ-5。侧线鳞28~30。

体延长，侧扁。头小，尖锥状。吻短尖。眼较小，侧位而高。口小，前位。上下颌齿小，略呈锥形，前端各具1对犬齿。唇厚，下唇有中沟，分为左右2叶。前鳃盖骨边缘光滑。

体被中型圆鳞，颊部具4列小鳞，背鳍和臀鳍基底具鳞鞘。侧线完全。

背鳍连续，无缺刻；鳍棘短而尖硬，最后鳍棘最长；鳍条部较高，后缘略尖。臀鳍略高于背鳍，后缘略尖。胸鳍宽圆。腹鳍较短。尾鳍后缘略呈圆形。

体色因生长而异：幼鱼体呈白色，自吻端经眼至体后端具一宽黑纵带，随生长黑带从后端渐消失；背鳍与臀鳍黑色，末缘白色；尾鳍白色，具黑色边缘。成鱼体侧黑带渐消失，体前半部深色，后半部淡色或偏黄；尾鳍淡色或偏黄，末端具黑色环纹。

【生物学特性】

暖水性珊瑚礁鱼类。主要栖息于潟湖和面海的岩礁区，栖息水深2~40m。主要以其他鱼类身上的寄生虫或坏死组织为食，是“清洁性”鱼类，因此被称为“鱼医生”。繁殖期雌雄配对生活。最大全长可达15cm。

【地理分布】

分布于印度—太平洋区，西至东非沿岸，东至莱恩群岛、马克萨斯群岛和社会群岛，北至日本南部，南至豪勋爵岛。在我国主要分布于台湾周边海域。

【资源状况】

小型鱼类，体色艳丽，是极受欢迎的观赏鱼，偶尔通过潜水捕捞，鲜活出售，在水族行业具有较高的商业价值。

雌鱼

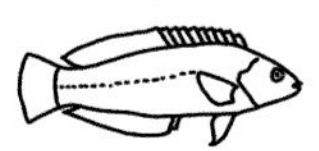

107.花鳍副海猪鱼 *Parajulis poecilepterus* (Temminck *et* Schlegel, 1845)

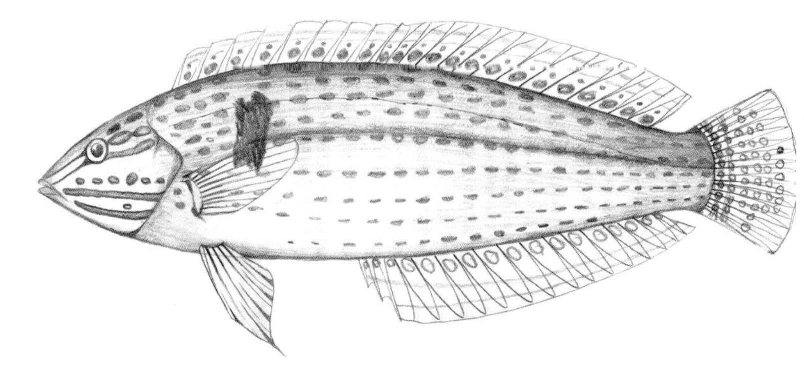

【英文名】multicolorfin rainbowfish

【别名】花鳍海猪鱼

【分类地位】鲈形目Perciformes
隆头鱼科Labridae

【主要形态特征】

背鳍Ⅸ-14；臀鳍Ⅲ-14；胸鳍13；腹鳍Ⅰ-5。侧线鳞26。

体延长，侧扁。头小，尖锥状。吻较长，尖突。眼较小，侧位而高。口小，前位。上下颌齿各1行，尖锥状；上颌前端具2对犬齿，外侧1对向后方弯曲。唇颇厚，内侧具纵褶。前鳃盖骨后缘具锯齿。

体被中大圆鳞，胸部鳞片小于体侧，颊部无鳞；背鳍和臀鳍基底无鳞鞘。侧线完全。

背鳍连续，鳍棘尖细，最后鳍棘最长；鳍条部稍高于鳍棘部，后缘尖形。臀鳍鳍棘及鳍条均略低于背鳍，鳍条部形似背鳍。胸鳍短于头长，近三角形。腹鳍较短。尾鳍后缘圆弧形。

体色因性别而异：雄鱼体背侧呈淡黄褐色至青绿色，腹部色浅；体侧中部有一淡紫色纵带，胸鳍上方具一大黑斑，头部具橙色虫纹；体侧各鳞片均具一橙色点，背鳍和臀鳍具纵列的橙色点，尾鳍具横列的橙色点。雌鱼体呈黄色；体侧自吻端经眼至尾鳍基具一黑色宽纵带，背鳍基部另具一黑色窄纵带；眼下自口角至鳃盖缘具一橙色细纵纹；体侧各鳞片均具一黑褐色点，连成纵纹，靠近背侧点色较深。

【生物学特性】

暖水性珊瑚礁鱼类。主要栖息于近岸卵石或岩礁底质海域和珊瑚礁区，栖息水深5~20m。夜晚潜伏于沙中，白天外出觅食。主要以小型底栖无脊椎动物为食。繁殖期雌雄配对生活。最大全长可达34cm。

【地理分布】

分布于西北太平洋区日本、韩国和中国。在我国主要分布于东海南部、南海和台湾周边海域。

【资源状况】

中小型鱼类，可供食用。体色艳丽多变，是较受欢迎的观赏鱼，常见于水族馆。

雄鱼

雌鱼

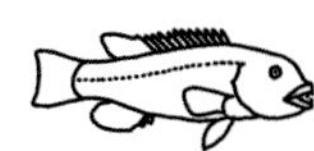

108.金黄突额隆头鱼 *Semicossyphus reticulatus* (Valenciennes, 1839)

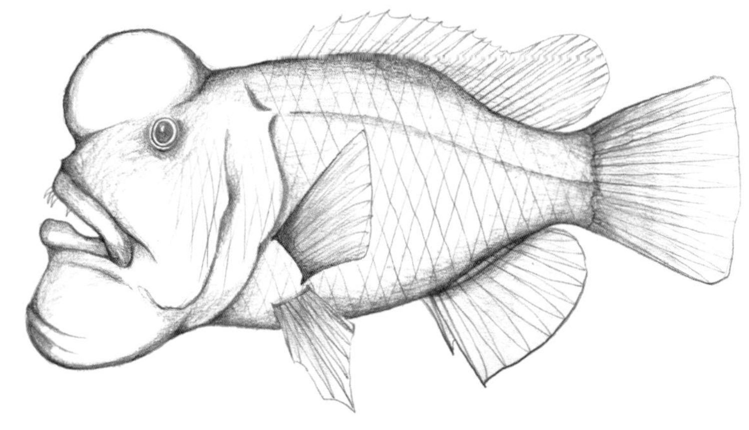

【英文名】Asian sheepshead wrasse

【别名】黄金突额隆头鱼

【分类地位】鲈形目Perciformes
隆头鱼科Labridae

【主要形态特征】

背鳍XI~XIII-10~11；臀鳍III-12；胸鳍16~19；腹鳍I-5。侧线鳞44~49。

幼鱼体细长，侧扁；成鱼体近长方形。幼鱼头尖长；成鱼头大，雄鱼前额在眼上方隆起，个体愈大则愈隆起，呈冠状瘤凸，下颌宽圆形凸出。幼鱼吻尖长；成鱼吻短钝。眼中大，侧上位。口大，前位，口裂近水平。上下颌前端各具2对大犬齿，内侧犬齿稍向前突出，外侧犬齿稍向后弯曲；向内两侧各有2列乳突状齿。唇厚，环上唇有深唇沟，下唇唇沟在缝合部分离，口闭时前端犬齿露出。前鳃盖骨后缘光滑，主鳃盖骨后缘具瓣膜。

体被中大圆鳞，吻背至眼后额部裸露无鳞；头部鳞片较小，前鳃盖骨后缘被小鳞，前缘裸露；下鳃盖骨被小鳞，前部裸露；主鳃盖骨鳞片较前鳃盖骨和下鳃盖骨大。侧线完全。

背鳍连续，无缺刻；鳍棘11~13枚，鳍膜突出于鳍棘之上，有缺刻；鳍条较鳍棘长。臀鳍第三鳍棘最长，鳍条部与背鳍鳍条部相似。胸鳍宽圆。腹鳍短于胸鳍，末端远不达肛门。幼鱼尾鳍后缘圆弧形，成鱼尾鳍略呈截形。

体色因性别和生长而异：幼鱼体呈黄褐色，体侧自眼后至尾鳍基具一白色纵带；背鳍鳍条部、臀鳍鳍条部和尾鳍黑色，外缘白色。雄性成鱼体色多变，多呈苍白色，体背部淡黄褐色，背鳍和臀鳍淡黄色。雌性成鱼体呈红棕色，下颌白色。

【生物学特性】

暖温性近海底层鱼类。主要栖息于暖温带岩礁海域。具性逆转特性，雌性先成熟。繁殖期雌雄配对生活。最大全长可达116cm。

【地理分布】

分布于西太平洋区日本南部、韩国和中国。在我国仅在浙江和香港附近海域有分布记录。

【资源状况】

该种是隆头鱼科鱼类中个体最大的种类，可供食用。因雄鱼奇特的外形，偶见于大型水族馆。

109. 环带锦鱼 *Thalassoma cupido* (Temminck *et* Schlegel, 1845)

【英文名】parrot fish

【别名】绿锦鱼、斑带锦鱼

【分类地位】鲈形目Perciformes
隆头鱼科Labridae

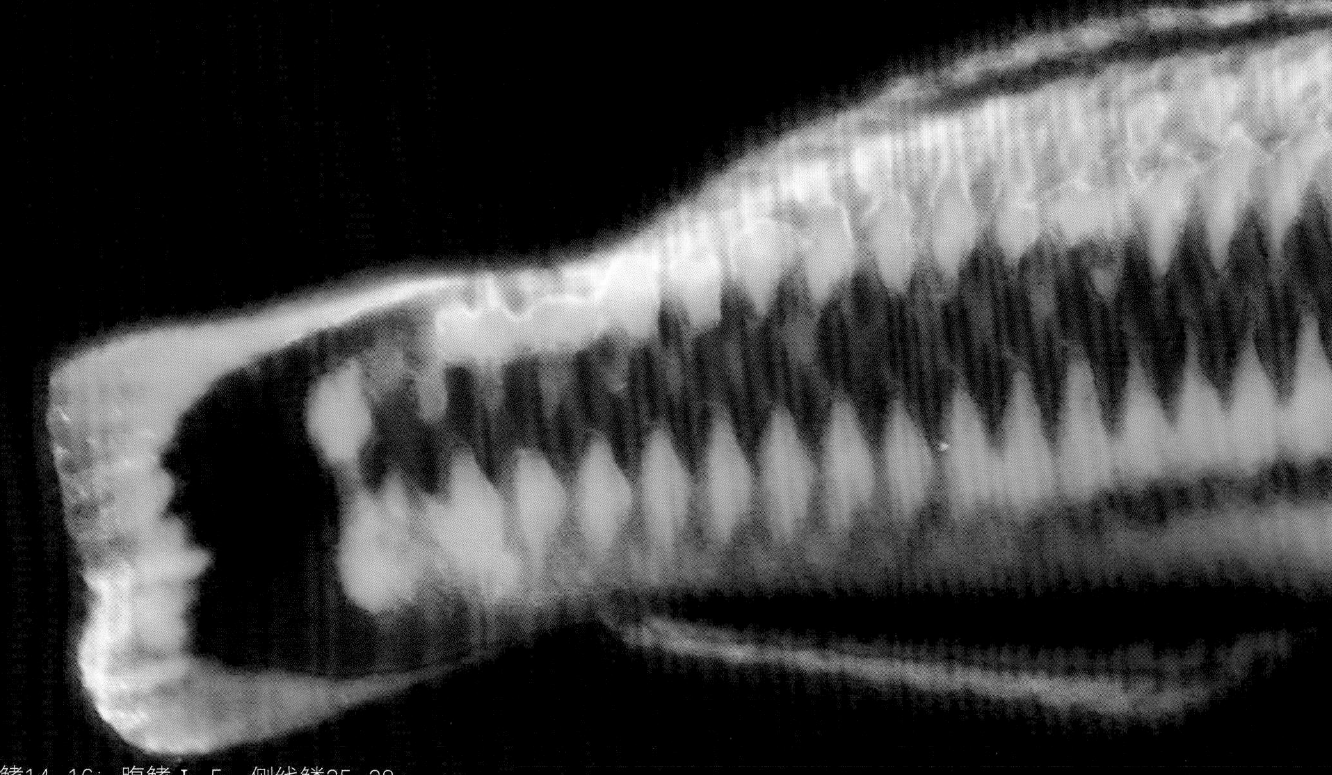

【主要形态特征】

背鳍Ⅷ-13；臀鳍Ⅲ-11；胸鳍14~16；腹鳍Ⅰ-5。侧线鳞25~28。

体呈长椭圆形，侧扁。头大。吻短，前端钝尖。眼小，侧位而高。口小，前位，略能向前伸出，口裂水平状。上下颌齿各1行，锥形，**前端各有1对犬齿，**口角无犬齿。唇颇厚，内侧有纵褶。

体被中大圆鳞，头部无鳞；背鳍和臀鳍基底具鳞鞘。侧线完全。

背鳍连续，无缺刻，鳍条较鳍棘长。臀鳍鳍条部与背鳍鳍条部相似，后端略尖。胸鳍较长。腹鳍较短，末端不达肛门。尾鳍呈截形。

体背部呈褐色，腹部青色。**体侧有 2条暗蓝色纵带，纵带间有2列鳞宽的褐色宽纵带；**头部眼周有褐色放射纹。背鳍基部褐色，鳍中部具一蓝色纵纹，**第二至第四鳍棘间具一黑斑；**臀鳍与背鳍相同，无黑斑；**尾鳍具一半环状的褐纹，**鳍缘蓝色，鳍基具2个蓝斑，与体侧蓝带相连。

【生物学特性】

暖水性珊瑚礁鱼类。主要栖息于水深15m以浅的珊瑚礁海域。幼鱼多集群在珊瑚礁表层巡游，成鱼多由1尾雄鱼和数尾雌鱼集成小群活动。主要以浮游动物等为食。繁殖期雌雄配对生活。最大全长可达20cm。

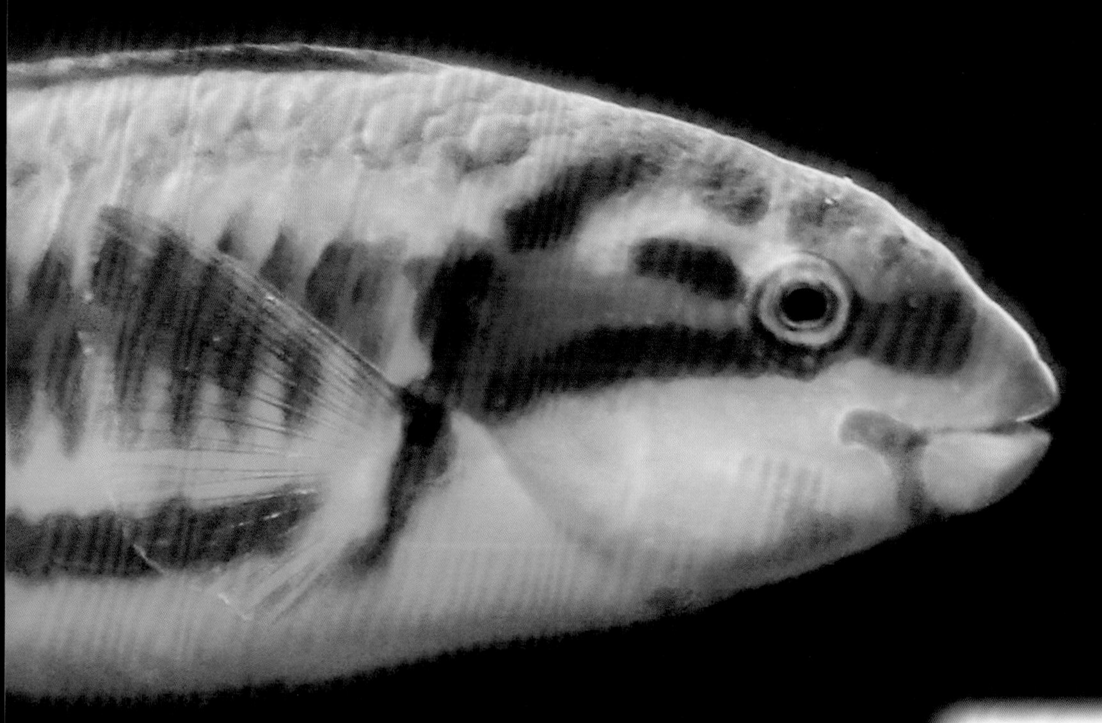

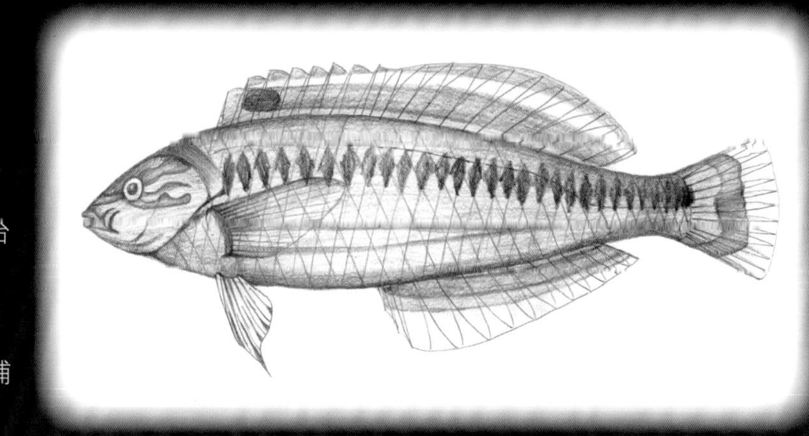

【地理分布】

分布于西北太平洋区日本南部至中国台湾。在我国主要分布于台湾周边海域。

【资源状况】

小型鱼类，体色艳丽，是极受欢迎的观赏鱼，偶尔通过潜水捕捞，鲜活出售，在水族行业具有较高的商业价值。

110.鞍斑锦鱼 *Thalassoma hardwicke* (Bennett, 1830)

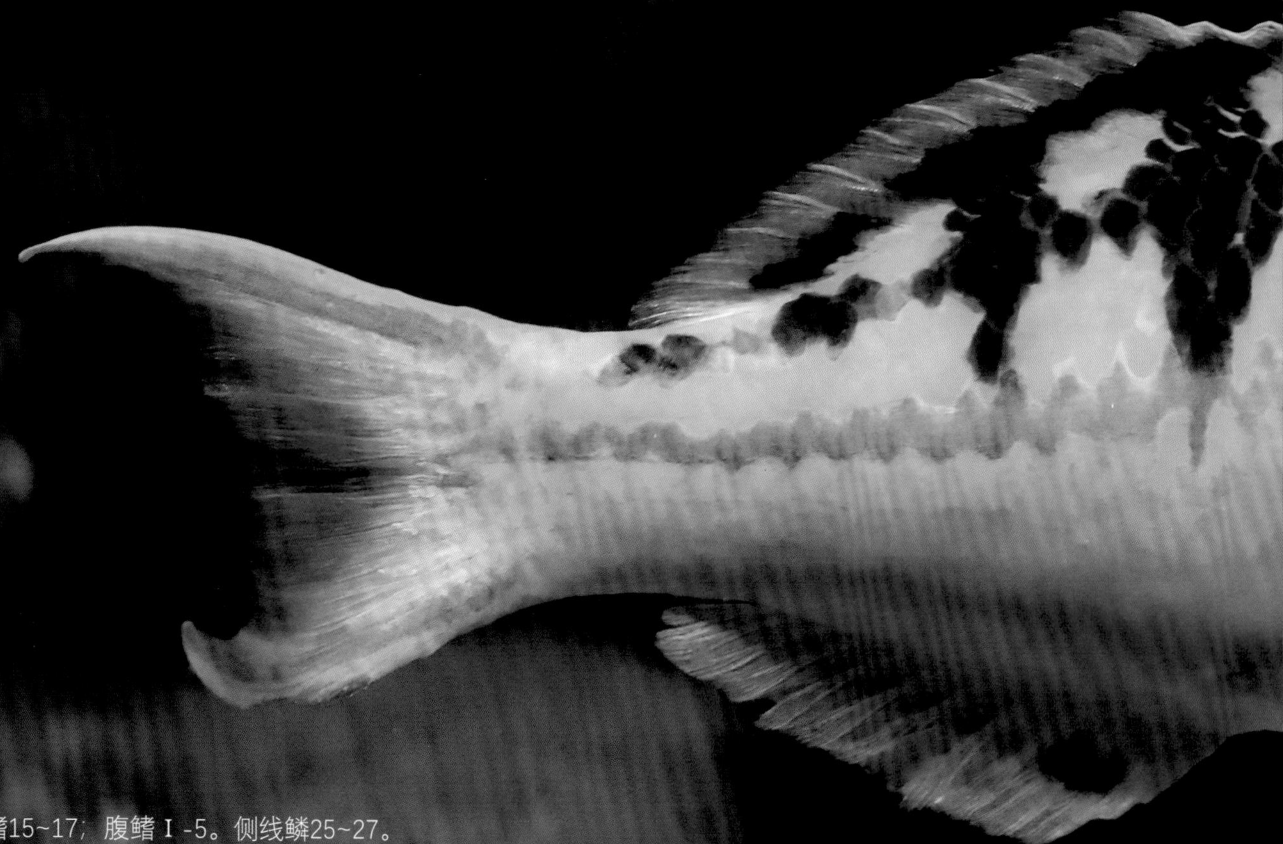

【英文名】sixbar wrasse

【别名】哈氏锦鱼、六间龙

【分类地位】鲈形目Perciformes
隆头鱼科Labridae

【主要形态特征】

背鳍Ⅷ-12~14；臀鳍Ⅲ-11；胸鳍15~17；腹鳍Ⅰ-5。侧线鳞25~27。

体呈长椭圆形，侧扁。头大。吻短，前端钝圆。眼小，侧位而高。口小，前位，略能向前伸出，口裂水平状。上下颌齿各1行，锥形，**前端各有1对犬齿，**口角无犬齿。唇颇厚，内侧有纵褶。前鳃盖骨仅后缘及后下角的膜片略呈游离。

体被中大圆鳞，头部仅鳃盖背面被小鳞，余皆裸露；背鳍起点前具鳞8行，延伸至前鳃盖骨后缘垂直线上；背鳍和臀鳍基底具鳞鞘。侧线完全，前部约与背缘平行，后部急剧向下弯折再呈直线状沿尾柄中部伸达尾鳍基。

背鳍连续，无缺刻，鳍条较鳍棘长。臀鳍鳍条部与背鳍鳍条部相似，后端略尖。胸鳍较长。腹鳍较短，末端不达肛门。幼鱼尾鳍截形，成鱼尾鳍后缘凹入，上下叶延长。

体呈蓝绿色。**体侧背部有6条黑色横带，**横带向后渐短；**体侧中部和尾柄背侧各有一粉红色纵带；头部在眼周有5条不规则粉红色宽带。**背鳍淡绿色，**中部有一黑色纵纹；**臀鳍淡黄色，**前部2枚鳍条上有一紫色斑；**尾鳍淡黄色，中部略呈紫色，**上下叶各有一粉红色纵线纹。**

【生物学特性】

暖水性珊瑚礁鱼类。主要栖息于水深15m以浅的潮池和面海岩礁区。幼鱼常集成小群在珊瑚礁上缘活动，遇危险时躲藏于珊瑚礁枝丫中；成鱼在珊瑚礁、碎石或沙底质水域巡游。主要以甲壳类和小鱼等为食。繁殖期雌雄配对生活。最大全长可达20cm。

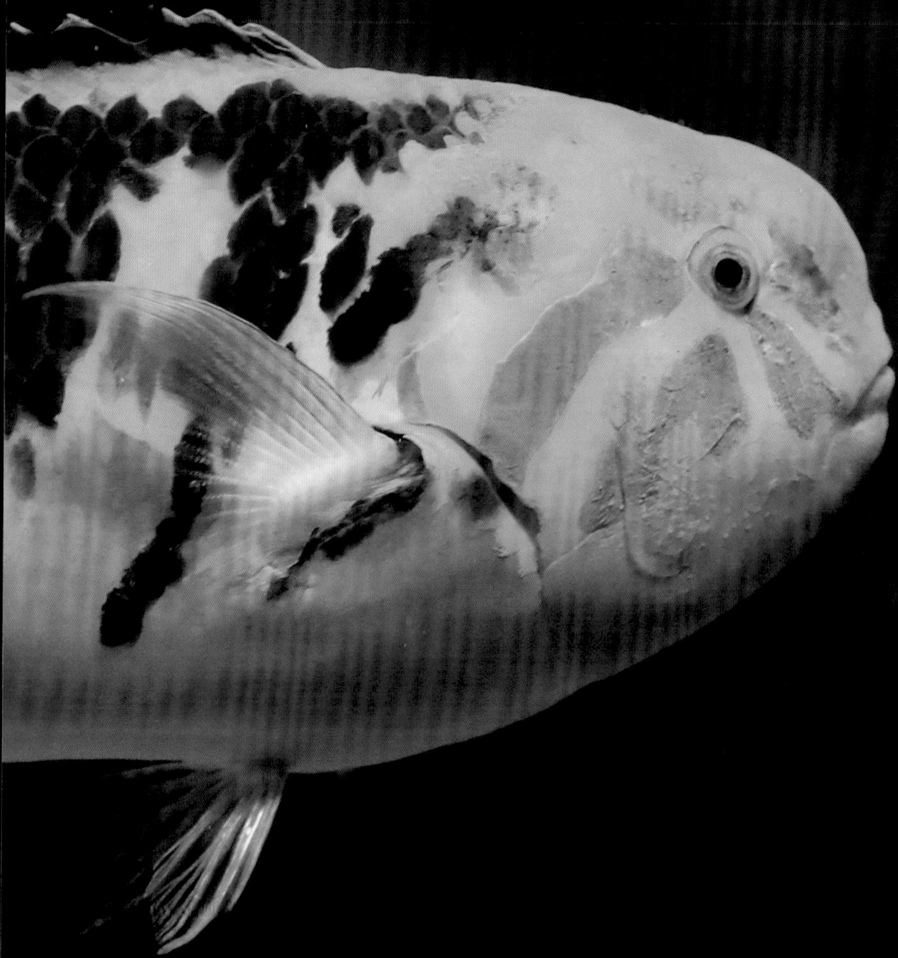

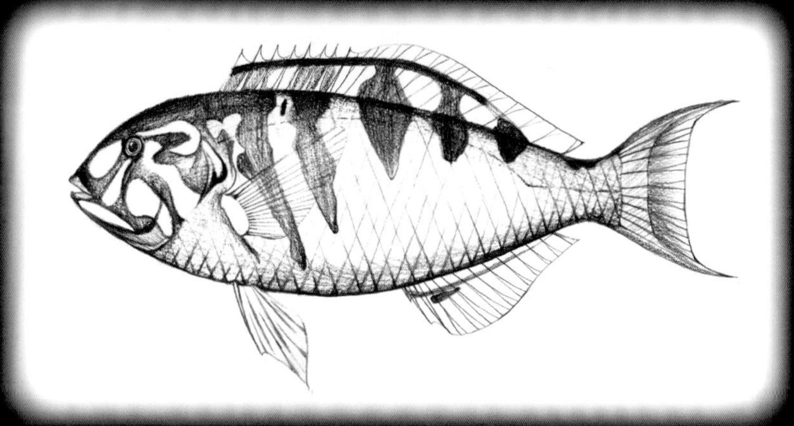

【地理分布】

分布于印度—太平洋区，西至东非沿岸，东至莱恩群岛和土阿莫土群岛，北至日本南部，南至豪勋爵岛和南方群岛。在我国主要分布于南海和台湾周边海域。

【资源状况】

小型鱼类，体色艳丽，是极受欢迎的观赏鱼，偶尔通过潜水捕捞，鲜活出售，在水族行业具有较高的商业价值。

111.胸斑锦鱼 *Thalassoma lutescens* (Lay *et* Bennett, 1839)

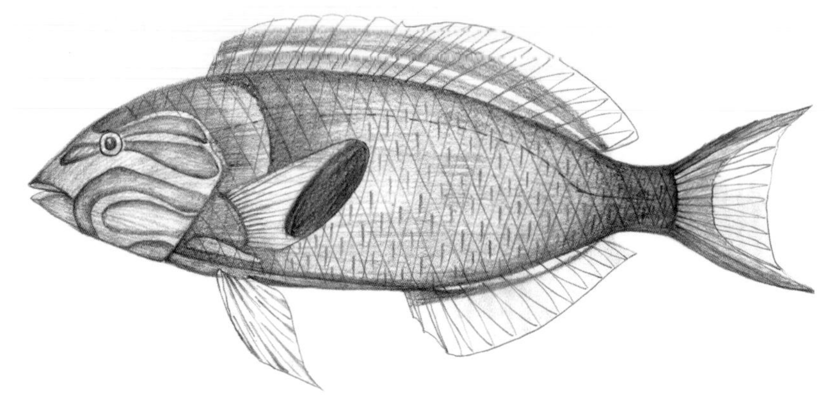

【英文名】yellow-brown wrasse

【别名】黄衣锦鱼、青花龙

【分类地位】鲈形目Perciformes
隆头鱼科Labridae

【主要形态特征】

背鳍Ⅷ-13~14；臀鳍Ⅲ-11；胸鳍15~17；腹鳍Ⅰ-5。侧线鳞25~27。

体呈长椭圆形，侧扁。头大。吻短，前端钝尖。眼小，侧位而高。口小，前位，略能向前伸出，口裂水平状。上下颌齿各1行，锥形，前端各有1对犬齿，口角无犬齿。唇颇厚，内侧有纵褶。

体被中大圆鳞，头部仅鳃盖背面被小鳞，余皆裸露；背鳍和臀鳍基底具鳞鞘。侧线完全。

背鳍连续，无缺刻，鳍条较鳍棘长。臀鳍鳍条部与背鳍鳍条部相似，后端略尖。胸鳍较长。腹鳍较短，末端不达肛门。尾鳍截形，雄鱼尾鳍后缘凹入，上下叶延长。

体色因生长和性别而异：幼鱼体上部呈淡褐色，下半部白色至白色带褐色，体侧自眼后缘至尾鳍基具一黑色纵带。雄性成鱼体呈棕绿色，头部淡红褐色且具棕绿色细纹，其中，1条在头下部成环纹，2条自眼前缘向前至上下颌，3条自眼后缘向后至胸鳍基；体侧各鳞片常有红色横纹；各鳍黄色，背鳍中央、尾鳍基和尾鳍上下缘均具一红色纵带，胸鳍上半部具蓝色至黑色的椭圆形大斑。雌鱼体色暗黄色至黄绿色，其余色斑与雄鱼相同。

【生物学特性】

暖水性珊瑚礁鱼类。主要栖息于珊瑚丛生的潟湖和面海的岩礁区周边沙或碎石底质海域，栖息水深1~30m。主要以具坚硬外壳的软体动物、甲壳类和海胆等为食。最大全长可达30cm。

【地理分布】

分布于印度—太平洋区，西至斯里兰卡，东至迪西岛，北至日本南部，南至澳大利亚东南部、豪勋爵岛、克马德克群岛和拉帕岛。在我国主要分布于台湾周边海域。

【资源状况】

小型鱼类，可食用。体色艳丽，是极受欢迎的观赏鱼，偶尔通过潜水捕捞，鲜活出售，在水族行业具有较高的商业价值。

雌鱼

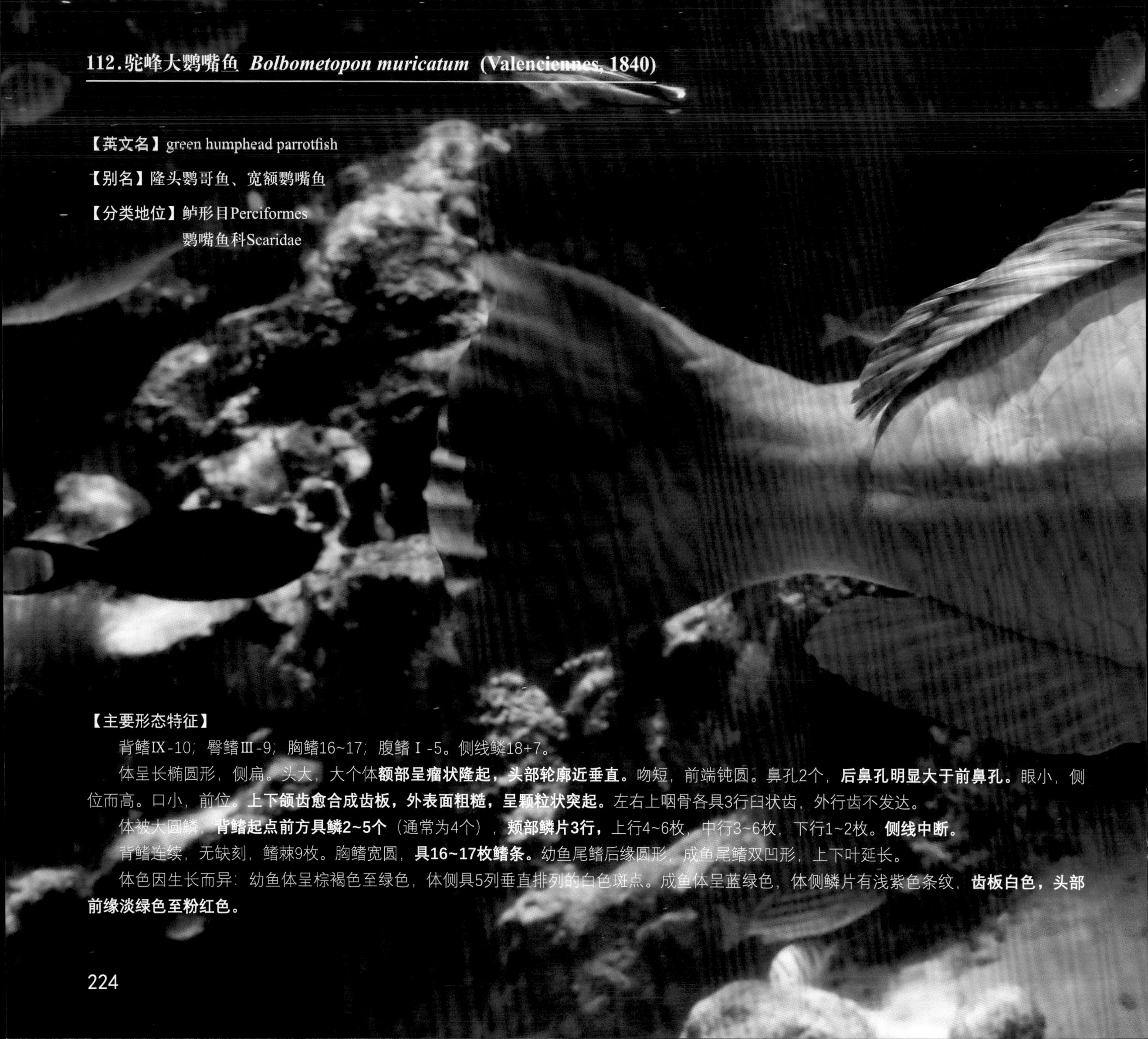

112.驼峰大鹦嘴鱼 *Bolbometopon muricatum* (Valenciennes, 1840)

【英文名】green humphead parrotfish

【别名】隆头鹦哥鱼、宽额鹦嘴鱼

【分类地位】鲈形目Perciformes
鹦嘴鱼科Scaridae

【主要形态特征】

背鳍Ⅸ-10；臀鳍Ⅲ-9；胸鳍16~17；腹鳍Ⅰ-5。侧线鳞18+7。

体呈长椭圆形，侧扁。头大，大个体**额部呈瘤状隆起，头部轮廓近垂直。**吻短，前端钝圆。鼻孔2个，**后鼻孔明显大于前鼻孔。**眼小，侧位而高。口小，前位。**上下颌齿愈合成齿板，外表面粗糙，呈颗粒状突起。**左右上咽骨各具3行臼状齿，外行齿不发达。

体被大圆鳞，**背鳍起点前方具鳞2~5个**（通常为4个），**颊部鳞片3行，**上行4~6枚，中行3~6枚，下行1~2枚。**侧线中断。**

背鳍连续，无缺刻，鳍棘9枚。胸鳍宽圆，**具16~17枚鳍条。**幼鱼尾鳍后缘圆形，成鱼尾鳍双凹形，上下叶延长。

体色因生长而异：幼鱼体呈棕褐色至绿色，体侧具5列垂直排列的白色斑点。成鱼体呈蓝绿色，体侧鳞片有浅紫色条纹，**齿板白色，头部前缘淡绿色至粉红色。**

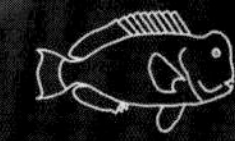

【生物学特性】

暖水性珊瑚礁鱼类。主要栖息于潟湖外缘和面海岩礁区，幼鱼常栖息于潟湖中，栖息水深1~40m。常成群巡游于珊瑚礁外缘。主要以海藻、珊瑚和贝类等为食，常用坚硬的头部凸起撞击珊瑚以便摄食珊瑚，啃食珊瑚后的排泄物是浅海珊瑚礁区珊瑚沙的重要来源。繁殖期雌雄配对生活。最大全长可达1.3m，最大体重可达46kg。

【地理分布】

分布于印度—太平洋区，西至红海和东非沿岸，东至萨摩亚群岛和莱恩群岛，北至日本南部，南至大堡礁和新喀里多尼亚。在我国主要分布于南海和台湾周边海域。

【资源状况】

大型鱼类，是鹦嘴鱼科中个体最大的种类，主要通过延绳钓、钩钓、流刺网等捕获。因其巨大的体型和独特的外形，是水族馆展示的重要种类。由于过度捕捞，目前在台湾和南海已非常稀少，已被我国台湾地区列为二级保护野生动物。

IUCN红色名录将其评估为易危（VU）等级。

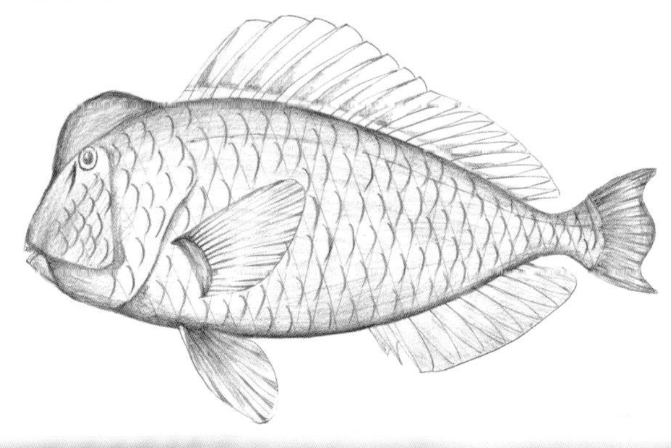

113.雪点拟鲈 *Parapercis millepunctata* (Günther, 1860)

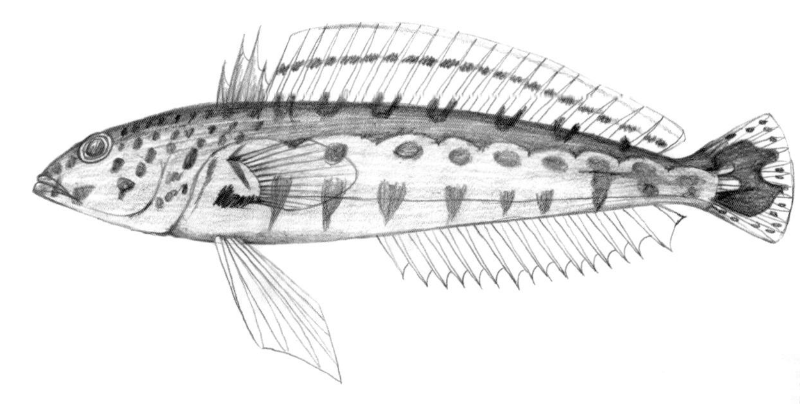

【英文名】black dotted sand perch

【别名】头斑拟鲈

【分类地位】鲈形目Perciformes
拟鲈科Pinguipedidae

【主要形态特征】

背鳍Ⅳ-20~21；臀鳍Ⅰ-16~17；胸鳍17~18；腹鳍Ⅰ-5。侧线鳞59~60。

体呈长圆柱状，尾部略侧扁。头稍小而似尖锥形。吻长，尖而平扁。眼中大，圆凸，位于头背缘。口中大，前位，略倾斜，上颌略短于下颌。上下颌齿呈绒毛带状，外行齿较大；下颌前端具3对犬齿；犁骨和腭骨无齿。

体被细小栉鳞。侧线完全，前部稍高，后部侧中位。

背鳍连续，鳍棘部与鳍条部间具深缺刻，具4枚鳍棘，第三鳍棘最长。臀鳍与背鳍鳍条部同形，具1枚鳍棘。背鳍与臀鳍基底较长，后端略达尾鳍基。胸鳍侧位。腹鳍喉位，后端伸达肛门。尾鳍截形。

体背侧呈灰褐色，散布橘色斑块，腹侧银白色。体侧具9个暗褐色斑，眼后头背部紧具成列的褐色斑点。雄鱼在鳃盖近鳃孔处具一黑色眼斑，雌鱼为较小的深褐色斑点。背鳍灰色，鳍条部具纵行黑点。胸鳍基底内侧具一大黑斑。尾鳍中部具一大黑斑，其后另有一白斑。

【生物学特性】

暖水性近海底层鱼类。主要栖息于面海的岩礁区，通常在珊瑚礁间的碎石区分布，栖息水深3~50m。常独居或集成小群活动。主要以鱼类和底栖甲壳类等为食。最大全长可达18cm。

【地理分布】

分布于印度—太平洋区，西至马尔代夫，东至皮特凯恩群岛，北至日本南部，南至大堡礁南部和新喀里多尼亚。在我国主要分布于台湾周边海域。

【资源状况】

小型鱼类，可供食用。数量较少，常为底拖网作业兼捕，一般作为杂鱼处理，经济价值较低。

114.太平洋拟鲈 *Parapercis pacifica* Imamura *et* Yoshino, 2007

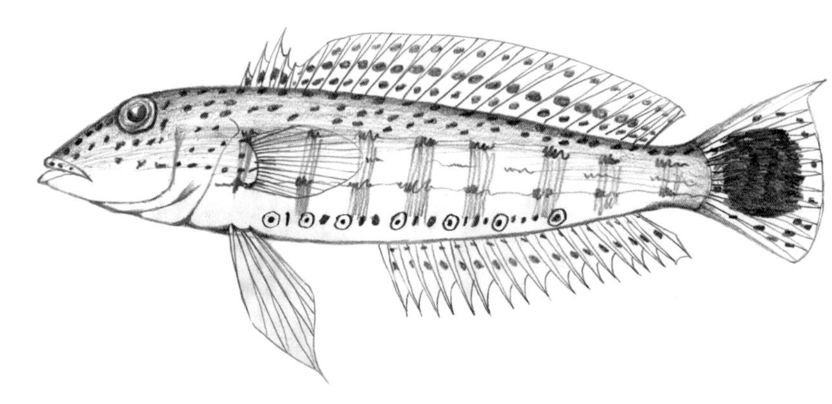

【英文名】speckled sandperch

【别名】尾斑拟鲈、多斑拟鲈、六斑拟鲈

【分类地位】鲈形目Perciformes

拟鲈科Pinguipedidae

【主要形态特征】

背鳍Ⅴ-21~22；臀鳍Ⅰ-17~18；胸鳍17~18；腹鳍Ⅰ-5。侧线鳞58~60。

体呈长圆柱状，尾部略侧扁。头稍小而似尖锥形。吻长，尖而平扁。眼中大，侧上位，稍突出于头背缘。口中大，前位，略倾斜，上颌略短于下颌。上下颌齿呈绒毛带状，外行齿较大；下颌前端具4对犬齿；犁骨齿多行，呈横月形；腭骨无齿。

体被细小栉鳞。侧线完全，侧中位。

背鳍连续，鳍棘部与鳍条部间具深缺刻，具5枚鳍棘，第三鳍棘最长。臀鳍与背鳍鳍条部同形，具1枚鳍棘。背鳍与臀鳍基底较长，后端略达尾鳍基。胸鳍圆形。腹鳍位于胸鳍基前下方，末端伸达或略超过臀鳍起点。尾鳍后缘圆弧形，后上角鳍条略突出。

体背侧呈淡褐色，腹侧灰白色。头部具许多褐色细点，体侧、背鳍和臀鳍均具成列排布的暗褐色斑点，腹部由胸鳍基下方沿腹缘有1纵行大而明显的黑斑。背鳍鳍棘部有一大黑斑。尾鳍中央有一黑色大斑。

【生物学特性】

暖水性近海底层鱼类。主要栖息于潟湖和面海岩礁区的沙或碎石底质海域，栖息水深0~5m，主要以鱼类和底栖甲壳类等为食。最大全长可达19cm。

【地理分布】

分布于印度—西太平洋区，西至红海和东非沿岸，东至斐济，北至日本南部，南至澳大利亚。在我国主要分布于南海和台湾周边海域。

【资源状况】

小型鱼类，可供食用。数量较少，常为底拖网作业兼捕，一般作为杂鱼处理，经济价值较低。

115.高冠鳚 *Alticus saliens* (Lacepède, 1800)

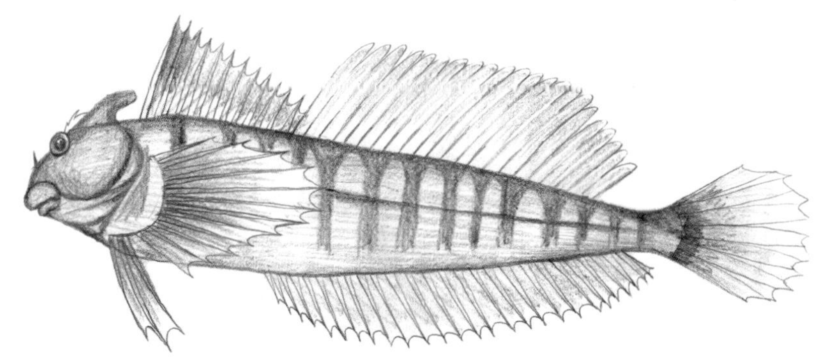

【英文名】leaping blenny

【别名】跳弹鳚、高冠跳弹鳚

【分类地位】鲈形目Perciformes
鳚科Blenniidae

【主要形态特征】

背鳍XIII~XIV-21~23；臀鳍II-15~27；胸鳍15；腹鳍I-4。

体甚细长，稍侧扁。头短钝。吻短，前缘近垂直。眼小，位于头前背缘。口小，下腹位。眼上须具羽状分枝；鼻须小，不分枝；无颈须。雄鱼具冠膜，雌鱼无冠膜（大个体有小三角形冠膜）。唇厚，上下唇具锯齿缘，下唇后方无吸盘。上颌齿可活动，成鱼上颌齿通常超过120枚。

体无鳞，侧线孔无微小而交叠的鳞片状皮瓣覆盖。

背鳍连续，鳍棘部与鳍条部间具浅缺刻，雄鱼背鳍较雌鱼高，背鳍与尾柄以鳍膜相连。雌鱼臀鳍第一鳍棘藏于生殖瓣膜内，臀鳍不与尾鳍相连。尾鳍鳍条不分枝。

体呈灰白色。体侧具多条黄褐色蠕纹，眼后有一具暗边的白纹。背鳍后端具窄的黑色边缘；臀鳍具宽的黑色边缘并延伸至尾鳍后缘。

【生物学特性】

暖水性岩礁鱼类。主要栖息于潮间带岩礁区，常在潮池和空气间跳跃，受惊吓时在洞穴间跳跃，可在空气中呼吸。主要以岩石表面着生藻类等为食。卵生，卵黏沉性。最大全长可达10cm。

【地理分布】

分布于印度—太平洋区，西至红海，东至社会群岛，北至日本南部，南至澳大利亚。在我国主要分布于台湾周边海域。

【资源状况】

小型鱼类，无食用价值，仅具学术研究价值，偶见于大型水族馆。

116.纵带盾齿鳚 *Aspidontus taeniatus* Quoy *et* Gaimard, 1834

【英文名】false cleanerfish

【别名】三带盾齿鳚、假医生、假飘飘

【分类地位】鲈形目Perciformes
鳚科Blenniidae

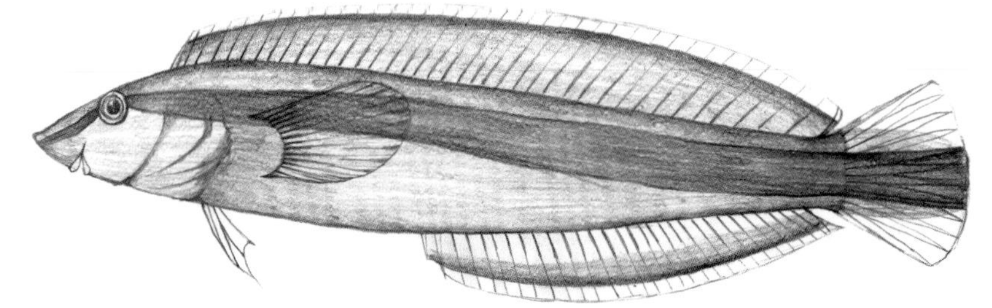

【主要形态特征】

背鳍Ⅹ~Ⅻ-26~28；臀鳍Ⅱ-25~28；胸鳍13~15；腹鳍Ⅰ-3。

体延长，侧扁。头中大。吻短尖，呈圆锥形。眼小，侧上位。口小，下位。上下唇边缘平滑。上下颌各具栉状细齿1行，不能活动，下颌后侧具1对大犬齿；犁骨及腭骨无齿。鳃孔小，稍长于眼径，开于胸鳍基底前方。

体无鳞。侧线不完全，止于胸鳍后上方。

背鳍连续，无缺刻，幼鱼前部鳍棘延长，成鱼鳍棘不延长，与鳍条部约等高。臀鳍与背鳍鳍条部相对。背鳍和臀鳍后部与尾柄相连。胸鳍宽圆。腹鳍喉位。尾鳍截形。

体前半部呈灰白色，后半部呈浅蓝色。体侧自吻端经眼部至尾鳍末端具一逐渐宽大的蓝黑色纵带。背鳍及臀鳍具黑色纵带，基底和边缘浅蓝色；胸鳍及腹鳍灰白色。

【近似种】

本种与裂唇鱼（*Labroides dimidiatus*）相似，区别为后者口前位。

【生物学特性】

暖水性岩礁鱼类。主要栖息于潟湖、潮下礁盘和外围礁石斜坡区，常成对躲藏于管虫空壳或窄洞中，栖息水深1~25m。具拟态行为，其外形和行为酷似裂唇鱼，借以接近其他大型鱼类以啄食其鳍、皮肤或鳞片，除此之外还捕食底栖无脊椎动物、浮游动物、蠕虫和鱼卵。卵生，卵黏沉性。最大全长可达12cm。

【地理分布】

分布于印度—太平洋区，西至东印度洋区的科科斯群岛和圣诞岛，东至莱恩群岛、马克萨斯群岛和土阿莫土群岛，北至日本南部，南至澳大利亚新南威尔士；遍布密克罗尼西亚海域。在我国主要分布于南海和台湾周边海域。

【资源状况】

小型鱼类，无食用价值。体色艳丽，是极受欢迎的观赏鱼，偶尔通过潜水捕捞，鲜活出售，在水族行业具有较高的商业价值。

《中国物种红色名录》将其列为易危（VU）等级。

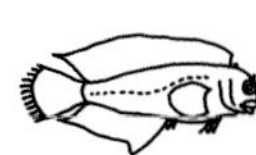

117.全黑乌鳚 *Atrosalarias holomelas* (Günther, 1872)

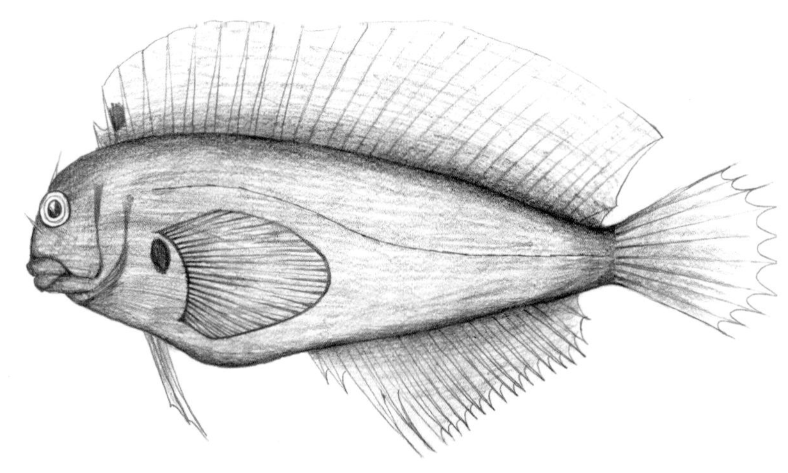

【英文名】brown coral blenny

【别名】乌风鳚、暗褐高鳍鳚

【分类地位】鲈形目Perciformes
鳚科Blenniidae

【主要形态特征】

背鳍Ⅹ-19~21；臀鳍Ⅱ-18~20；胸鳍16~17；腹鳍Ⅰ-2。

体呈椭圆形，侧扁而高。头短钝。吻短，前端钝圆。眼小，侧上位。具眼上须、鼻须和颈须，细长形，不分枝。唇厚，上下唇具锯齿缘。

体无鳞。侧线不完全，止于背鳍基底后端下方。

背鳍连续，无缺刻，背鳍高大，背鳍与尾柄以鳍膜相连。臀鳍与背鳍鳍条部同形，前方鳍条略延长，臀鳍不与尾柄相连。胸鳍宽圆。腹鳍喉位。尾鳍鳍条末端略延长而呈梳状。

幼鱼体呈黄色，成鱼体一致呈暗褐色至黑色。背鳍第一鳍棘和第二鳍棘间鳍膜具黑斑，胸鳍基底上端具黑斑。尾鳍色淡。

【生物学特性】

暖水性岩礁鱼类。主要栖息于面海的岩礁区，常于珊瑚枝丫间活动，栖息水深1~20m。卵生，卵黏沉性。最大全长可达15cm。

【地理分布】

分布于西太平洋区，西至苏门答腊，东至社会群岛，北至日本，南至澳大利亚、新喀里多尼亚和汤加。在我国主要分布于台湾南部和东沙群岛海域。

【资源状况】

小型鱼类，无食用价值，仅具学术研究价值，偶见于大型水族馆。

鲱鱼

118.红点真动齿鳚 *Blenniella chrysospilos* (Bleeker, 1857)

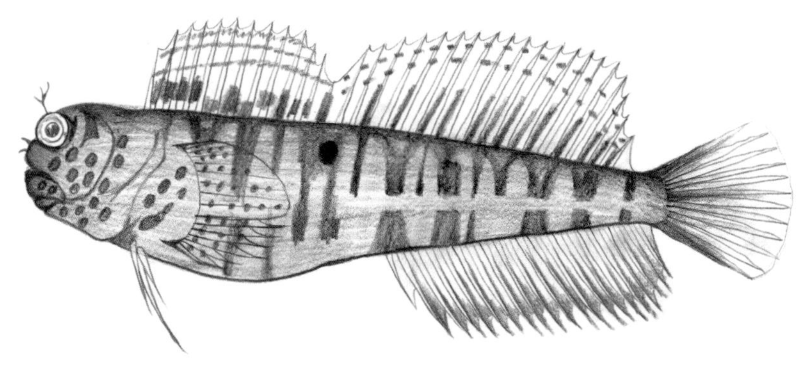

【英文名】red-spotted blenny

【别名】红点真蛙鳚、冠蛙鳚、橘点鳚

【分类地位】鲈形目Perciformes
鳚科Blenniidae

【主要形态特征】

背鳍XII~XIII-20~21；臀鳍II-21~22；胸鳍14~15；腹鳍I-3。

体细长，近圆柱状，稍侧扁。头短钝，头顶无冠膜（大个体具一极低的皮褶）。吻短，前缘垂直状。鼻须掌状分枝，眼上须2~3个分枝，无颈须。唇厚，上唇稍具锯齿缘，下唇平滑。上下颌各具可动齿1行。

体无鳞。无侧线。

背鳍连续，鳍棘部与鳍条部间具深缺刻，背鳍与尾柄以鳍膜相连。臀鳍与尾柄部相连。胸鳍宽圆。腹鳍具3枚鳍条。尾鳍后缘圆弧形。

体呈灰褐色。头部散布红点。雄鱼体侧具8~9对褐色宽横斑，另具3~5列白色短纵纹，体中部在背鳍第二鳍条下方具一黑斑；背鳍鳍棘部末端黑色，散布红点，鳍条部外缘红褐色。雌鱼体侧具9对褐色窄横带，横带内散布红褐色或黑色小点，体中部无黑斑。

【生物学特性】

暖水性岩礁鱼类。主要栖息于沿海水深6m以浅的岩礁区，常出现于潮间带岩礁外围和海藻场。常躲藏于洞穴中，仅头部露出。主要以海藻、碎屑和小型无脊椎动物为食。卵生，卵黏沉性。最大体长可达13cm。

【地理分布】

分布于印度—太平洋区，西至东非沿岸，东至社会群岛，北至日本南部，南至澳大利亚。在我国主要分布于台湾周边海域。

【资源状况】

小型鱼类，无食用价值，仅具学术研究价值，偶见于大型水族馆。

119.细纹唇齿鳚 *Salarias fasciatus* (Bloch, 1786)

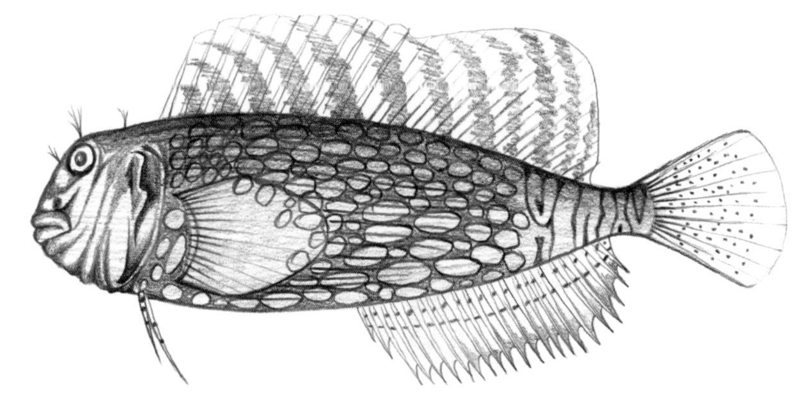

【英文名】jewelled blenny

【别名】细纹凤鳚、细纹真动齿鳚、西瓜刨、花豹

【分类地位】鲈形目Perciformes
鳚科Blenniidae

【主要形态特征】

背鳍Ⅻ-18~20；臀鳍Ⅱ-19~21；胸鳍14；腹鳍Ⅰ-3。

体呈长椭圆形，侧扁。头短钝，前端近垂直。吻短钝。口短宽，向两侧后方弯曲。上下唇边缘光滑。上下颌各有栉状齿1行，能活动，无犬齿；犁骨和腭骨无齿。鼻须、眼上须和颈须均分枝。

体无鳞。侧线不完全，止于胸鳍后上方。

背鳍连续，鳍棘部和鳍条部间具浅缺刻，背鳍与尾柄以鳍膜相连。臀鳍鳍棘短，臀鳍部分与尾柄相连。胸鳍椭圆形。腹鳍喉位。尾鳍后缘圆弧形，中部鳍条分枝。

体呈黄褐色。体侧有8对黑褐色横带，延伸至背鳍和臀鳍基部形成成对黑点；体前部中央有许多黑色点线纹。各鳍散布黑褐色小点。

【生物学特性】

暖水性岩礁鱼类。主要栖息于水深8m以浅的浅水潟湖和面海的岩礁区，也发现于岩礁碎石混合且海藻丛生的河口区。主要以海藻和碎屑等为食。卵生，卵黏沉性。最大全长可达14cm。

【地理分布】

分布于印度—太平洋区，西至红海和东非沿岸，东至萨摩亚群岛，北至日本南部，南至大堡礁和新喀里多尼亚。在我国主要分布于南海和台湾周边海域。

【资源状况】

小型鱼类，无食用价值，仅具学术研究价值，偶见于大型水族馆。

120.弯角鰤 *Callionymus curvicornis* Valenciennes, 1837

【英文名】horn dragonet

【别名】弯棘鰤、李氏鰤、李氏斜棘鰤

【分类地位】鲈形目Perciformes
鰤科Callionymidae

【主要形态特征】

背鳍Ⅳ，9~10；臀鳍8~9；胸鳍18~20；腹鳍Ⅰ-5。

体延长，平扁。头稍小，平扁，背视呈三角形。吻尖长而平扁，吻长稍大于眼径。眼小，位于头背侧，高凸。口小，前位，圆弧状。前颌骨和下颌有绒毛状齿，犁骨和腭骨无齿。**前鳃盖骨棘末端向上弯曲，前下缘具一向前倒棘，上缘具3~4枚向前上方弯曲的小棘。**

体无鳞。侧线侧位而高，左右侧线在后头部及尾柄后端的附近各有一横支自背侧相连。

背鳍2个，第一背鳍较第二背鳍低，鳍缘平直。臀鳍和背鳍除最后一枚鳍条外均不分枝。胸鳍宽圆。腹鳍喉位，左右远离。雄鱼尾鳍长矛状，雌鱼尾鳍后缘略内凹。

体背侧呈黄褐色，腹侧银白色。体侧具蓝色横纹，背部具许多白点，颊部有蓝色条纹或斑。雄鱼第一背鳍鳍膜有具黑色边缘的白色弯曲条纹，雌鱼第一背鳍第三鳍棘鳍膜具黑色眼斑。第二背鳍具白点，臀鳍具宽黑缘。

【生物学特性】

暖温性近海底层鱼类。主要栖息于较浅的泥沙底质海域。主要以小型底栖动物为食。最大体长可达11cm。

【地理分布】

分布于西北太平洋区日本、朝鲜半岛和中国。在我国主要分布于东海、南海和台湾周边海域。

【资源状况】

小型鱼类，无食用价值，南海底拖网渔获物中较常见。

121.花斑连鳍䲗 *Synchiropus splendidus* (Herre, 1927)

【英文名】mandarinfish

【别名】花斑翼连鳍䲗、五彩青蛙

【分类地位】鲈形目Perciformes
䲗科Callionymidae

【主要形态特征】

背鳍Ⅳ，8；臀鳍6~8；胸鳍28~35；腹鳍Ⅰ-5。

体延长，头部和体前部稍平扁，后部侧扁。头短小。吻短钝。眼大。口小，前下位，稍伸出，似喙形。上下颌前端有绒毛状齿带。前鳃盖骨后端有一末端向上弯曲的小棘，背缘具2~5个弯曲棘突。

体无鳞。侧线完全，无横支连接两侧侧线。

背鳍2个：第一背鳍低，雄鱼第一鳍棘延长成丝状；第二背鳍鳍缘稍凸。臀鳍和第二背鳍鳍条均分枝。腹鳍胸位，最后鳍条以鳍膜与胸鳍基前方中部相连。尾鳍圆形。

体呈红褐色，头部背面深橄榄绿色，腹面淡绿色。体侧具许多蓝绿色波状长条形斑，鳃盖区具一深蓝色大斑，其上具许多不规则的黄点及线纹。各鳍鳍缘深蓝色。

【生物学特性】

暖水性岩礁鱼类。主要栖息于浅水且有遮蔽的潟湖和近海岩礁区，通常为淤泥底质的珊瑚和碎石海域，栖息水深1~18m。常集成小群小范围活动。最大全长可达7cm。

【地理分布】

分布于西太平洋区，西至马来西亚，东至萨摩亚群岛，北至日本南部，南至澳大利亚。在我国主要分布于台湾周边海域。

【资源状况】

小型鱼类，无食用价值。体色艳丽，是极受欢迎的观赏鱼，已实现人工繁殖，在水族行业具有较高的商业价值。

《中国物种红色名录》将其列为易危（VU）等级。

122. 黄鳍刺虾虎鱼 *Acanthogobius flavimanus* (Temminck *et* Schlegel, 1845)

【英文名】yellowfin goby

【别名】雅氏刺虾虎鱼、刺虾虎鱼

【分类地位】鲈形目Perciformes
虾虎鱼科Gobiidae

【主要形态特征】

背鳍Ⅷ，Ⅰ-13~14；臀鳍Ⅰ-11~12；胸鳍20~22；腹鳍Ⅰ-5。纵列鳞46~50。

体延长，前部呈圆筒形，后部侧扁。头中大，圆钝，略平扁。颊部稍隆起。吻圆钝，颇长。眼小，背侧位，眼上缘突出于头背缘。口小，前下位，斜裂。上下颌齿多行，细小尖锐，排列呈带状，外行齿扩大；犁骨、腭骨及舌上均无齿。唇厚，发达。舌游离，前端平截形。

体被弱栉鳞，吻部无鳞，项部、颊部及鳃盖上方具小圆鳞，胸腹部被小圆鳞，项部的圆鳞向前延伸至眼后方。无侧线。

背鳍2个，分离：第一背鳍高，基底短，**具8枚鳍棘；**第二背鳍基底长，**具1枚鳍棘和13~14枚鳍条。**臀鳍与第二背鳍同形相对。胸鳍宽圆，侧下位。腹鳍圆形，**左右腹鳍愈合成一圆形大吸盘，**膜盖边缘内凹呈细锯齿状。尾鳍长圆形。

体呈黄褐色，背部色较深，腹部色浅。**体侧具1纵列不规则云状棕褐色斑块，**头部亦具数个不规则棕褐色斑块。**眼下方至上唇具2条黑色斜纹。**2个背鳍各具3~4纵行黑色小点，尾鳍具6~7行黑点列弧纹，臀鳍边缘黑色，胸鳍基部具一不规则浅褐色条纹。

【生物学特性】

冷温性近岸底层鱼类。主要栖息于河口、港湾及沿岸砂质或泥底的浅水区。主要以小型无脊椎动物和小鱼等为食。常见个体体长10~12cm，最大全长可达30cm。

【地理分布】

分布于西北太平洋区俄罗斯远东地区、朝鲜半岛、中国和日本北海道至九州海域。在我国主要分布于渤海、黄海、东海和南海海域。

【资源状况】

小型鱼类，可供食用。

123. 尾斑钝虾虎鱼 *Amblygobius phalaena* (Valenciennes, 1837)

【英文名】whitebarred goby

【别名】白条钝虾虎鱼、白斑虾虎、环带鲨、褐斑鲨

【分类地位】鲈形目Perciformes
虾虎鱼科Gobiidae

【主要形态特征】

背鳍VI， Ⅰ-13~15；臀鳍Ⅰ-14；胸鳍18~20；腹鳍Ⅰ-5。纵列鳞55~56。

体延长，较粗壮，前部呈亚圆筒形，后部甚侧扁。头中大，背部稍隆起。颊部微凸出。吻颇长，前端钝圆，**包住上唇。**眼中大，背侧位，眼上缘突出于头背缘。口中大，前位，斜裂。上下颌齿2~3行，细小尖锐，排列呈带状，外行齿扩大，略呈犬齿状；下颌两侧中部最后1个外行齿尤为强大，且弯向后方；犁骨、腭骨和舌上均无齿。唇略厚，发达。舌游离，前端呈圆截形。

体被小栉鳞，吻部及颊部均裸露无鳞，胸腹部被小圆鳞，项部圆鳞向前延伸至眼后方。无侧线。

背鳍2个，分离：第一背鳍高，基部短，第三鳍棘最长，平放时伸越第二背鳍起点；第二背鳍基部较长，平放时伸达尾鳍基。臀鳍与第二背鳍同形相对，平放时伸达尾鳍基。胸鳍宽圆，侧下位。腹鳍圆形，左右腹鳍愈合成一吸盘。尾鳍长圆形。

头体呈绿褐色。**体侧有5条宽的暗色横带，**各横带的两侧均有窄的黑边。头部背面及项部有3~4个纵行暗红色环状斑。鳃孔上方有1个暗黑色斑块。眼下方的头侧有3纵行蓝斑及线纹，常延续至胸鳍基底。第一背鳍绿色，有2条暗色斜纵线纹，**第四至第六鳍棘之间有一个黑紫色卵圆斑；**第二背鳍基底有1条淡褐色纵带，其上方为1条黑褐色纵带，再向上另有1条缀有小白点的淡褐色纵带，边缘为红色。臀鳍淡褐色，近基底处有1条暗色纵带，边缘微红褐色。胸鳍土黄色。腹鳍灰色，有暗色边缘。尾鳍淡红色，边缘灰黑色，**近基底处上部有1个大黑斑。**

【生物学特性】

暖水性近岸底层鱼类。主要栖息于浅海泥沙、碎石、珊瑚和岩礁区，也偶见于海藻丛生的海域，栖息水深1~50m。幼鱼喜集群，成鱼常成对生活，掘洞隐藏于石砾缝隙中。通过吸食沙砾以滤食底栖小型无脊椎动物、有机物和藻类。繁殖期雄鱼挖掘产卵洞穴，产卵后雄鱼具护卵行为。常见个体体长10~11cm，最大全长可达15cm。

【地理分布】

分布于太平洋区，西至菲律宾，东至社会群岛，北至日本南部，南至澳大利亚南部和拉帕岛。在我国主要分布于南海和台湾周边海域。

【资源状况】

小型鱼类，可供食用。

124. 子陵吻虾虎鱼 *Rhinogobius giurinus* (Rutter, 1897)

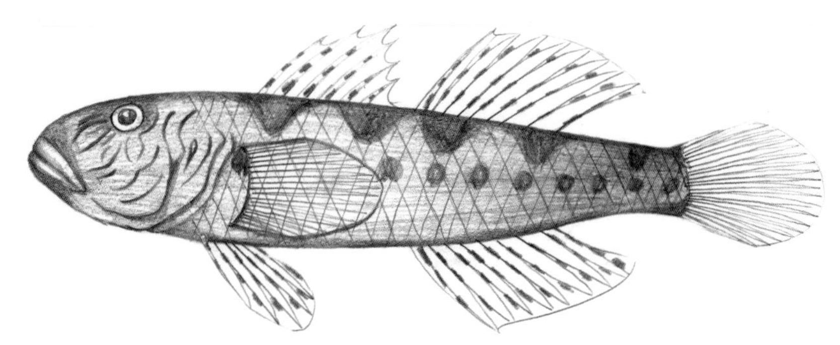

【英文名】barcheek Goby

【别名】子陵栉虾虎鱼、极乐吻虾虎、栉虾虎鱼、吻虾虎鱼、普栉虾虎鱼

【分类地位】鲈形目Perciformes
虾虎鱼科Gobiidae

【主要形态特征】

背鳍Ⅵ，Ⅰ-8~9；臀鳍Ⅰ-8~9；胸鳍20~21；腹鳍Ⅰ-5。

体延长，前部近圆筒形，后部侧扁。头中大，圆钝。颊部肌肉发达，凸出。吻圆钝，颇长，吻长大于眼径。眼中大，背侧位，位于头的前半部，眼上缘突出于头背缘。口中大，前位，斜裂。两颌约等长。上下颌齿各2行，细小，尖锐，无犬齿，排列稀疏，呈带状；犁骨、腭骨及舌上均无齿。唇略厚，发达。舌游离，前端圆形。

体被中大栉鳞，头的吻部、颊部、鳃盖部无鳞，胸部、腹部及胸鳍基部均无鳞。背鳍前鳞11~13行，向前伸达眼间隔的后方。无侧线。

背鳍2个：第一背鳍高，平放时几伸达第二背鳍起点；第二背鳍基部较长，平放时不伸达尾鳍基。臀鳍与第二背鳍同形相对。胸鳍宽大，圆形，下侧位。腹鳍愈合成一吸盘，膜盖发达，有2个叶状突起。尾鳍长圆形。

体呈黄褐色。体侧具6~7个不规则黑斑，头的颊部、眼间隔和吻部有数条黑色蠕虫状条纹。臀鳍、腹鳍和胸鳍黄色，胸鳍基底上端具一黑色斑点。背鳍和尾鳍黄色或橘红色，具多条色暗的点纹。

【生物学特性】

暖温性近海底层鱼类。有两种生态类型：一种为江海洄游型，主要分布于近海、河口和江河下游；另一种为淡水陆封型，广泛分布于池塘、水库、河流中下游等静水或缓水域。肉食性，主要以小型无脊椎动物和小鱼等为食。常见个体体长4~6cm，最大体长可达13cm。

【地理分布】

分布于西太平洋区中国、朝鲜半岛和日本。我国沿海均有分布。

【资源状况】

小型鱼类，虽然个体不大，但肉味鲜美，常鲜食或加工焙制成鱼干。

125.眼瓣沟虾虎鱼 *Oxyurichthys ophthalmonema* (Bleeker, 1856)

【英文名】eyebrow goby

【别名】触角尖尾鱼、眼丝沟虾虎鱼、眼丝鸽鲨

【分类地位】鲈形目Perciformes
虾虎鱼科Gobiidae

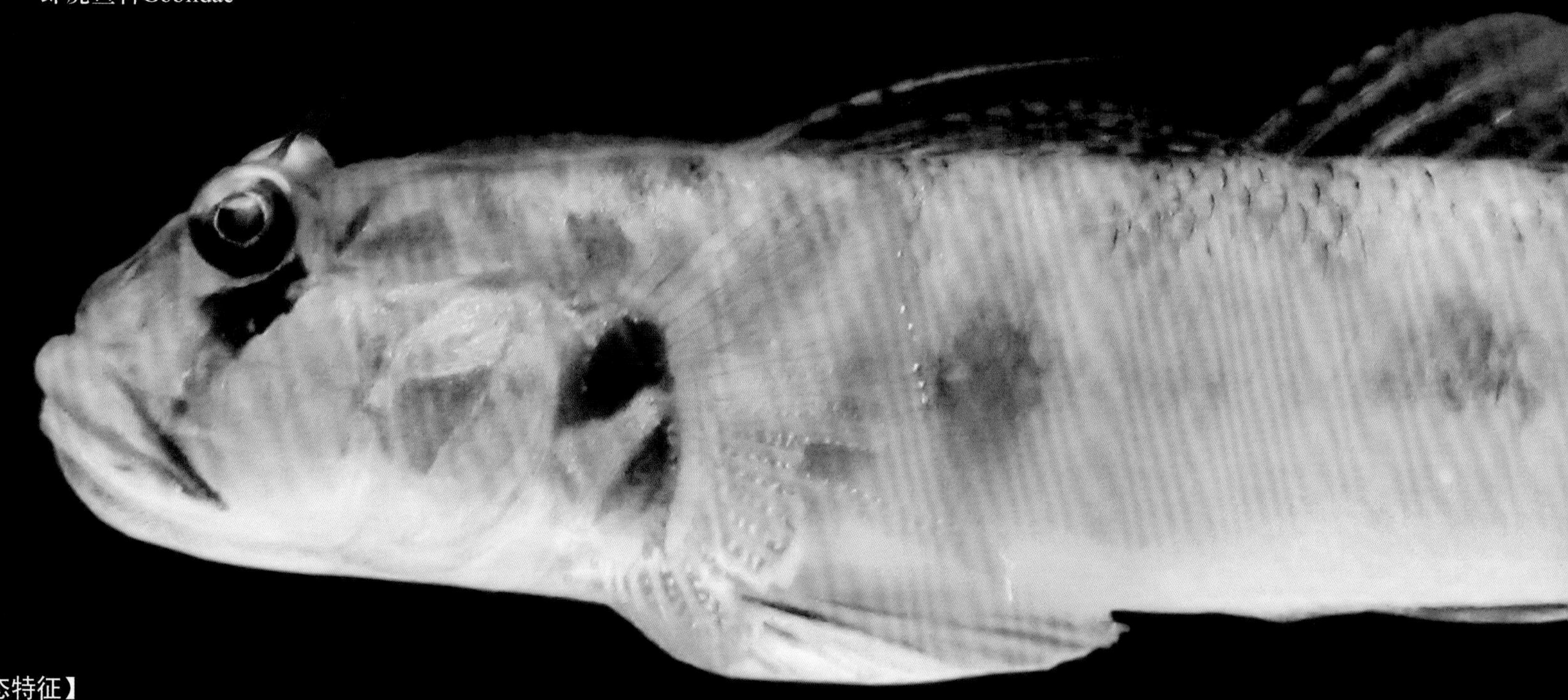

【主要形态特征】

背鳍Ⅵ，Ⅰ-12~13；臀鳍Ⅰ-12~13；胸鳍22~23；腹鳍Ⅰ-5。纵列鳞50~54。

体延长，侧扁。头短小，圆突。颊部稍隆起。吻较长，前端钝圆。眼中大，侧上位。**项部背正中线具一较低皮质隆嵴，**向前伸达眼后缘；**眼上缘后方有一灰色触角状皮瓣。**口大，前上位，斜裂。上颌齿1行，下颌齿3行；犁骨、腭骨和舌上无齿。唇薄。舌大，游离，前端圆形。**前鳃盖骨后缘及眼前缘各具一凹洼。**

眼后头部及体前部被小圆鳞，体后部被较大弱栉鳞，吻部、颊部和鳃盖部无鳞，项部背中线无鳞。无侧线。

背鳍2个，分离，相距颇近：第一背鳍第一鳍棘呈丝状延长；第二背鳍基部较长，平放时伸达尾鳍基。臀鳍与第二背鳍同形相对，平放时伸达尾鳍基。胸鳍尖长，侧下位。左右腹鳍愈合成一尖长吸盘。尾鳍尖长。

体呈灰褐色，腹部色浅。**体侧隐具5个暗斑，排列成一纵行。**背鳍具4~5行点纵纹。

【生物学特性】

暖水性近岸底层鱼类。主要栖息于河口咸淡水区，也可发现于港湾、潟湖及沿岸滩涂礁石区。多停栖于底部而较少游动。主要以小型鱼类、甲壳类及其他无脊椎动物等为食。常见个体体长8~10cm，最大体长可达15cm。

【地理分布】

分布于印度—太平洋区，西至东非沿岸，东至斐济，北至日本南部，南至澳大利亚。在我国主要分布于南海和台湾周边海域。

【资源状况】

小型鱼类，无食用价值。

126.丝条凡塘鳢 *Valenciennea strigata* (Broussonet, 1782)

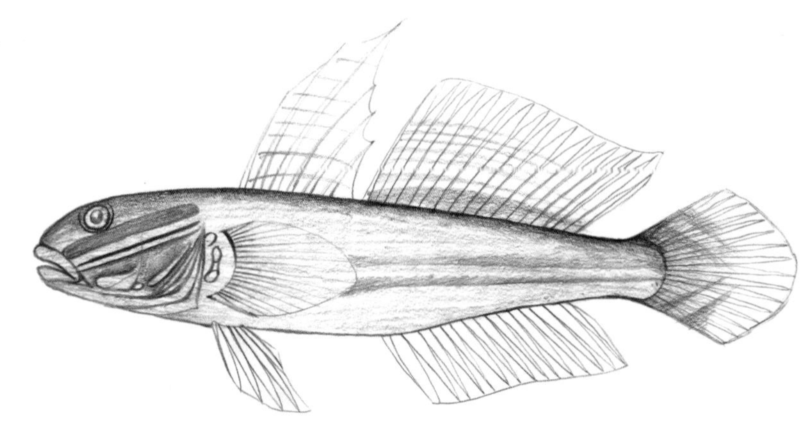

【英文名】blueband goby

【别名】丝条美塘鳢、红带塘鳢、蓝纹范氏虾虎、蓝纹虾虎、金头虾虎

【分类地位】鲈形目Perciformes
虾虎鱼科Gobiidae

【主要形态特征】

背鳍VI，Ⅰ-17~19；臀鳍Ⅰ-16~19；胸鳍21~23；腹鳍Ⅰ-5。纵列鳞105~115。

体延长，稍呈圆柱状。头大，侧扁。吻长，前端钝圆。眼中大，侧上位，紧邻头背部。上下颌齿多行，呈锥状，弯向内侧；犁骨、腭骨及舌上无齿。唇厚。舌大，游离，前端圆形。

体被小栉鳞，头部与项部正中无鳞，项部两侧有细鳞。无侧线。

背鳍2个，分离：第一背鳍鳍棘细长，第二至第四鳍棘呈丝状延长；第二背鳍较低，基部较长，平放时伸达尾鳍基。臀鳍与第二背鳍同形相对。胸鳍宽圆，侧中位。腹鳍小，左右腹鳍相互靠近，不愈合成吸盘。尾鳍长圆形。

体呈灰色，背部色深，腹部色浅；头部黄色。颊部有一具黑边的青蓝色斜纵带，自上颌骨后上角经眼下缘至鳃盖骨上缘；颊部下方和鳃盖骨后缘另各有1条较短的斜纵带。背鳍浅黄色，具多条淡红色细纵纹；胸鳍基部具1条淡蓝色弧形横纹。尾鳍上下叶各有1条淡红色纵带。

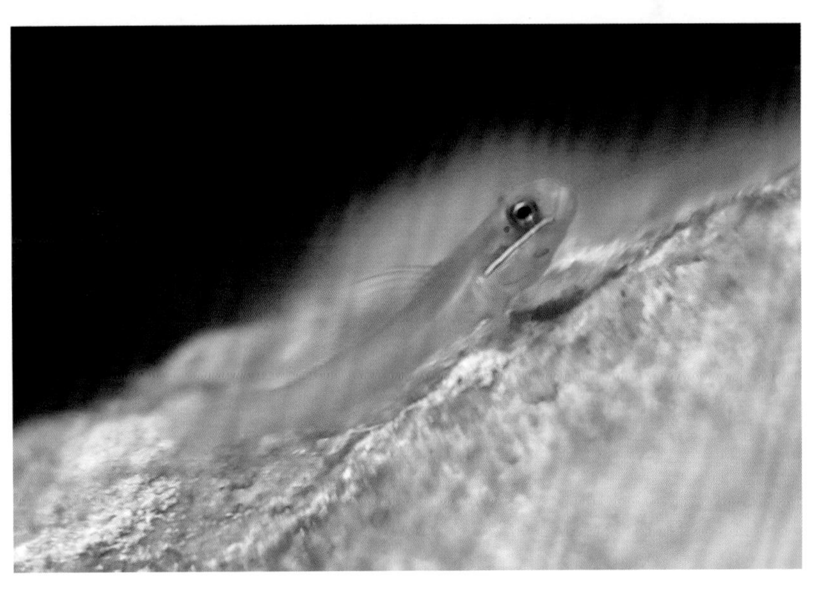

【生物学特性】

暖水性近海底层鱼类。主要栖息于清澈的潟湖外围和面海的岩礁区，栖息水深1~25m。常成对活动，在沙地洞穴周围活动，性机敏，受惊吓后立即躲藏入洞穴内。主要以小型底栖无脊椎动物、小鱼或鱼卵等为食。雌雄配对生活，雄鱼具领域性和护卵行为。常见个体体长8~11cm，最大全长可达18cm。

【地理分布】

分布于印度—太平洋区，西至东非沿岸，东至土阿莫土群岛，北至日本南部，南至澳大利亚和豪勋爵岛。在我国主要分布于南海和台湾周边海域。

【资源状况】

小型鱼类，无食用价值。体色艳丽，具有较高的观赏价值，偶见于大型水族馆。

127. 云斑裸颊虾虎鱼 *Yongeichthys nebulosus* (Forsskål, 1775)

【英文名】shadow goby

【别名】云斑栉虾虎鱼、云纹虾虎、云纹吻虾虎、云斑细棘虾虎、三斑虾虎、云纹杨氏虾虎

【分类地位】鲈形目Perciformes
虾虎鱼科Gobiidae

【主要形态特征】

背鳍Ⅵ，Ⅰ-9；臀鳍Ⅰ-9；胸鳍17~18；腹鳍Ⅰ-5。纵列鳞27~29。

体延长，粗壮，略侧扁。头中大，圆钝。颊部肌肉发达，凸出。吻短而圆钝。眼中大，背侧位，眼上缘突出于头部背缘。口中大，前位，斜裂。上下颌齿多行，细小尖锐，排列稀疏，呈带状，外行齿扩大；下颌两侧中部最后一外行齿为弯曲犬齿；犁骨、腭骨及舌上无齿。唇略厚，发达。舌游离，前端截形。

体被中大弱栉鳞，头部和项部完全裸露无鳞，背鳍起点前方有颇宽的无鳞区；胸部、腹部及胸鳍基部均被小圆鳞。无侧线。

背鳍2个，分离：第一背鳍高，基部短，第二鳍棘最长；第二背鳍基底较长。臀鳍与第二背鳍同形相对。胸鳍宽大，圆形，侧下位。腹鳍略圆形，左右腹鳍愈合成一吸盘，膜盖发达，边缘凹入。尾鳍长圆形。

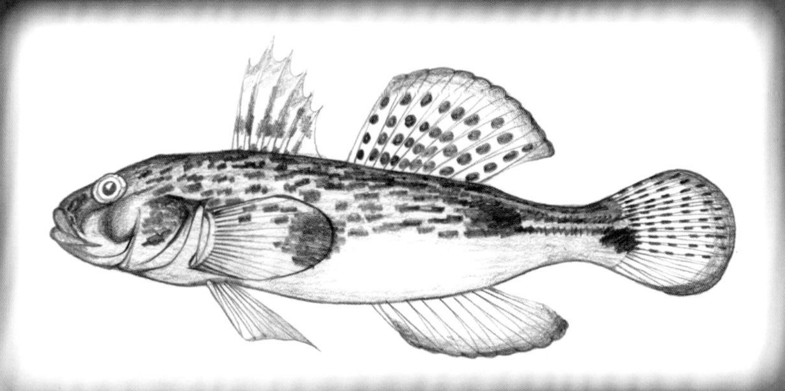

体呈浅灰色。体侧正中有3~4个大黑斑，最后的黑斑在尾鳍基底；体侧还散布褐色斑点。背鳍透明，散布褐色斑点；尾鳍有数行暗褐色斑点；臀鳍边缘暗黑色。

【生物学特性】

暖水性沿岸底层鱼类。主要栖息于河口咸淡水水域港湾、砂岸、红树林及沿海砂泥地的环境中，栖息水深0~15m。常停栖于底部，较少游动。主要以小型鱼虾、底栖无脊椎动物和有机碎屑为食。常见个体体长8~12cm，最大体长可达18cm。

【地理分布】

分布于印度—西太平洋区，西至东非沿岸，东至密克罗尼西亚，北至日本南部，南至澳大利亚北部。在我国主要分布于南海和台湾周边海域。

【资源状况】

小型鱼类，体内含河豚毒素，不能食用。

128. 大口线塘鳢 *Nemateleotris magnifica* Fowler, 1938

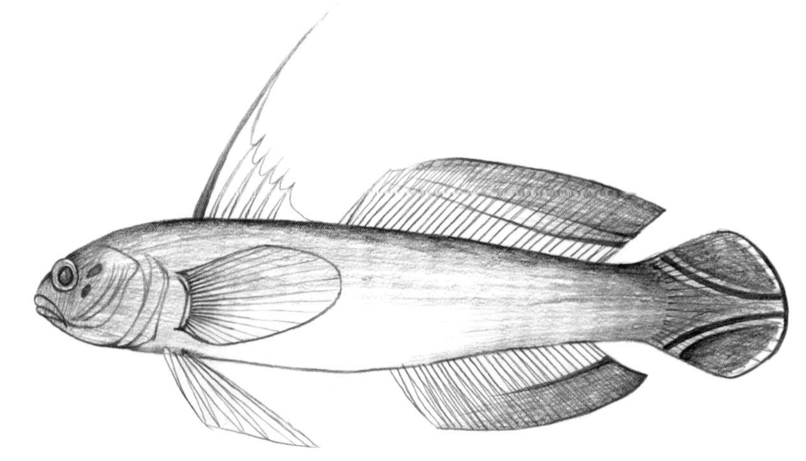

【英文名】fire goby

【别名】丝鳍线塘鳢、丝鳍塘鳢、丝鳍虾虎、雷达、火鸟

【分类地位】鲈形目Perciformes
鳍塘鳢科Ptereleotridae

【主要形态特征】

背鳍Ⅵ，Ⅰ-28~32；臀鳍Ⅰ-27~30；胸鳍18~20；腹鳍Ⅰ-5。纵列鳞110~130。

体延长，颇侧扁。头小，前部钝圆；项部自眼间隔中间至背鳍起点具一低皮嵴。吻短钝。眼中大，侧位。口中大，前上位，斜裂。上下颌齿多行，排列呈带状，具犬齿；犁骨、腭骨和舌上均无齿。唇厚。舌大，游离，前端圆形。

体被细小栉鳞，吻部、项部中央和头腹面无鳞，项部两侧、胸鳍基部和腹部被小圆鳞。无侧线。

背鳍2个，分离：第一背鳍第一鳍棘和第二鳍棘延长呈丝状，向后几伸达第二背鳍基部末端；第二背鳍基部较长。臀鳍与第二背鳍同形相对。胸鳍宽圆，侧中位。腹鳍长，左右腹鳍相互靠近，不愈合成吸盘。尾鳍长圆形。

体前部呈浅灰色，后部浅红色，吻部橙黄色。第一背鳍延长部淡黄色；第二背鳍和臀鳍后缘具红色宽带，内侧具黑色纵纹；尾鳍红色，上下叶缘黑色且各有1条黑色纵纹。

【生物学特性】

暖水性近海底层鱼类。主要栖息于外围礁石斜坡区上部，栖息水深6~70m。常在礁石上部逆水流方向盘旋，以摄食浮游动物。雌雄配对生活。最大全长可达9cm。

【地理分布】

分布于印度—太平洋区，西至东非沿岸，东至夏威夷群岛、马克萨斯群岛和皮特凯恩群岛，北至日本南部，南至新喀里多尼亚和南方群岛。在我国主要分布于台湾周边海域。

【资源状况】

小型鱼类，无食用价值。体色艳丽，因其第一背鳍来回摆动的独特习性，具有极高的观赏价值，偶见于大型水族馆。

129.黑尾鳍塘鳢 *Ptereleotris evides* (Jordan et Hubbs, 1925)

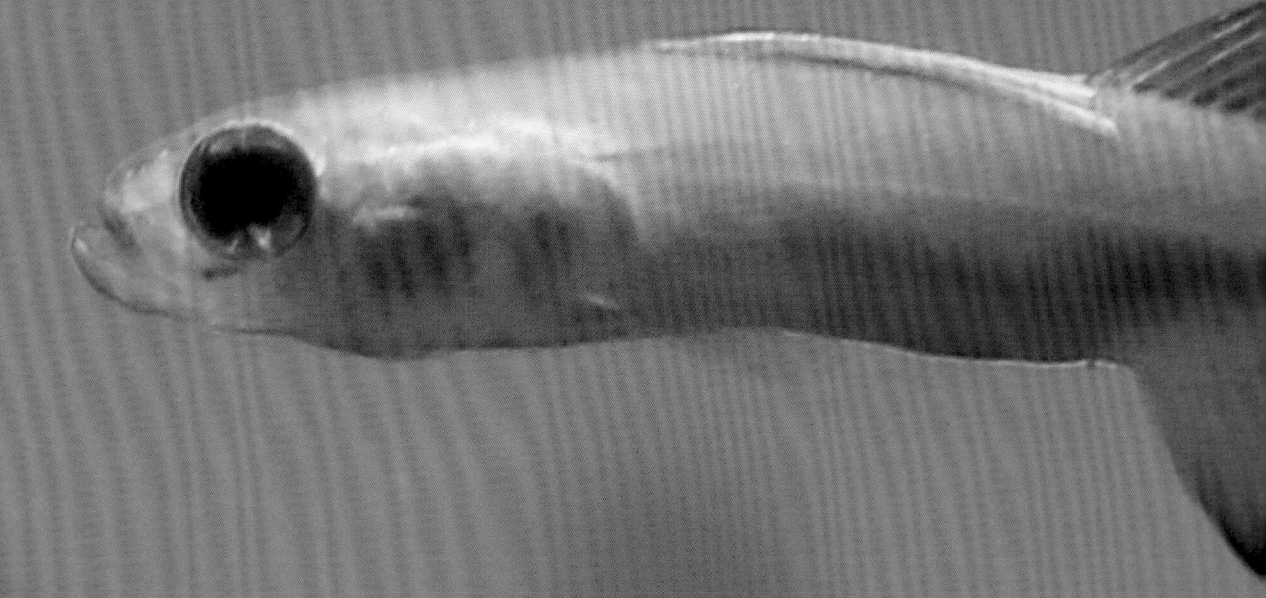

【英文名】blackfin dartfish

【别名】黑尾凹尾塘鳢、黑尾虾虎、黑鳍塘鳢、瑰丽塘鳢、协和塘鳢、喷射机

【分类地位】鲈形目Perciformes
鳍塘鳢科Ptereleotridae

【主要形态特征】

背鳍Ⅵ，Ⅰ-23~26；臀鳍Ⅰ-23~26；胸鳍21~24；腹鳍Ⅰ-4。纵列鳞138~151。

体延长，颇侧扁。头小，前部钝圆。吻短钝。眼中大，侧位。口中大，前上位，斜裂。**下颌突出于上颌。**上下颌齿多行，尖锥状，排列呈带状，具犬齿；犁骨、腭骨和舌上均无齿。唇厚。**舌尖长，竿状，**前端游离。

体被细小圆鳞，头部和头腹面无鳞，项部、胸鳍基部和腹部被小圆鳞。无侧线。

背鳍2个，分离：第一背鳍起点在胸鳍基部后上方；第二背鳍基部较长。臀鳍与第二背鳍同形相对。胸鳍宽圆，侧中位。腹鳍长，左右腹鳍相互靠近，仅有极少薄膜相连，不愈合成吸盘。**尾鳍后缘凹入。**

头及体前半部呈淡蓝灰色，体后部逐渐变为紫色。第一背鳍暗橙色，**第二背鳍、臀鳍边缘黑色。**成鱼尾鳍黄色，**上下叶边缘具灰黑色纵带；**幼鱼尾鳍基下侧有1个圆形黑斑。

【生物学特性】

暖水性近海底层鱼类。主要栖息于外围礁石斜坡区，也发现于潟湖和海湾，栖息水深2~15m。成鱼常成对生活，幼鱼集成小群活动。常顶流栖息于底质上方1~2m处，主要以浮游动物为食。最大全长可达14cm。

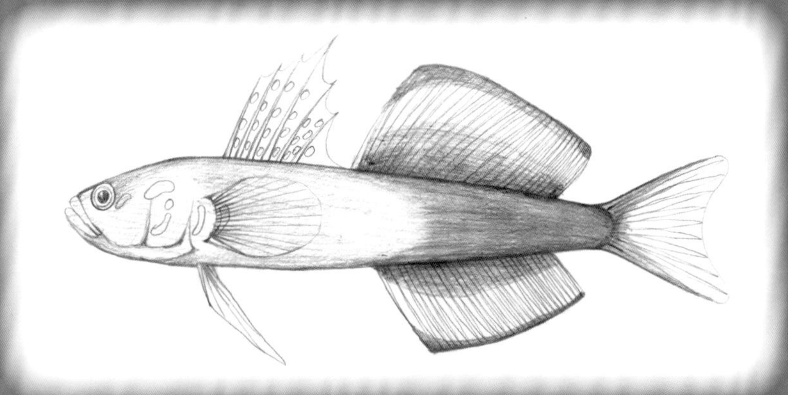

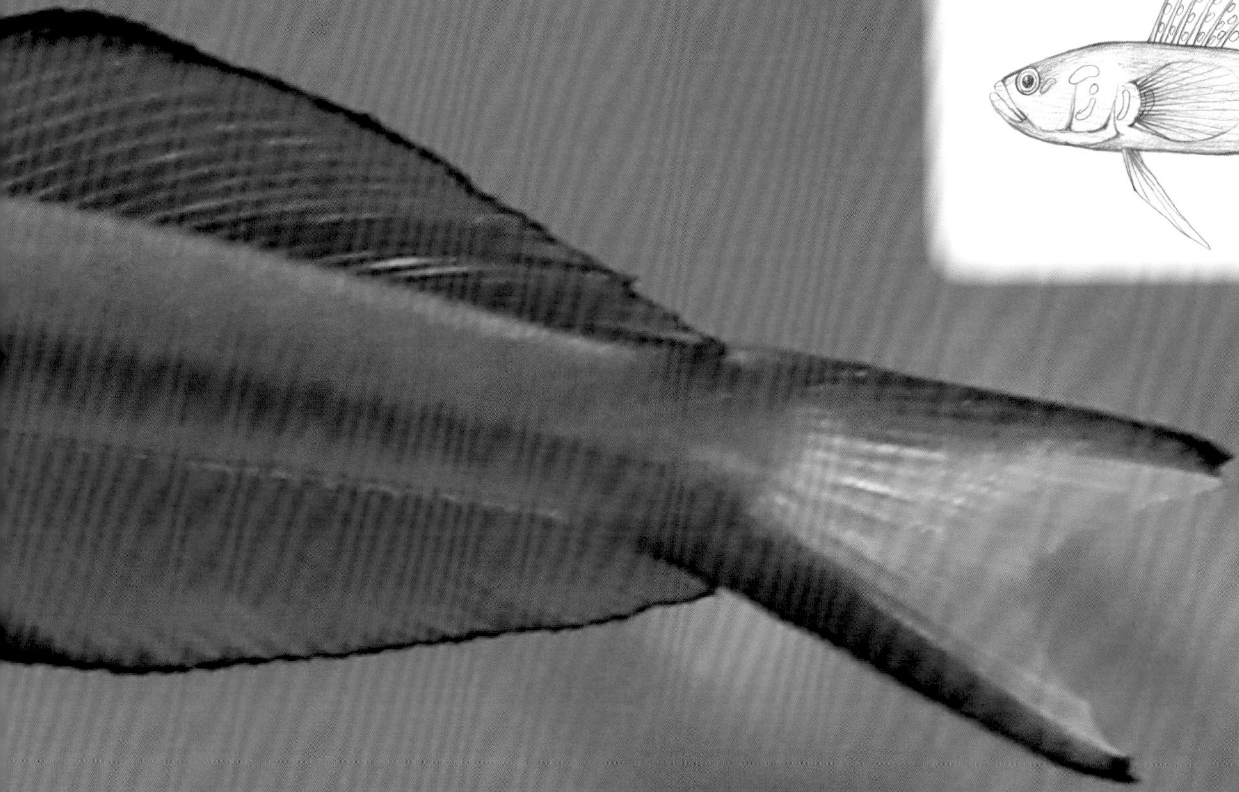

【地理分布】

分布于印度—太平洋区，西至红海和东非沿岸，东至莱恩群岛和社会群岛，北至日本南部，南至澳大利亚、豪勋爵岛和拉帕岛。在我国主要分布于南海和台湾周边海域。

【资源状况】

小型鱼类，无食用价值。体色艳丽，具有较高的观赏价值，偶见于大型水族馆。

130.斑马鳍塘鳢 *Ptereleotris zebra* (Fowler, 1938)

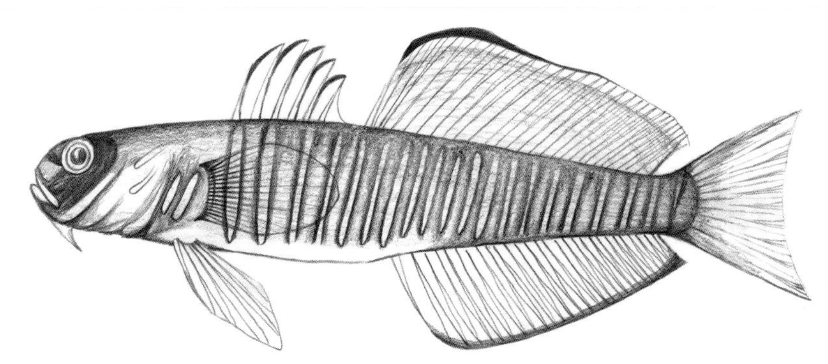

【英文名】Chinese zebra goby

【别名】斑马凹尾塘鳢、斑马虾虎、须塘鳢、红线喷射机

【分类地位】鲈形目Perciformes
鳍塘鳢科Ptereleotridae

【主要形态特征】

背鳍Ⅵ，Ⅰ-27~29；臀鳍Ⅰ-25~28；胸鳍23~26；腹鳍Ⅰ-4。纵列鳞132。

体延长，颇侧扁。头小，前部钝圆。吻短钝。眼中大，侧位。口中大，前上位，斜裂。颏部具一皮质三角形短须。下颌突出于上颌。上下颌齿多行，尖锥状，排列呈带状，具犬齿；犁骨、腭骨和舌上均无齿。唇厚。舌大，游离，前端圆形。

体被细小圆鳞，头部、项部和头腹面无鳞，项部两侧、胸鳍基部和腹部被小圆鳞。无侧线。

背鳍2个，分离：第一背鳍第二鳍棘和第三鳍棘较长；第二背鳍基部较长。臀鳍与第二背鳍同形相对。胸鳍宽圆，侧中位。腹鳍长，左右腹鳍相互靠近，不愈合成吸盘。尾鳍截形，后缘稍凹入。

体呈淡黄色至灰绿色，腹部色浅。体侧具20条橘黄色细横纹，颊部在眼后下方有1条蓝色斜纹。胸鳍基部有1条具蓝色边缘的橘红色宽横带。背鳍基底和边缘蓝色，第二背鳍和臀鳍中部有纵行蓝色点列，臀鳍边缘橘红色。

【生物学特性】

暖水性近海底层鱼类。主要栖息于面海的岩礁浅水区，栖息水深2~31m，通常2~4m。常集群在急流区活动。主要以浮游动物为食。最大体长可达12cm。

【地理分布】

分布于印度—太平洋区，西至红海和东非沿岸，东至莱恩群岛和马克萨斯群岛，北至日本南部，南至大堡礁。在我国主要分布于台湾周边海域。

【资源状况】

小型鱼类，无食用价值。体色艳丽，具有较高的观赏价值，偶见于大型水族馆。

131.单斑篮子鱼 *Siganus unimaculatus* (Evermann *et* Seale, 1907)

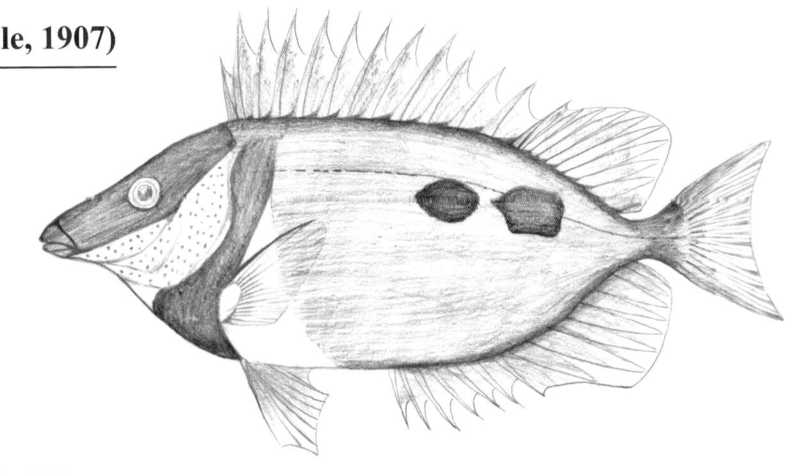

【英文名】blotched foxface

【别名】单斑臭肚鱼、一点狐狸

【分类地位】鲈形目Perciformes
篮子鱼科Siganidae

【主要形态特征】

背鳍Ⅰ，XIII-10；臀鳍VII-9；胸鳍16~17；腹鳍Ⅰ-3-Ⅰ。侧线鳞132~145。

体呈长椭圆形，颇侧扁。头小，尖突，头背缘和腹缘均明显内凹。吻长而尖突，形成吻管。眼大，侧上位，位于头背缘。口小，前下位。下颌短于上颌，几被上颌所包。上下颌各具细长尖齿1行；犁骨、腭骨及舌上无齿。唇发达。

体被细小圆鳞，颊部前部具鳞。侧线完全。

背鳍鳍棘部与鳍条部连续，无凹刻；鳍棘尖锐，背鳍前方具一埋于皮下的向前小棘，鳍条部边缘角状突出。臀鳍鳍条部与背鳍鳍条部同形。胸鳍圆刀形。腹鳍短于胸鳍。尾鳍浅叉形或内凹。

体呈黄色。体侧后半部具1~2个大黑斑。头部自背鳍起点向前贯穿眼部至吻端具一黑色宽斜带；鳃盖、前鳃盖至峡部具银白色带，带上散布褐色小点；带后方至胸部及胸鳍前缘黑褐色；胸鳍下方白色。奇鳍黄色，偶鳍淡色且具黑色边缘。

【近似种】

本种与狐篮子鱼（*S. vulpinus*）相似，区别为后者体侧后半部无黑斑。

【生物学特性】

暖水性珊瑚礁鱼类。喜栖息于珊瑚丛生的潟湖或面海岩礁区，栖息水深1~30m。成鱼常成对活动，幼鱼则喜集成上百尾的大群在珊瑚间游动。主要以丝状藻或其他海藻为食。鳍棘具毒腺，属刺毒鱼类。最大体长达20cm。

【地理分布】

分布于西太平洋区由日本南部至澳大利亚西北部的热带和亚热带海域。在我国仅分布于南沙群岛海域。

【资源状况】

小型鱼类，常通过钓钓、拖网和围网等捕获，数量较少。体色鲜艳，是极受欢迎的观赏鱼，在水族行业具有较高的商业价值。

132.刺篮子鱼 *Siganus spinus* (Linnaeus, 1758)

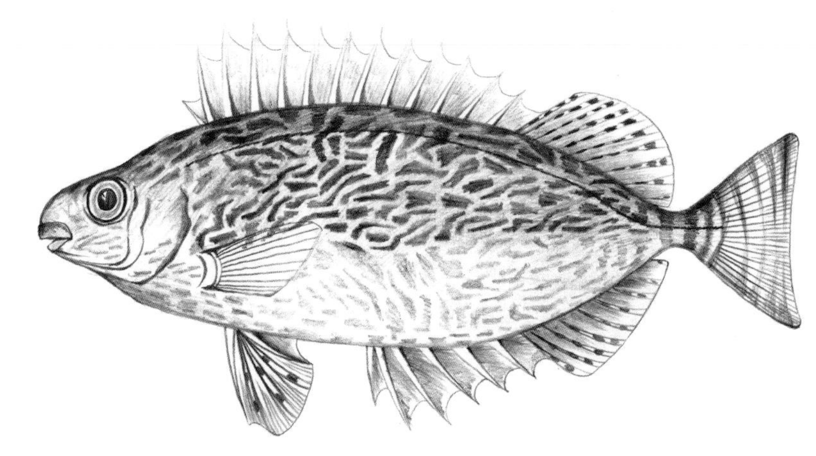

【英文名】little spinefoot

【别名】黑篮子鱼、刺臭肚鱼、网纹篮子鱼

【分类地位】鲈形目Perciformes
篮子鱼科Siganidae

【主要形态特征】

背鳍Ⅰ，ⅩⅢ-10；臀鳍Ⅶ-9；胸鳍16~18；腹鳍Ⅰ-3-Ⅰ。侧线鳞164~178。

体呈长椭圆形，侧扁，背腹缘呈浅弧形。头小，前端钝圆，背腹缘稍隆起。吻短，三角形突出，不形成吻管。眼大，侧上位。鼻孔2个，相互接近，前鼻孔后缘具一尖长鼻瓣，常伸达后鼻孔后缘。口小，前下位。上下颌各具细长尖齿1行，犁骨、腭骨和舌上无齿。唇发达。

体被薄而细小圆鳞，埋于皮下；颊部和鳃盖被小鳞。侧线完全。

背鳍鳍棘部与鳍条部连续，无凹刻；背鳍前方具一埋于皮下的向前小棘，最后鳍棘等于或略小于第一鳍棘；背鳍鳍条部外缘圆形。臀鳍鳍条部与背鳍鳍条部同形，外缘圆形。胸鳍圆刀形。腹鳍短于胸鳍。尾鳍稍凹入，近截形。

体侧上半部呈黄褐色，下半部为灰白色。体侧上半部具灰白色卷曲蠕状斑纹，下半部斑纹近水平状弯曲。头部具暗褐色不明显网状纹。

【生物学特性】

暖水性岩礁鱼类。成鱼常集成10尾以下的小群在浅水珊瑚礁区活动，也发现于河口咸淡水区，甚至淡水河流下游；幼鱼则集成大群在底部生长有藻类的珊瑚礁中活动。幼鱼主要以丝状藻类为食，成鱼转食较为粗大的海藻。鳍棘具毒腺，属刺毒鱼类。常见个体全长18cm左右，最大全长达28cm。

【地理分布】

分布于印度—西太平洋区，西至印度，东至波利尼西亚，北至日本，南至新喀里多尼亚。在我国主要分布于南海和台湾周边海域。

【资源状况】

小型鱼类，较常见，主要通过钩钓、围网和拖网等捕获。可供食用。

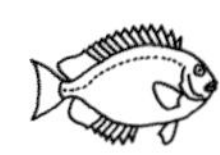

133.蓝带篮子鱼 *Siganus virgatus* (Valenciennes, 1835)

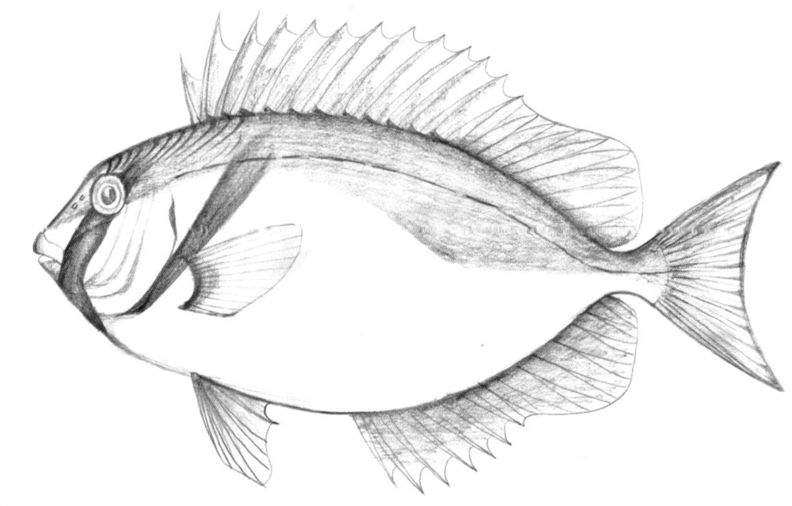

【英文名】 barhead spinefoot

【别名】 带篮子鱼、蓝带臭肚鱼、蓝带狐狸

【分类地位】 鲈形目Perciformes
篮子鱼科Siganidae

【主要形态特征】

背鳍Ⅰ，ⅩⅢ-10；臀鳍Ⅶ-9；胸鳍16~18；腹鳍Ⅰ-3-Ⅰ。侧线鳞140。

体呈椭圆形，侧扁而高。头小，前端尖。吻短，尖突。眼大，侧上位。口小，前下位。上下颌各具细长尖齿1行，犁骨、腭骨和舌上无齿。唇发达。

体被薄而细小圆鳞，埋于皮下；头部除颊部具稀少的鳞外皆裸露。侧线完全。

背鳍鳍棘部与鳍条部连续，无凹刻；背鳍前方具一埋于皮下的向前小棘，最后鳍棘长于第一鳍棘；背鳍鳍条部呈角状突出。臀鳍鳍条部与背鳍鳍条部同形，呈角状突出。胸鳍圆刀形。腹鳍短于胸鳍。尾鳍稍凹入，近截形。

体侧上半部呈黄褐色，下半部银白色。头部具2条具蓝色边缘的深褐色斜带：一条自背鳍起点经眼至颊部；另一条自背鳍第四至第五鳍棘下方至胸鳍基底。背鳍和尾鳍黄色，余鳍银灰色。

【生物学特性】

暖水性岩礁鱼类。主要栖息于沿岸浅水区、珊瑚礁周边沙和砾石混合区，栖息水深1~20m。幼鱼常集群在红树林中活动，甚至进入淡水；较大的幼鱼和成鱼成对出现于沿岸礁区和河口咸淡水区。主要以底栖藻类等为食。鳍棘具毒腺，属刺毒鱼类。常见个体全长20cm左右，最大全长达30cm。

【地理分布】

分布于印度—西太平洋区，西至印度南部和斯里兰卡，东至菲律宾，北至日本南部，南至澳大利亚北部。在我国主要分布于南海和台湾周边海域。

【资源状况】

小型鱼类，沿海地区较常见，但数量较少，经济价值不高。可供食用，常通过钩钓、拖网、围网等捕获，全年均可捕获。体色艳丽，可作为观赏鱼，在水族行业具有一定的商业价值。

134.黑鳃刺尾鱼 *Acanthurus pyroferus* Kittlitz, 1834

【英文名】chocolate surgeonfish

【别名】火红刺尾鲷、黄吊、巧克力吊

【分类地位】鲈形目Perciformes
刺尾鱼科Acanthuridae

【主要形态特征】

背鳍Ⅷ-27~30；臀鳍Ⅲ-24~28；胸鳍16；腹鳍Ⅰ-5。

体呈椭圆形，侧扁而高。尾柄两侧各具一平卧于沟中的向前尖棘，略可竖起。头小，头背缘随生长而略凸出。吻短，前端尖。眼较小，侧位而高。口小，前位。上下颌各具1行扁平齿，每侧8~9枚，齿缘具缺刻。

体被细小弱栉鳞。侧线完全。

背鳍连续，无缺刻，具8枚鳍棘，鳍棘尖锐。臀鳍具3枚鳍棘，鳍条部与背鳍鳍条部同形，后缘尖角形。胸鳍近三角形。腹鳍尖形。幼鱼尾鳍呈圆形，随生长逐渐呈弯月形，成鱼上下叶延长。

体色因生长而异。幼鱼体色有三种类型：第一种一致呈黄色；第二种为模仿黄刺尻鱼（*Centropyge flavissima*）的体色，体呈黄色，但鳃盖、背鳍、臀鳍及尾鳍具蓝色边缘；第三种为模仿福氏刺尻鱼（*Centropyge vrolicki*）的体色，体呈淡灰绿色，后部逐渐变为黑色。随着生长体逐渐呈黄褐色，成鱼体呈暗褐色，胸鳍基部上下具一橘黄色扩散斑，鳃盖后部具黑色宽斜带。背鳍和臀鳍黑褐色，鳍缘为黑色，基底各具一黑色线纹；尾鳍黑褐色，后缘具黄色宽缘；胸鳍及腹鳍黑褐色；尾柄尖棘为黑色。

【生物学特性】

暖水性岩礁鱼类。主要栖息于潟湖及面海岩礁区的珊瑚、岩礁和沙混合区，栖息水深4~60m。成鱼常独居，幼鱼常集群活动，具模拟刺尻鱼（*Centropyge* spp.）的拟态行为。主要以附着藻类和有机碎屑等为食。最大全长可达30cm。

【地理分布】

分布于印度—太平洋区，西至塞舌尔，东至马克萨斯群岛和土阿莫土群岛，北至日本南部，南至大堡礁和新喀里多尼亚。在我国主要分布于台湾周边海域。

【资源状况】

小型鱼类，可供食用，常通过流刺网、延绳钓等捕获。体色艳丽，以作观赏鱼为主。

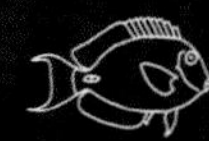

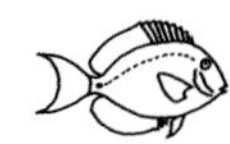

135.黄鳍刺尾鱼 *Acanthurus xanthopterus* Valenciennes, 1835

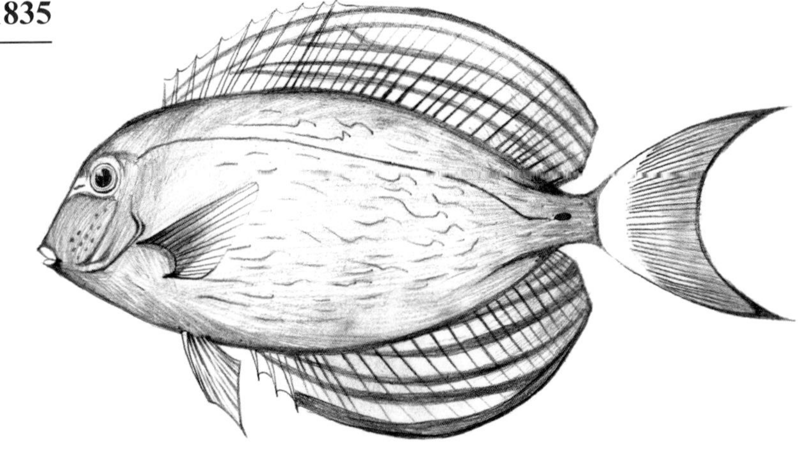

【英文名】yellowfin surgeonfish

【别名】黄鳍刺尾鲷、网纹刺尾鱼、黄翼刺尾鱼、黄鳍吊

【分类地位】鲈形目Perciformes

刺尾鱼科Acanthuridae

【主要形态特征】

背鳍Ⅷ~Ⅸ-25~27；臀鳍Ⅲ-23~25；胸鳍16~17；腹鳍Ⅰ-5。

体呈卵圆形，侧扁而高。尾柄两侧各具一平卧于沟中的向前尖棘，略可竖起。头小，头背缘弧形。吻短，前端尖。眼较小，侧位而高。口小，前位。上下颌各具1行扁平齿，齿缘具缺刻。

体被细小弱栉鳞。侧线完全。

背鳍连续，无缺刻，鳍棘尖锐。臀鳍鳍条部与背鳍鳍条部同形。胸鳍近三角形。腹鳍尖形。尾鳍弯月形，随生长上下叶逐渐延长。

体呈紫灰色。眼间隔有暗黄色带，头部和体侧常具许多不规则的深色波状纵线。背鳍和臀鳍基部淡黄灰色，边缘黄色，鳍膜各具4~5条暗黄纵线及蓝纵带，基部各具一淡蓝色纵带；尾鳍蓝灰色，无小黑点，基部有一白色横带或不明显；胸鳍上部2/3区域为黄色；尾柄尖棘蓝黑色。

【近似种】

本种与额带刺尾鱼（*A. dussumieri*）相似，区别为后者尾鳍散布黑色小圆点，基部具橙黄色弧带，尾柄尖棘白色。

【生物学特性】

暖水性岩礁鱼类。幼鱼栖息于较浅的沿岸浑浊水域，成鱼主要栖息于较深的潟湖和近海岩礁区，栖息水深1~100m。常集群游动，主要以硅藻、丝状藻和有机碎屑等为食。常见个体全长50cm左右，最大全长可达70cm。

【地理分布】

分布于印度—太平洋区，西至东非沿岸，东至夏威夷群岛和法属波利尼西亚，北至日本南部，南至大堡礁和新喀里多尼亚；在东太平洋区分布于加利福尼亚湾和克利珀顿岛至巴拿马和加拉帕戈斯群岛。在我国主要分布于南海和台湾周边海域。

【资源状况】

中型鱼类，可供食用，常通过流刺网、延绳钓等捕获。体色艳丽，可作观赏鱼。

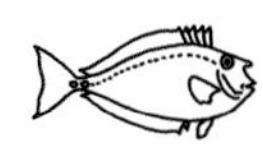

136.突角鼻鱼 *Naso annulatus* (Quoy *et* Gaimard, 1825)

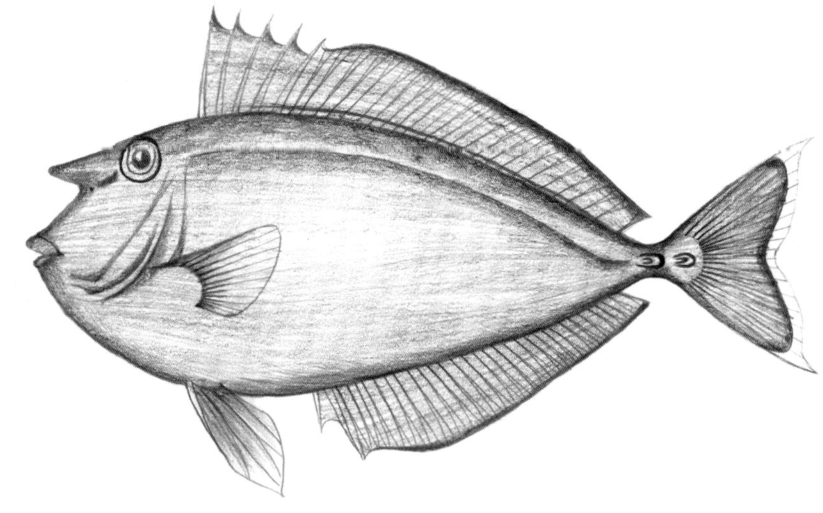

【英文名】whitemargin unicornfish

【别名】环纹鼻鱼、剑角鼻鱼

【分类地位】鲈形目Perciformes
刺尾鱼科Acanthuridae

【主要形态特征】

背鳍Ⅴ-28~29；臀鳍Ⅱ-27~28；胸鳍17~19；腹鳍Ⅰ-3。

体呈椭圆形，侧扁，前部高，向后渐细。尾柄两侧各具2个圆形盾状骨板，板上具尖端向前的强棘。头小，随着生长额部逐渐突出形成长而钝圆的角状突起，角状突与吻部呈60°。吻较长，前端钝圆。眼大，侧位而高。口小，前位。上下颌齿各1行，齿稍侧扁且尖锐，两侧或有锯状齿。

体被细小栉鳞。侧线完全。

背鳍连续，无缺刻，具5枚鳍棘，鳍棘细长而尖。臀鳍具2枚鳍棘，臀鳍鳍条部与背鳍鳍条部同形。胸鳍宽圆。腹鳍短小。尾鳍截形，上下叶缘略延长。

体呈橄榄色至褐色，腹面稍浅。背鳍基部有一灰带，背鳍与臀鳍鳍条部有数条纵线纹；胸鳍边缘白色；亚成体尾鳍黑色，尾鳍后缘及上下叶延长白色。

【生物学特性】

暖水性岩礁鱼类。幼鱼主要栖息于水深1m左右的浅水潟湖和潮池，成鱼常集群栖息于水深25~60m的外围礁石斜坡区。主要以浮游动物和底栖藻类等为食。最大全长可达1m。

【地理分布】

分布于印度—太平洋区，西至东非沿岸，东至夏威夷群岛、马克萨斯群岛和土阿莫土群岛，北至日本南部，南至豪勋爵岛。在我国主要分布于台湾周边海域。

【资源状况】

大型鱼类，可供食用，常通过流刺网、延绳钓等捕获。体形独特，可作观赏鱼。

成鱼

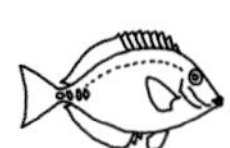

137.三棘多板盾尾鱼 *Prionurus scalprum* Valenciennes, 1835

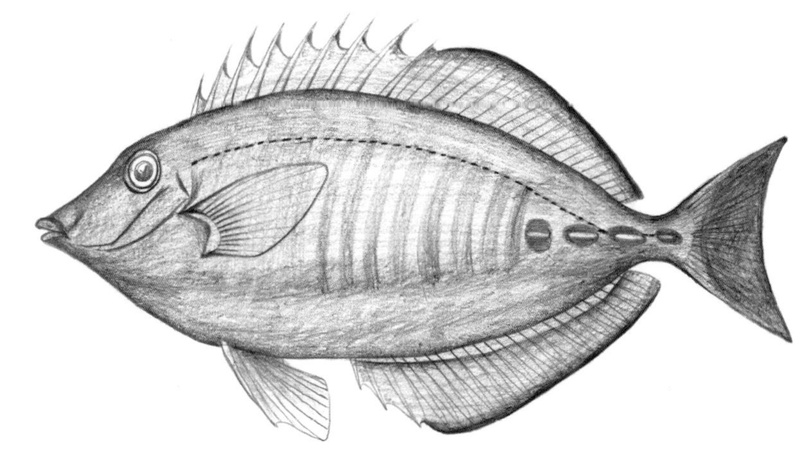

【英文名】scalpel sawtail

【别名】多板盾尾鱼、锯尾鲷

【分类地位】鲈形目Perciformes
刺尾鱼科Acanthuridae

【主要形态特征】

背鳍Ⅸ-22~24；臀鳍Ⅲ~Ⅳ-21~23；胸鳍16~18；腹鳍Ⅰ-5。

幼鱼体略呈圆形，随生长而逐渐呈卵圆形，侧扁而高。尾柄两侧各有4个盾状骨板，板中央突出一锐嵴，后3个盾板上的锐嵴较强大。头中大。吻较长，前端圆锥状。眼中大，侧上位。口小，前位。上下颌齿各1行，侧扁，边缘具钝锯齿。

体被细小栉鳞，似鲨鱼皮。侧线完全，沿侧线具1列黑色点状弱小骨板。

背鳍连续，无缺刻，鳍棘粗长，鳍条部后缘钝尖。臀鳍鳍条部外缘与背鳍相似。胸鳍宽圆。腹鳍尖长。尾鳍近截形或略内凹。

体呈暗褐色。尾柄盾板黑色。成鱼尾鳍后缘白色，幼鱼尾柄后半部和尾鳍白色。

幼鱼

【生物学特性】

暖水性岩礁鱼类。主要栖息于浅水岩礁区，栖息水深2~20m。幼鱼多分散在礁盘上觅食，成鱼则集成大群在礁区间活动。主要以藻类和底栖生物为食。最大全长可达50cm。

【地理分布】

分布于西北太平洋区日本至中国。在我国主要分布于东海、南海和台湾周边海域。

【资源状况】

中型鱼类，可供食用，常通过流刺网、延绳钓等捕获。体形独特，可作观赏鱼。

138.黄高鳍刺尾鱼 *Zebrasoma flavescens* (Bennett, 1828)

【英文名】yellow tang

【别名】黄高鳍刺尾鲷、黄金吊、黄三角吊

【分类地位】鲈形目Perciformes
刺尾鱼科Acanthuridae

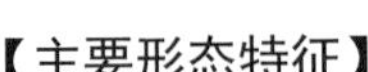

【主要形态特征】

背鳍Ⅴ-23~26；臀鳍Ⅲ-19~22；胸鳍14~16；腹鳍Ⅰ-5。

体呈卵圆形，甚侧扁而高。尾柄两侧各具一可活动的尖棘。头短而高，背缘陡斜，在眼上部稍圆凸，至吻中部凹下。吻颇长，向前呈管状突出。眼侧位而高。口小，前位。上下颌齿各1行，侧扁，不可活动，边缘呈钝齿状。眼前方具一浅沟。

体被细小栉鳞，皮肤粗糙；尾柄棘前方具一卵圆形区域，其内密布短毛状刺突。侧线完全。

背鳍连续，无缺刻；第一鳍棘几包于皮膜内；鳍条部前部鳍条高大，后缘圆形。臀鳍鳍条部与背鳍同形。胸鳍短于头长。腹鳍尖形。尾鳍后缘截形。

体一致呈鲜黄色。体侧中央有淡色纵带，尾柄棘白色。

【生物学特性】

暖水性岩礁鱼类。主要栖息于珊瑚丛生的潟湖和向海的岩礁区，栖息水深2~46m。通常单独或集成松散的小群在海藻丛中游动。主要以丝状藻类为食。最大全长可达20cm。

【地理分布】

广泛分布于太平洋区热带海域（30°N—25°S，105°E—137°W）。在我国主要分布于南海和台湾周边海域。

【资源状况】

小型鱼类，常通过流刺网、陷阱等捕获。兼具观赏价值及食用价值，通常作为观赏鱼出售。

139.倒牙魣 *Sphyraena putnamae* Jordan *et* Seale, 1905

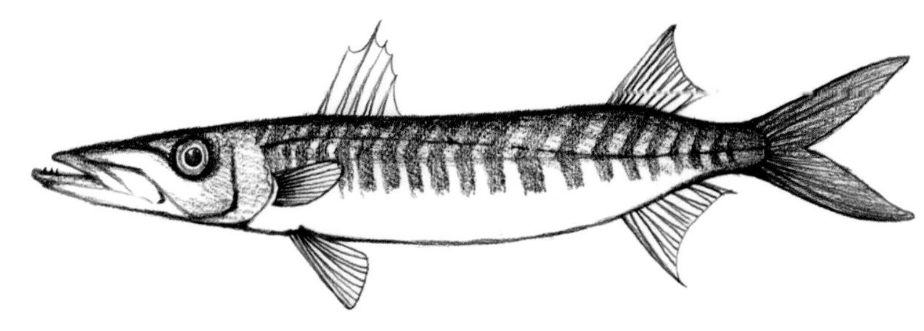

【英文名】 sawtooth barracuda

【别名】 布氏金梭鱼、布氏魣

【分类地位】 鲈形目Perciformes
魣科Sphyraenidae

【主要形态特征】

背鳍Ⅴ，Ⅰ-9；臀鳍Ⅱ-7~9；胸鳍13~14；腹鳍Ⅰ-5。侧线鳞123~136。

体细长，呈近圆柱形。头长而尖，头背平直。吻长，前端尖突。眼大，侧上位。口大，前位，宽平。下颌突出于上颌，上颌骨末端伸达眼前缘下方。上下颌及腭骨均具尖锐且大小不一的犬齿，下颌齿向后方倾斜；犁骨无齿。前鳃盖骨后缘圆弧形，鳃盖骨具2枚弱扁平棘。无鳃耙。

体被小圆鳞。侧线完全，近于平直，在第一背鳍前略向上弯曲。

背鳍2个，分离，相距甚远。臀鳍与第二背鳍同形。胸鳍短，末端几伸达背鳍起点下方。腹鳍亚胸位，起点位于背鳍起点前下方。尾鳍深叉形。

体背部呈暗绿色，腹部银白色。体侧有20余条“く”形暗色横带，横带自背部延伸至侧线下方约2/3处。腹鳍白色，尾鳍后缘黑色。

【近似种】

本种与斑条魣（*S. jello*）和暗鳍魣（*S. qenie*）相似，区别为后两者体侧横带不呈“く”形，上颌骨末端不达眼前缘，体侧横带仅达侧线稍下方，斑条魣腹鳍白色，暗鳍魣腹鳍黑色。

【生物学特性】

暖水性近海中下层鱼类。主要栖息于大洋较近岸的潟湖、内湾和向海的岩礁区，栖息水深3~20m。常集成大群活动。主要以鱼类和头足类等为食。最大全长可达90cm。

【地理分布】

分布于印度—西太平洋区，西至红海和东非沿岸，东至新喀里多尼亚和瓦努阿图，北至日本南部，南至澳大利亚。在我国主要分布于台湾周边海域。

【资源状况】

中大型鱼类，肉味鲜美，可供食用，主要通过定置网、流刺网和钩钓等捕获，有一定的经济价值。

140.巴鲣 *Euthynnus affinis* (Cantor, 1849)

【英文名】kawakawa

【别名】鲔、白卜鲔、小鲣

【分类地位】鲈形目Perciformes
鲭科Scombridae

【主要形态特征】

背鳍XI~XV，11~15+8~10；臀鳍11~15+6~8；胸鳍25~29；腹鳍 I-5。

体呈纺锤形，粗壮，横截面近圆形。**尾柄两侧各具1条发达的中央隆起嵴，尾鳍基各具2条小的侧隆起嵴。**头中大。吻尖。眼小，近头背缘。口中大，前位，斜裂。上下颌各具细小尖齿1行；**犁骨和腭骨具细齿1行；**舌上无齿，有2个叶状皮瓣。

体除胸甲及侧线前部被圆鳞外，其余部分裸露；左右腹鳍间具2个大鳞瓣。侧线完全，沿背侧延伸，稍呈波状，伸达尾鳍基。

背鳍2个，分离：第一背鳍近三角形，边缘呈凹形；第二背鳍比第一背鳍低，最后鳍条常扩大，**其后有8~10个分离小鳍。**臀鳍与第二背鳍同形，起点位于第二背鳍后下方，**其后有6~8个分离小鳍。**胸鳍较短。腹鳍较小，胸位。尾鳍新月形。

体背部呈深蓝色，腹部银白色。**体侧有10余条暗色斜带，胸部在胸鳍和腹鳍间有3~4个蓝黑色圆点。**

【生物学特性】

暖水性近海大洋性上层洄游鱼类。主要栖息于近海岸线附近的开放水域，幼鱼可进入河口和港湾，栖息水深0~200m。常与其他鲭科鱼类一起集成100~5 000尾的大群游动，游泳速度快。肉食性，主要以鱼类，尤其是鲱科和银汉鱼科鱼类为食，也摄食头足类、甲壳类和浮游动物。常见个体叉长60cm左右，最大叉长可达1m，最大体重可达14kg。

【地理分布】

广泛分布于印度—西太平洋区热带和亚热带海域。在我国主要分布于东海、南海和台湾周边海域。

【资源状况】

中大型鱼类，为沿岸各国重要的经济鱼类，年产量可达90万t，主要通过流刺网和延绳钓捕获。肉味鲜美，可鲜销、腌制、熏制或制罐，是重要的食用鱼类，具有较高的经济价值

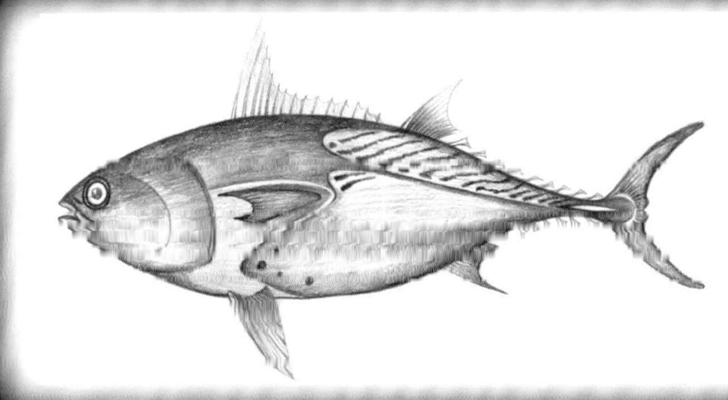

141.鲣 *Katsuwonus pelamis* (Linnaeus, 1758)

【英文名】skipjack tuna

【别名】正鲣

【分类地位】鲈形目Perciformes
鲭科Scombridae

【主要形态特征】

背鳍XIV~XVI，14~15+7~9；臀鳍14~15+7~8；胸鳍26~27；腹鳍I-5。

体呈纺锤形，粗壮，横截面近圆形。**尾柄两侧各具1条发达的中央隆起嵴，尾鳍基各具2条小的侧隆起嵴。**头中大。吻尖。眼小，近头背缘。口中大，前位，斜裂。上下颌齿绒毛状；**犁骨和腭骨无齿；**舌上无齿，有2个叶状皮瓣。

体除胸甲及侧线前部被圆鳞外，其余部分裸露；左右腹鳍间具2个大鳞瓣。侧线完全，沿背侧延伸，稍呈波状，伸达尾鳍基。

背鳍2个，几连续；第一背鳍近三角形，边缘呈凹形；第二背鳍比第一背鳍低，**其后有7~9个分离小鳍。**臀鳍与第二背鳍同形，起点位于第二背鳍基底后下方，**其后有7~8个分离小鳍。**胸鳍较短。腹鳍较小，胸位。尾鳍新月形。

体背呈蓝紫色，腹部银白色。**体侧具4~6条黑色纵带。**

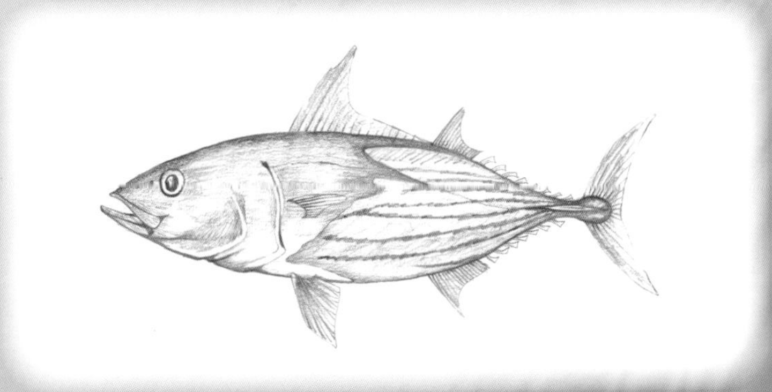

【生物学特性】

暖水性大洋中上层洄游鱼类。主要栖息于水质清澈海域，天气晴朗、水温上升时常集群于上层水域，栖息水深0~260m。游泳速度快。肉食性，主要以鱼类、甲壳类和头足类等为食。常见个体叉长50cm左右，最大叉长可达1.1m，最大体重可达34.5kg。

【地理分布】

广泛分布于世界热带和亚热带（63°N—47°S）海域。在我国主要分布于东海、南海和台湾周边海域。

【资源状况】

大型鱼类，为沿岸各国重要的经济鱼类，年产量可达390万t，约占世界鲭科鱼类总产量的40%。主要通过围网、流刺网和延绳钓捕获。肉味鲜美，可鲜销、腌制、熏制或制罐，是重要的食用鱼类，具有较高的经济价值。

142.羽鳃鲐 *Rastrelliger kanagurta* (Cuvier, 1816)

【英文名】Indian mackerel

【别名】金带花鲭

【分类地位】鲈形目Perciformes
鲭科Scombridae

【主要形态特征】

背鳍Ⅷ~Ⅺ，12+5；臀鳍12+5；胸鳍19~20；腹鳍Ⅰ-5。

体呈纺锤形，侧扁，横截面椭圆形。叉长为体高的3.7~4.1倍。尾柄两侧在尾鳍基部各有2条小隆起嵴。头中大，稍侧扁。吻钝尖。眼中大，脂眼睑发达。口大，前位，斜裂。上下颌各具细齿1行；犁骨、腭骨和舌上均无齿。鳃耙羽状，第一鳃弓下鳃耙30~46。

体被小圆鳞，胸部鳞片较大。侧线完全，与背缘平行，伸达尾鳍基。

背鳍2个，分离，相距较远：第一背鳍鳍棘细弱，前部较高；第二背鳍比第一背鳍低，其后有5个分离小鳍。臀鳍与第二背鳍同形，其后有5个分离小鳍。胸鳍小，位高，基部有腋鳞。腹鳍胸位，腹鳍间突1个。尾鳍深叉形。

体背呈蓝绿色，腹侧淡黄至银白色。体侧中上部具数条黄绿色纵纹，上部1~2行在背鳍基底后下方常破碎为斑块状。体侧胸鳍下缘附近常具黑斑。

【近似种】

本种与福氏羽鳃鲐（*R. faughni*）相似，区别为后者叉长为体高的4.4倍，第一鳃弓下鳃耙21~26。

【生物学特性】

暖水性近海中上层洄游鱼类。主要栖息于海湾、港湾和较深的潟湖，栖息水深20~90m。喜集群游动，黎明、黄昏和夜间上浮集群。具趋光性。主要以浮游生物、甲壳类、鱼类幼体及鱼卵等为食。常见个体全长25cm左右，最大全长可达42cm。

【地理分布】

分布于印度—西太平洋区，西至红海和东非沿岸，东至印度尼西亚，北至日本南部，南至澳大利亚和萨摩亚；通过苏伊士运河可进入地中海东部。在我国主要分布于东海、南海和台湾周边海域。

【资源状况】

中小型鱼类，是南海重要经济鱼类之一，也是沿岸各国重要的经济鱼类，年产量可达50万t。主要通过围网、流刺网和定置网捕获。肉味鲜美，可鲜销、腌制、熏制或制罐，是重要的食用鱼类，具有较高的经济价值。

《中国物种红色名录》将其列为易危（VU）等级。

143.刺鲳 *Psenopsis anomala* (Temminck *et* Schlegel, 1844)

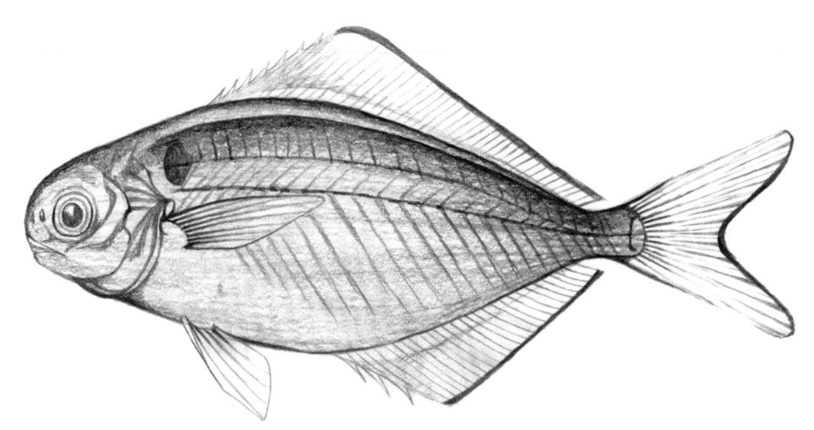

【英文名】Pacific rudderfish

【别名】肉鲳、肉鲫

【分类地位】鲈形目Perciformes
长鲳科Centrolophidae

【主要形态特征】

背鳍Ⅵ~Ⅶ-27~33；臀鳍Ⅲ-24~28；胸鳍20~23；腹鳍Ⅰ-5。侧线鳞55~63。

体呈卵圆形，侧扁。头小，侧扁而高。吻短，钝圆。眼中大，侧位。口小，微倾斜。上颌骨后端达眼前缘下方。两颌各具细齿1行，排列紧细。犁骨、腭骨及舌上均无齿。

体被薄圆鳞，极易脱落，头部裸露无鳞。背鳍、臀鳍及尾鳍基底被细鳞。侧线完全。

背鳍连续：背鳍鳍棘部为6~7枚分离的短小鳍棘；鳍条部发达，第五鳍条最长，由此向后逐渐减短。臀鳍与背鳍鳍条部同形，其起点在背鳍鳍条部起点稍后。胸鳍中大。腹鳍甚小，位于背鳍基下方。尾鳍叉形。

体背部呈青灰色，腹部色较浅；幼鱼体呈淡褐色至黑褐色。鳃盖后上角有一大黑斑。各鳍浅灰色。

【生物学特性】

暖水性近海底层鱼类。主要栖息于近海泥沙底质海域，栖息水深45~120m，最深可达370m。幼鱼集群在表层漂流，有时在水母触须下游动，靠水母保护；成鱼生活在底层，夜晚到表层摄食。主要以水母、磷虾、泥沙中的原生动物和底栖硅藻等为食。生殖季节（4—8月）自深海向浅海洄游，在水深40 m以浅的浅海产卵，产卵后游返外海。常见个体体长12~19cm，最大全长可达30cm。

【地理分布】

分布于西太平洋区中国、韩国和日本南部。在我国主要分布于黄海、东海、南海和台湾周边海域。

【资源状况】

小型鱼类，是南海和东海次要经济鱼类，也是底拖网、张网和围罾网的兼捕对象，东海区年产量2万t左右。肉味鲜美，可供食用。

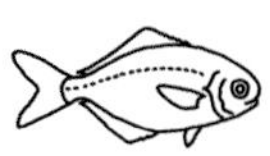

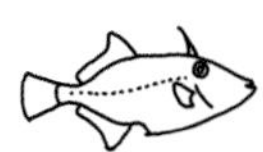

144.马面鲀 *Thamnaconus modestus* (Günther, 1877)

【英文名】bluefin leatherjacket

【别名】绿鳍马面鲀、短角单棘鲀、剥皮鱼

【分类地位】鲀形目Tetraodontiformes
单角鲀科Monacanthidae

【主要形态特征】

背鳍Ⅱ，37~39；臀鳍34~36；胸鳍13~16。

体呈长椭圆形，稍延长，侧扁；体长为体高的2.7~3.4倍。头较长大，侧视近三角形。吻长大，尖突。眼中大，侧上位。口小，前位。上下颌齿楔形，上颌齿2行，外行每侧3枚，内行每侧2枚；下颌齿1行，每侧3枚。唇较厚。鳃孔稍大，斜裂，位于眼后半部下方，鳃孔位较低，几乎全部或大部分在口裂水平线之下。

鳞细小，鳞的基板上有2行以上细长鳞棘。无侧线。

背鳍2个，分离：第一背鳍具2枚鳍棘，第一鳍棘较长大，位于眼后半部上方，前缘具2行倒棘，后侧缘具1行约24~26枚倒棘，棘尖向下或向外，第二鳍棘短小，常隐于皮下；第二背鳍延长，以第九至第十二鳍条较长。臀鳍与第二背鳍同形。胸鳍短圆形，侧中位。腹鳍合为一短棘，由2对特化鳞组成，连于腰带骨后端，不能活动。尾鳍后缘圆弧形。

体呈蓝灰色。成鱼体上斑纹不明显，幼鱼体侧有褐色斑块。第一背鳍灰褐色，第二背鳍、臀鳍、胸鳍和尾鳍蓝绿色。

【近似种】

本种与绿鳍马面鲀（*T. septentrionalis*）相似，区别为后者体长为体高的2.0~2.5倍，鳃孔大部分在口裂水平线之上。

【生物学特性】

暖温性外海底层洄游鱼类。主要栖息于水深50~120m的海区。喜集群，在越冬期及产卵期有明显昼夜垂直移动习性。杂食性，主要以桡足类和端足类等浮游动物为食，也摄食软体动物等底栖动物和藻类。产卵期在4月下旬至5月下旬。常见个体体长18~28cm，最大全长可达36cm。

【地理分布】

分布于西北太平洋区日本北海道至中国东南海域。在我国主要分布于渤海、黄海、东海和台湾周边海域。

【资源状况】

中小型鱼类，为我国东海和黄海重要的捕捞对象之一，主要通过拖网捕获，3—4月的越冬期和产卵前期的鱼群最为密集，为渔汛旺期，历史最高产量曾达40万t左右。肉味鲜美，可鲜销，腌制或制罐，是重要的食用鱼类，具有较高的经济价值。

145.菲律宾叉鼻鲀 *Arothron manilensis* (Marion de Procé, 1822)

【英文名】narrow-lined puffer

【别名】线纹叉鼻鲀、纵纹叉鼻鲀

【分类地位】鲀形目Tetraodontiformes
鲀科Tetraodontidae

【主要形态特征】

背鳍9~11；臀鳍9~10；胸鳍16~19。

体呈长圆筒形，头胸部粗圆，向后渐细，稍侧扁。尾柄圆锥状，侧扁。体腹侧下缘无纵行皮褶。头中大，背缘弧形。吻短，圆钝。眼中大，侧上位。**无鼻孔，每侧具一深叉状皮质鼻突起。**口小，前位。**上下颌各具2个喙状大齿板，中央缝显著。**唇发达，两端向上稍弯曲。鳃孔小，侧中位，位于胸鳍基底前方，弧形。鳃膜黑色。

头体除吻端、鳃孔周围及尾柄后半部外，密被细刺。侧线明显，侧上位。

背鳍1个，位于体后部肛门上方，方刀形。臀鳍与背鳍几同形，起点在背鳍末端下方。胸鳍宽短，扇形。无腹鳍。尾鳍宽大，后缘圆弧形。

体背呈棕褐色至灰绿色，腹部白色至淡黄色。**体侧有约8~20条黑色水平细纵纹，**胸鳍前方尚有3条半圆弧形细纹与后面纵纹相连。唇略呈浅黄色，鳃孔和背鳍基部黑色。各鳍浅褐色或黄灰色，**尾鳍后缘黑色。**

【生物学特性】

暖水性近岸底层鱼类。主要栖息于沿岸浅水的潟湖、礁区平台、海草床和河口泥质或沙质底质海域，幼鱼常见于红树林区，栖息水深2~20m。主要以甲壳类、软体动物和鱼类等为食，也摄食珊瑚礁中的海藻和珊瑚枝等。常见个体体长20~30cm，最大体长可达45cm。

【地理分布】

分布于西太平洋区印度尼西亚婆罗洲和菲律宾，东至萨摩亚，北至日本南部，南至澳大利亚新南威尔士和汤加。在我国主要分布于台湾周边海域。

【资源状况】

中小型鱼类，较罕见，无经济价值。体色艳丽，可作为观赏鱼，供[illegible]大型水族馆

146.轴扁背鲀 *Canthigaster axiologus* Whitley, 1931

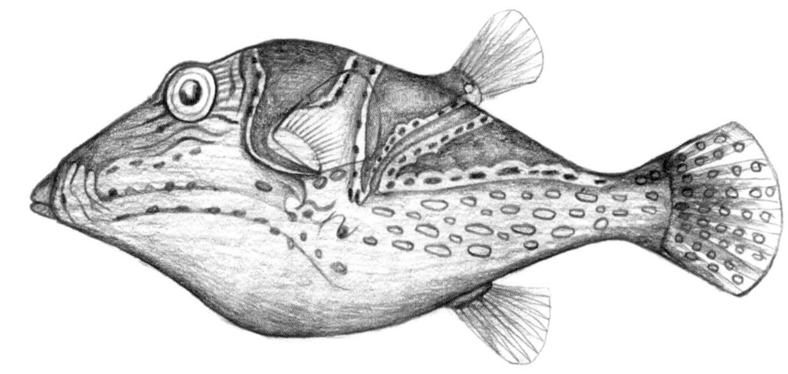

【英文名】Pacific crown toby

【别名】花冠扁背鲀、冠带扁背鲀、角尖鼻鲀、三带尖鼻鲀

【分类地位】鲀形目Tetraodontiformes
鲀科Tetraodontidae

【主要形态特征】

背鳍9~11；臀鳍9~10；胸鳍15~18。

体呈卵圆形，侧扁而高，上枕骨区突出，呈棱脊状突起。腹部中央自口后部下方至肛门有一棱褶。头中大，尖突。吻较长，尖突。眼中大，侧上位。口小，前位。上下颌各具2个喙状齿板。唇稍厚。鳃孔中大，侧中位，位于胸鳍基底前方，弧形。

头体背面、侧面及尾部光滑无刺，体腹部眼下方至肛门分布细弱小刺。侧线微细而不明显。

背鳍1个，位于体后部肛门后上方，小圆刀状。臀鳍与背鳍相似，起点在背鳍基底稍后下方。胸鳍宽短，近方形，侧中位。无腹鳍。尾鳍宽大，后缘呈圆弧形。

体呈白色至淡灰白色。头部及体背部有4条棕色近三角形横带，横带边缘镶嵌黄色细条和蓝色小斑，横带下方未超越体侧中部。眼四周有黄色辐射状细纹，成鱼颊部有2条延伸至尾柄末端的黄线纹，尾鳍上亦有5~6条黄色细纵纹。

【生物学特性】

暖水性珊瑚礁鱼类。主要栖息于珊瑚礁和岩礁周边沙质和碎石底质的开阔区域，栖息水深10~80m。主要以小型甲壳类、软体动物和鱼类等为食。最大体长可达20cm。

【地理分布】

分布于西太平洋区，西至中国台湾，东至马绍尔群岛和汤加，北至日本南部，南至澳大利亚新南威尔士。在我国主要分布于台湾周边海域。

【资源状况】

小型鱼类，内脏有弱毒，不具食用价值。体色艳丽，可供观赏，偶见于大型水族馆。

147.横带扁背鲀 *Canthigaster valentini* (Bleeker, 1853)

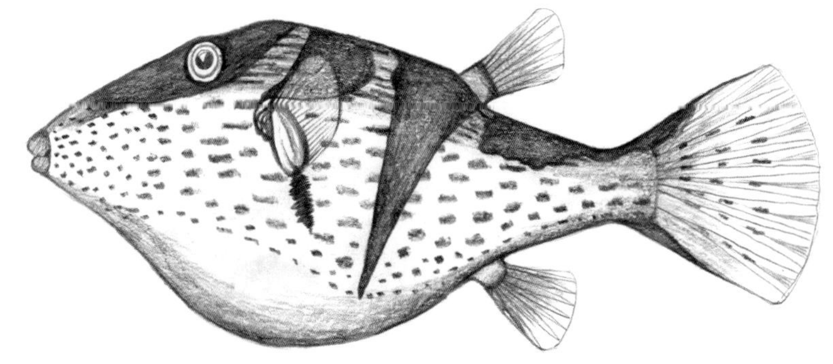

【英文名】Valentin's sharpnose puffer

【别名】瓦氏尖鼻鲀、横带尖鼻鲀、横带河鲀、腰带尖鼻鲀、日本婆

【分类地位】鲀形目Tetraodontiformes
鲀科Tetraodontidae

【主要形态特征】

背鳍9；臀鳍9；胸鳍16~17。

体呈卵圆形，侧扁而高，上枕骨区突出，呈棱脊状突起。腹部中央自口后部下方至肛门有一棱褶。头中大，尖突。吻较长，尖突。眼中大，侧上位。口小，前位。上下颌各具2个喙状齿板。唇稍厚。鳃孔中大，侧中位，位于胸鳍基底前方，弧形。

头体背面、侧面及尾部光滑无刺，体腹部眼下方至肛门分布细弱小刺。侧线微细而不明显。

背鳍1个，位于体后部肛门后上方，小圆刀状。臀鳍与背鳍相似，起点在背鳍基底稍后下方。胸鳍宽短，近方形，侧中位。无腹鳍。尾鳍宽大，后缘呈圆弧形。

体上半部呈白色至淡黄色，吻背部略呈浅紫色，体下半部白色。头部及体背部有4条黑色横带，背中部和背鳍前部横带向下延伸至腹中下部。头体侧面散布浅褐色小斑点，体侧部稍大。胸鳍、背鳍和臀鳍浅蓝色；尾鳍浅绿色或黄色，上下缘前部有黑色边缘。

【生物学特性】

暖水性珊瑚礁鱼类。主要栖息于珊瑚礁区、潟湖和面海的岩礁区等浅水静水水域，栖息水深1~55m。主要以丝状藻、海鞘、珊瑚虫、苔藓虫、多毛类和棘皮动物等为食。雄鱼具领域性。最大全长可达11cm。

【地理分布】

分布于印度—太平洋区，西至红海和东非沿岸，东至土阿莫土群岛，北至日本南部，南至豪勋爵岛。在我国主要分布于台湾周边海域。

【资源状况】

小型鱼类，内脏有弱毒，不具食用价值。体色艳丽，可供观赏，偶见于大型水族馆。

148.密斑刺鲀 *Diodon hystrix* Linnaeus, 1758

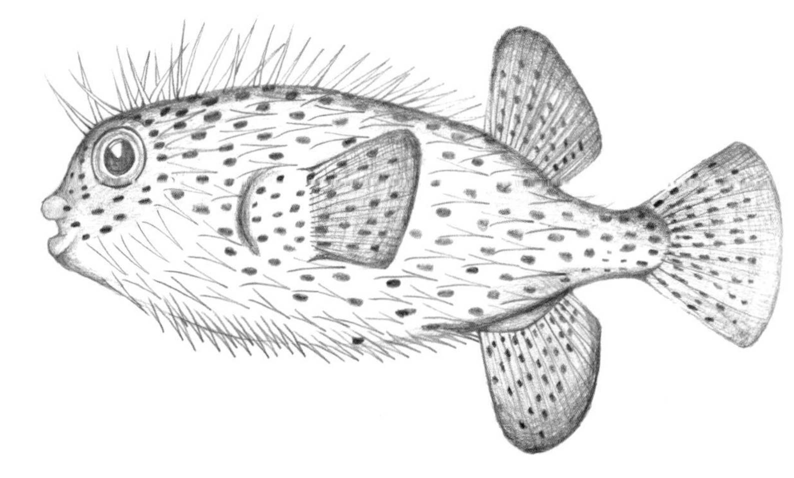

【英文名】spot-fin porcupinefish

【别名】密斑二齿鲀、刺规

【分类地位】鲀形目Tetraodontiformes
刺鲀科Diodontidae

【主要形态特征】

背鳍14~17；臀鳍14~16；胸鳍21~25。

体呈长圆筒形，宽而稍平扁，头和体前部粗钝。尾柄圆锥状，后端侧扁。头较大，头背缘在眼后方宽平，在眼前方形成一钝角，头宽大于体长的30%。吻宽短，背缘陡斜，前端稍尖突。眼中大，侧上位。鼻孔每侧2个，在皮质囊状鼻突起两侧。口较小，前位，浅弧形。上下颌各具一喙状齿板，无中央缝。唇肥厚。鳃孔侧位，直裂。

头体除吻部及尾柄后部外均被粗棘，前部棘具2个棘根，能自由活动，后部棘具3个棘根，不能活动。

背鳍1个，位于肛门后上方，圆刀形。臀鳍与背鳍相似，位置稍后。胸鳍宽，侧中位，圆截形。无腹鳍。尾鳍圆形。

体背侧呈灰褐色，腹部灰白色。头体密布黑色小斑点，头腹面在眼下方有一褐色弧形横带。背鳍、臀鳍和胸鳍灰褐色，基部有黑色斑点分布；尾鳍灰褐色，有许多黑色斑点。

【近似种】

本种与艾氏刺鲀（*D. eydouxii*）相似，区别为后者背鳍16~18，臀鳍16~18，胸鳍19~22，头宽小于体长的30%，背鳍和臀鳍镰形。

【生物学特性】

暖水性近海中层鱼类。主要栖息于潟湖和面海的岩礁区，栖息水深2~50m。白天常隐藏于礁缘下方或洞穴中，夜晚外出觅食。主要以具坚硬外壳的海胆、腹足类和甲壳类等为食。常见个体全长40cm左右，最大全长可达91cm。

【地理分布】

广泛分布于世界各亚热带和热带（35°N—31°S）海域。在我国主要分布于南海和台湾周边海域。

【资源状况】

大中型鱼类，我国沿海地区较常见，主要通过流刺网、延绳钓和钩钓捕获。有毒性，不可食用。常作为观赏鱼见于水族馆。

149.大斑刺鲀 *Diodon liturosus* Shaw, 1804

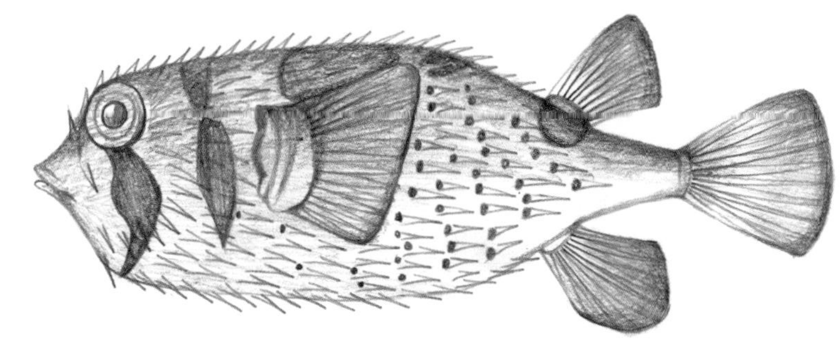

【英文名】black-blotched porcupinefish

【别名】九斑刺鲀、纹二齿鲀

【分类地位】鲀形目Tetraodontiformes
刺鲀科Diodontidae

【主要形态特征】

背鳍14~16；臀鳍14~16；胸鳍21~25。

体呈短圆筒形，宽而稍平扁，头和体前部粗钝。尾柄短，后端侧扁。头较宽大。吻短，背缘斜。眼中大，侧位而高。鼻孔每侧2个，在皮质囊状鼻突起两侧。口小，前位，浅弧形。上下颌各具一喙状齿板，无中央缝。唇较发达。鳃孔侧位，直裂，短缝状。

头体除吻端和尾柄外均被长棘，前部棘具2个棘根，能自由活动，后部棘具3个棘根，不能活动。额骨棘明显短于胸鳍后方棘，眼前缘具一指向腹面的小棘。

背鳍1个，位于肛门后上方，圆形。臀鳍与背鳍相似，位置稍后。胸鳍宽，侧中位，圆形。无腹鳍。尾鳍圆形。

体背部呈灰褐色，腹部灰白色。体上有一些具黄色边缘的大黑斑，体背部有5个大斑，头部两侧各有2个大斑，头腹面正对眼下方有一横行的喉斑。体侧有一些小黑斑点，常分布于棘根附近。各鳍黄色，除基部外鳍上无斑点。

【生物学特性】

暖水性近海底层鱼类。主要栖息于浅海礁石周缘和斜坡区，幼鱼可出现于潟湖和河口，栖息水深1~90m（通常为15~30m）。白天常隐藏于礁缘下方或洞穴中，夜晚外出觅食。主要以甲壳类和软体动物等为食。常见个体体长20~30cm，最大体长可达60cm。

【地理分布】

分布于印度—太平洋区，西至东非沿岸，东至社会群岛，北至日本南部，南至澳大利亚新南威尔士；东南大西洋区南非的西南沿岸也有分布。在我国主要分布于南海和台湾周边海域。

【资源状况】

中型鱼类，内脏和生殖腺有毒，一般不作食用。常作为观赏鱼见于水族馆。

150.翻车鲀 *Mola mola* (Linnaeus, 1758)

【英文名】Ocean sunfish

【别名】翻车鱼、曼波鱼、太阳鱼

【分类地位】鲀形目Tetraodontiformes
翻车鲀科Molidae

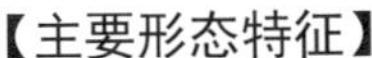

【主要形态特征】

背鳍15~18；臀鳍14~17；胸鳍12~13。

体呈卵圆形，侧扁而高。无尾柄。头高而侧扁。吻圆钝。眼小，侧上位。口小，前位。下颌各具一喙状齿板，无中央缝。唇厚。各鳃盖骨均埋于皮下。鳃孔小，侧上位，位于胸鳍基底前方。

体表粗糙，被极细小的鳞。无骨板。无侧线。

背鳍1个，位于体后部1/3处，高大呈镰形。臀鳍与背鳍同形相对。胸鳍短小，圆形，基底平横。无腹鳍。无真正的尾鳍，背鳍和臀鳍后部鳍条后延，在体后端相连，形成类似尾鳍的舵鳍，舵鳍边缘波曲状，具12~16枚鳍条，中部8~9枚鳍条后端具小骨板。

体背侧面呈灰褐色，腹面银白色。各鳍灰褐色。

【生物学特性】

暖水性大洋表层鱼类。单独或成对游动，有时集成10余尾的小群。小个体鱼较活跃，常跃出水面，大个体鱼行动迟缓，常侧卧于水面，或背鳍露出水面，也能潜入480m深的深水中。主要以鱼类、软体动物、浮游动物、水母、甲壳类和棘皮动物等为食。怀卵量极大，可达3亿粒，是鱼类中怀卵量最大的种类。最大全长可达3.3m，最大体重可达2.3t。

【地理分布】

广泛分布于世界热带和亚热带（75°N—65°S）海域。在我国主要分布于东海、南海和台湾周边海域，渤海和黄海偶有出现。

【资源状况】

大型鱼类，肉可供食用，但因其食物链中有时包括东方鲀或刺鲀，食用可能引起中毒。鱼皮可制胶，鱼肝可提炼鱼肝油。因其巨大的个体和独特的体形，偶见于大型水族馆。

IUCN红色名录将其评估为易危（VU）等级。

形态检索图

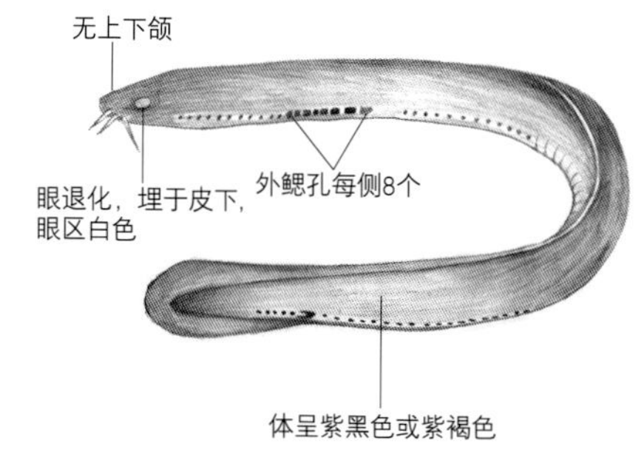

1. 紫黏盲鳗 ***Eptatretus okinoseanus***

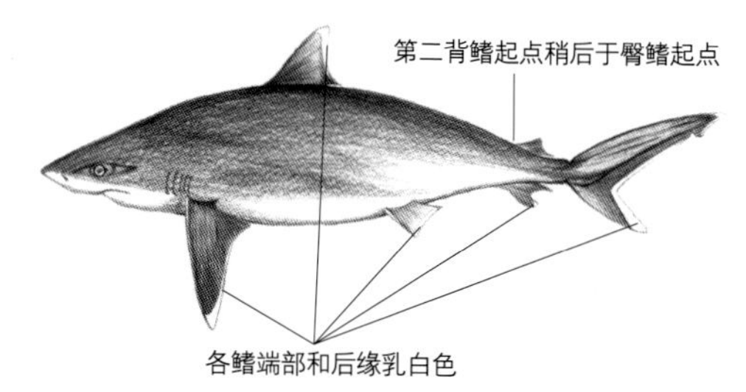

2. 白边真鲨 ***Carcharhinus albimarginatus***

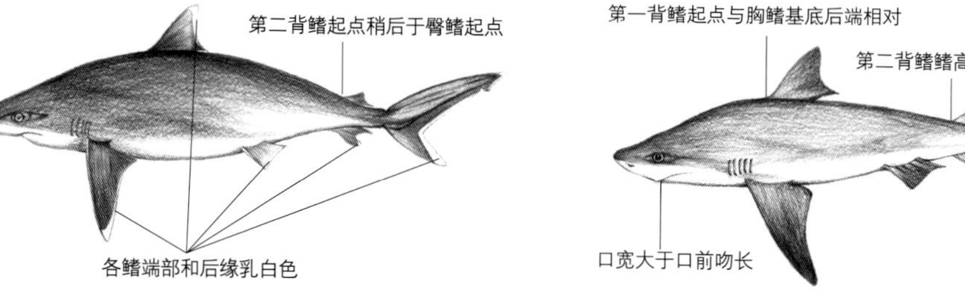

3. 公牛真鲨 ***Carcharhinus leucas***

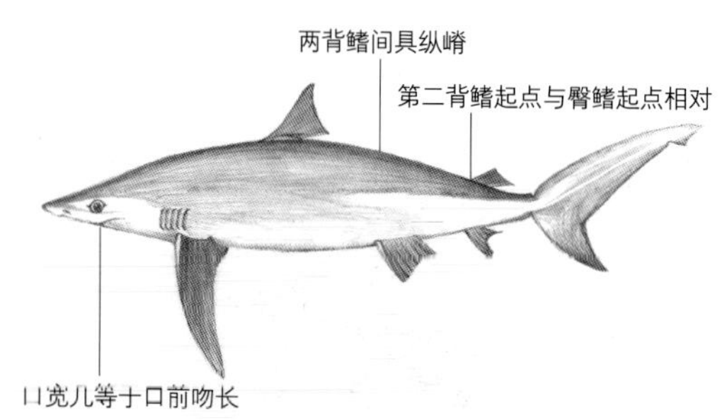

4. 暗体真鲨 ***Carcharhinus obscurus***

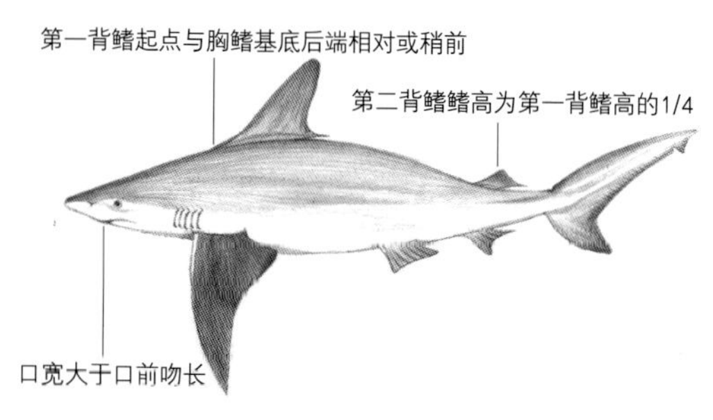

5. 铅灰真鲨 ***Carcharhinus plumbeus***

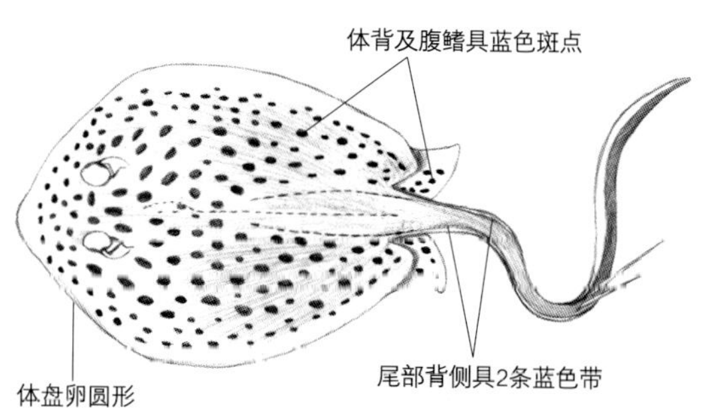

6. 蓝斑条尾魟 ***Taeniura lymma***

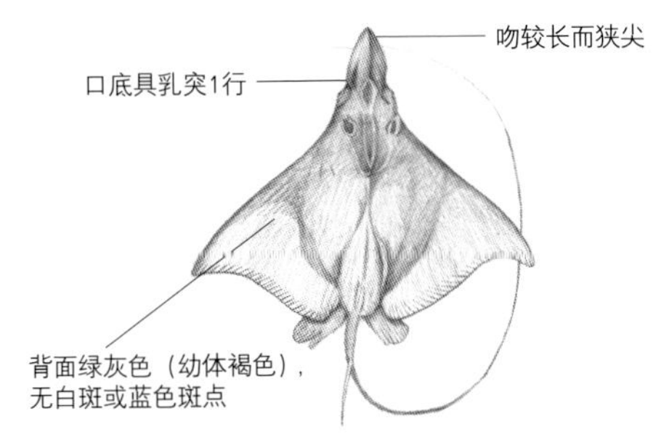

7. 奈留鳐鲼 ***Aetobatus narutobiei***

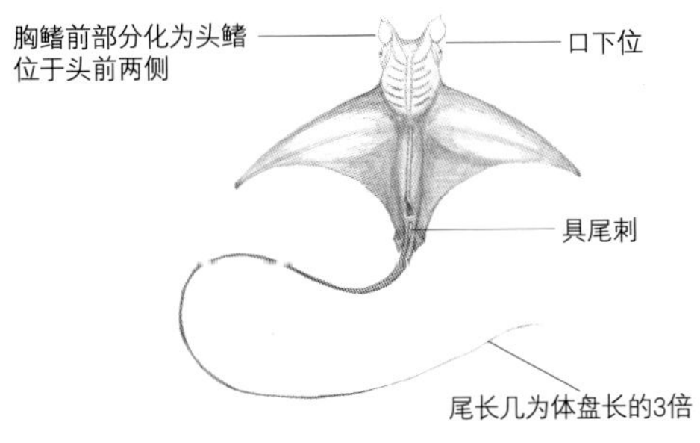

8. 蝠鲼 ***Mobula mobular***

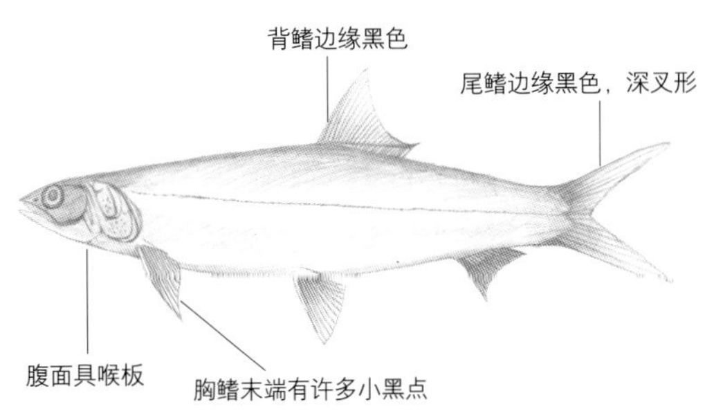

9. 大眼海鲢 ***Elops machnata***

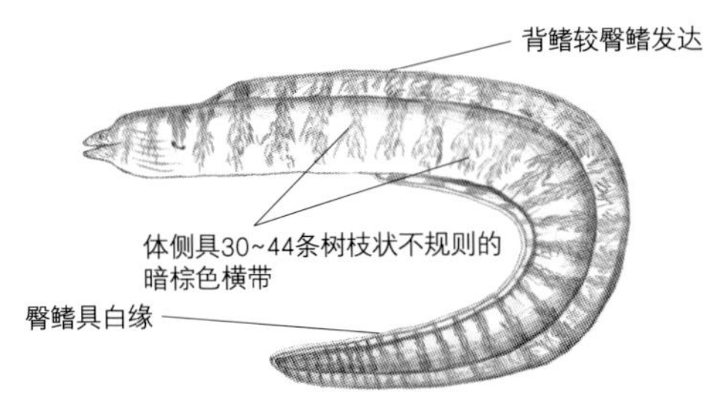

10. 蠕纹裸胸鳝 ***Gymnothorax kidako***

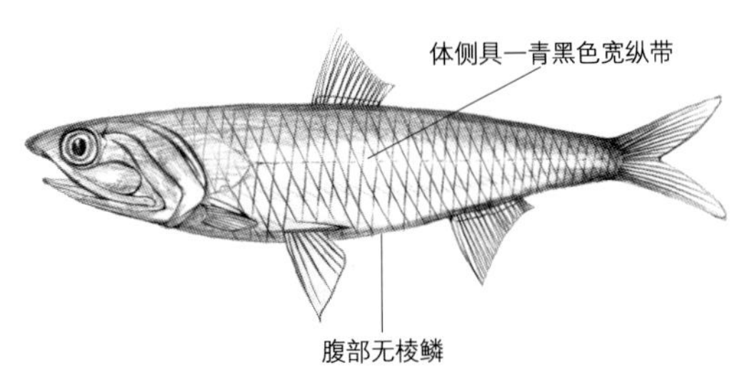

11. 日本鳀 ***Engraulis japonicus***

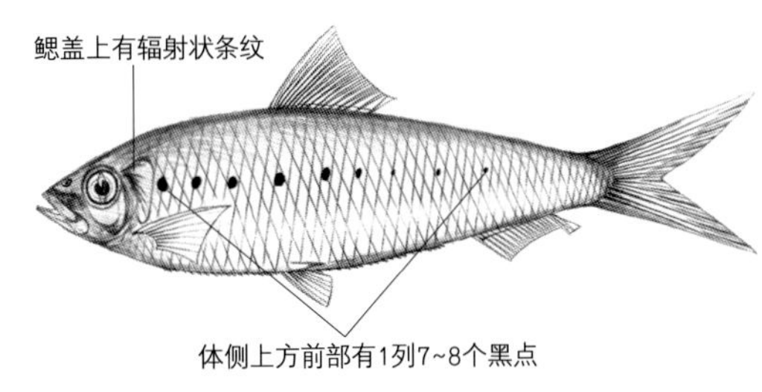

12. 远东拟沙丁鱼 ***Sardinops sagax melanostictus***

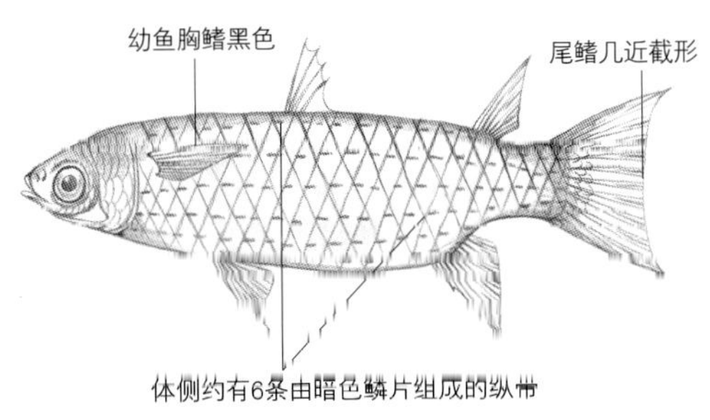

13. 黄鲻 ***Ellochelon vaigiensis***

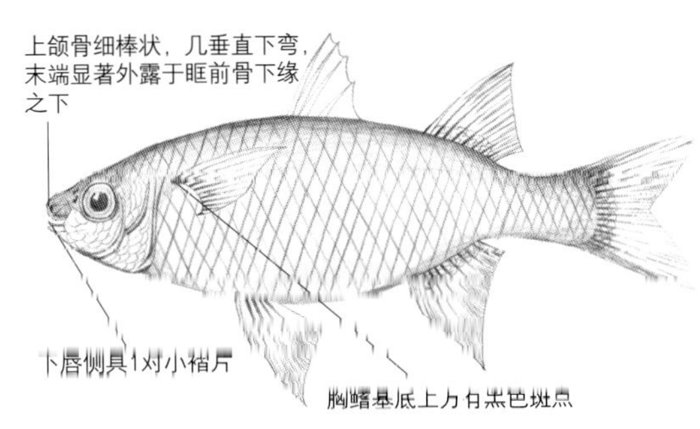

14. 角瘤唇鲻 ***Plicomugil labiosus***

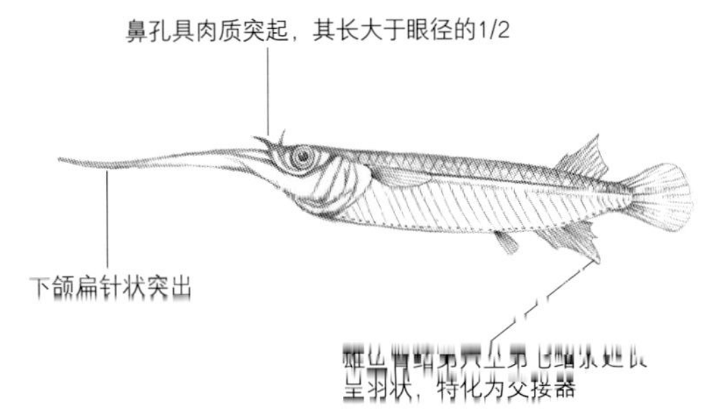

15. 董氏异鳞鱵 ***Zenarchopterus dunckeri***

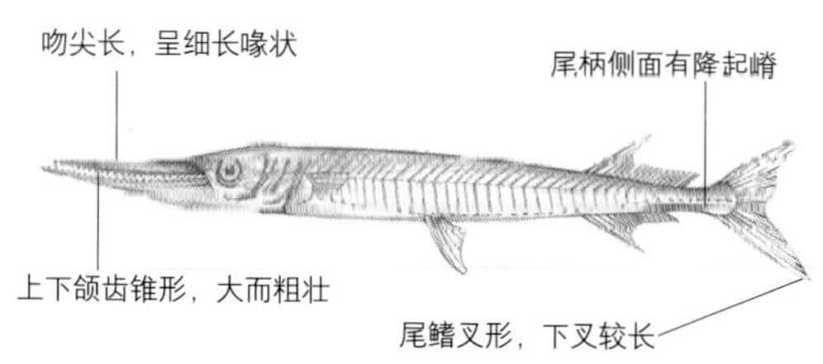

16. 鳄形圆颌针鱼 ***Tylosurus crocodilus***

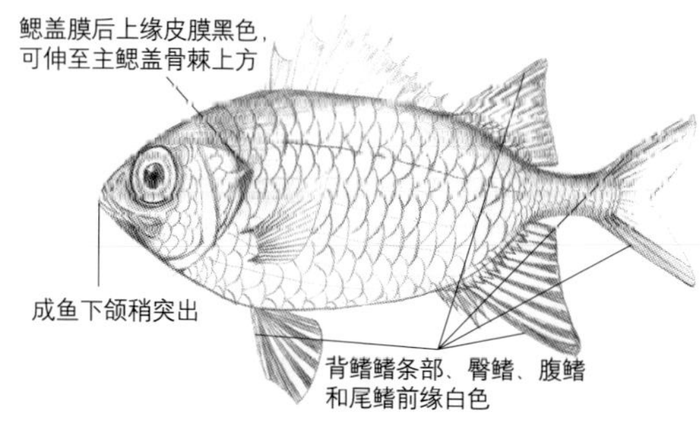

17. 凸颌锯鳞鱼 ***Myripristis berndti***

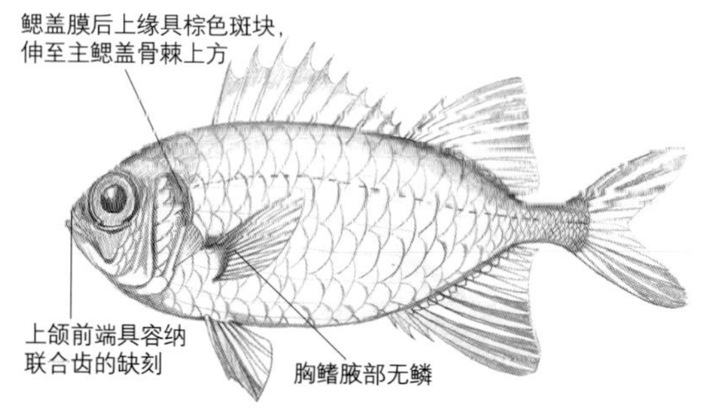

18. 红锯鳞鱼 ***Myripristis pralinia***

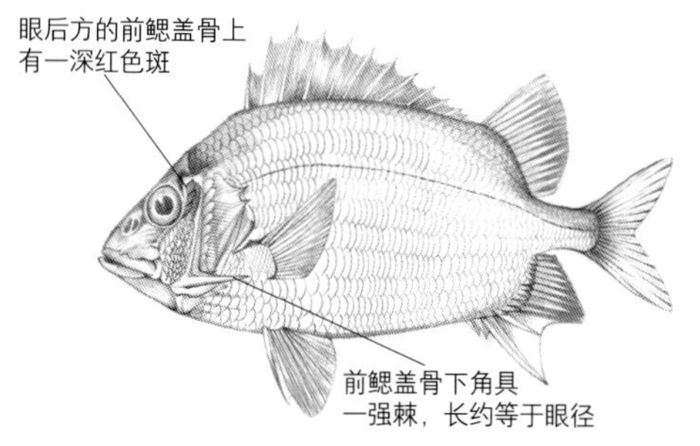

19. 尖吻棘鳞鱼 ***Sargocentron spiniferum***

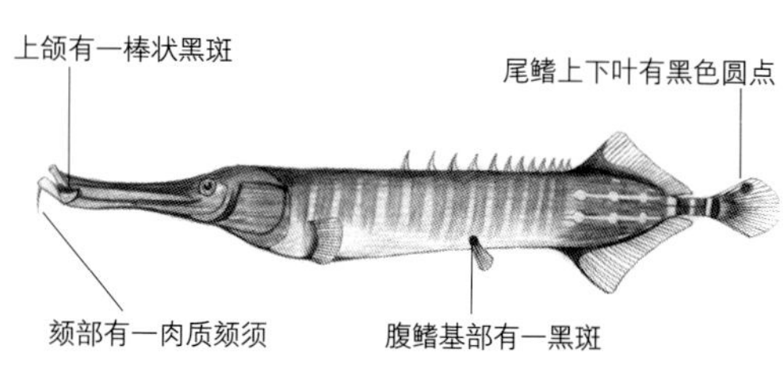

20. 中华管口鱼 ***Aulostomus chinensis***

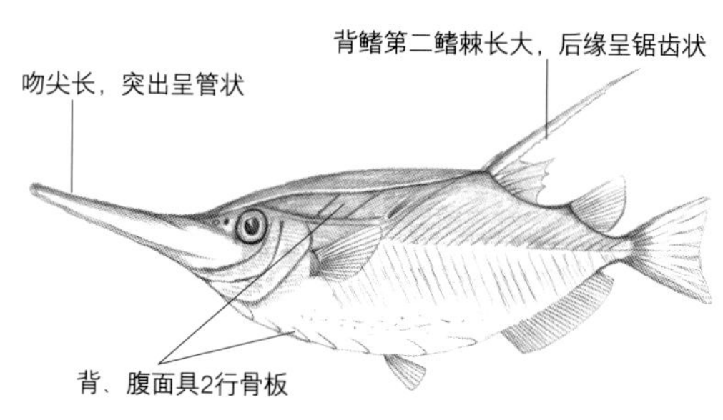

21. 长吻鱼 ***Macroramphosus scolopax***

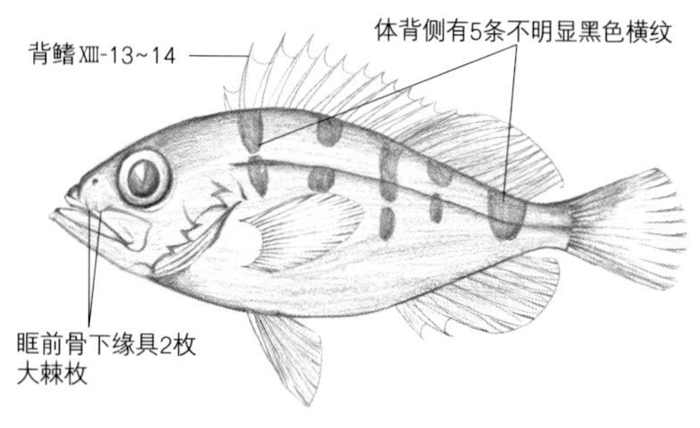

22. 无备平鲉 ***Sebastes inermis***

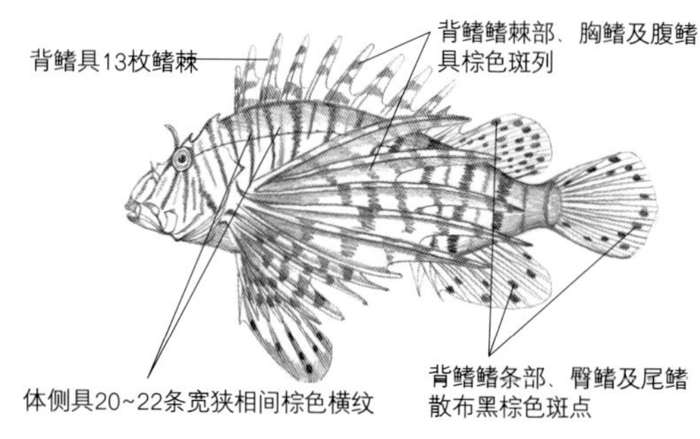

23. 环纹蓑鲉 ***Pterois lunulata***

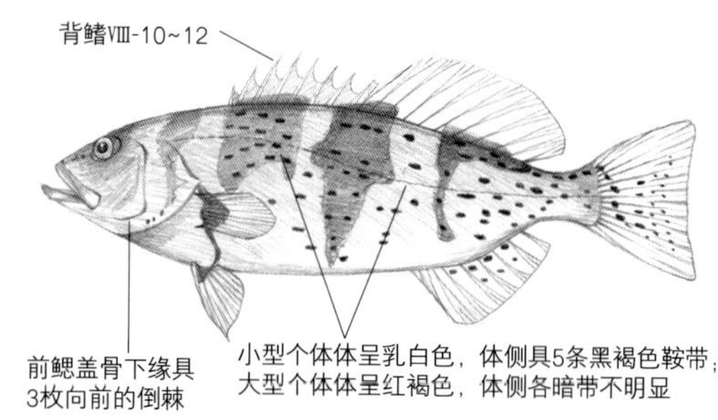

24. 黑鞍鳃棘鲈 ***Plectropomus laevis***

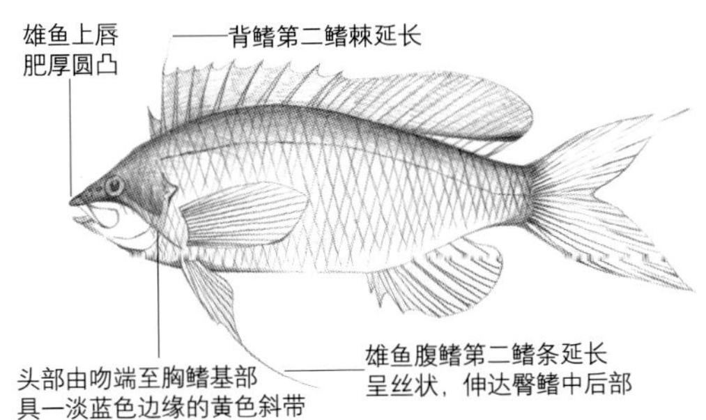

25. 刺盖拟花鮨 ***Pseudanthias dispar***

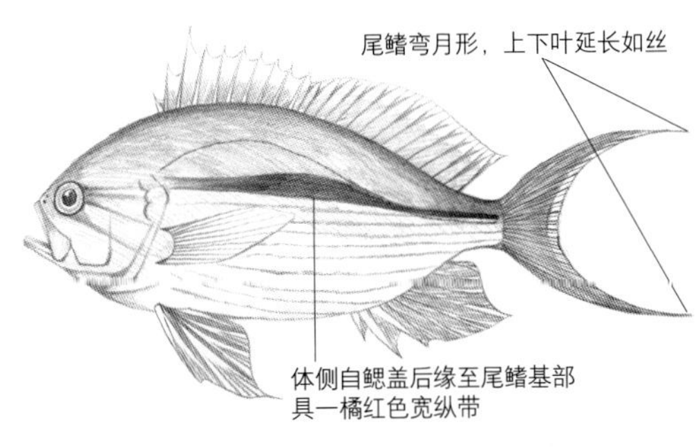

26. 条纹拟花鮨 ***Pseudanthias fasciatus***

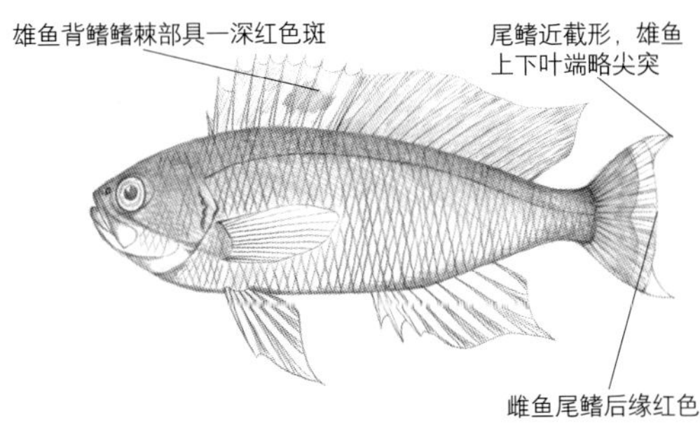

27. 高体拟花鮨 ***Pseudanthias hypselosoma***

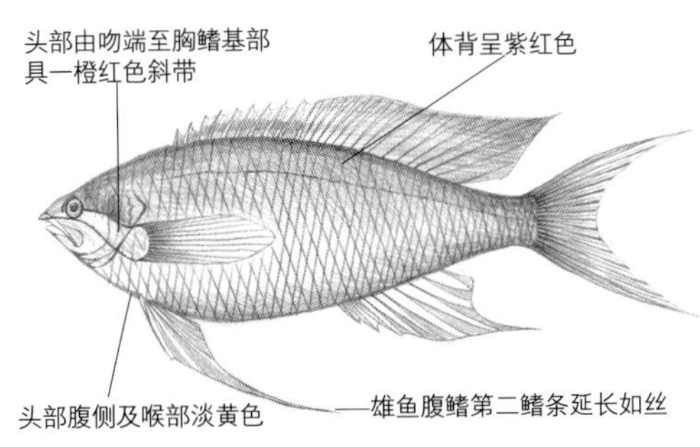

28. 紫红拟花鮨 ***Pseudanthias pascalus***

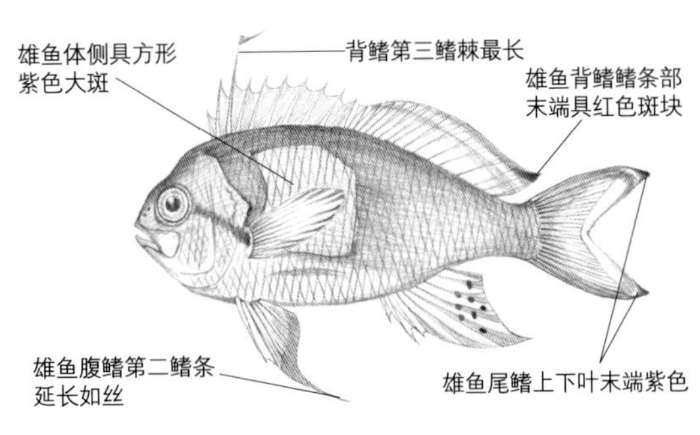

29. 侧带拟花鮨 ***Pseudanthias pleurotaenia***

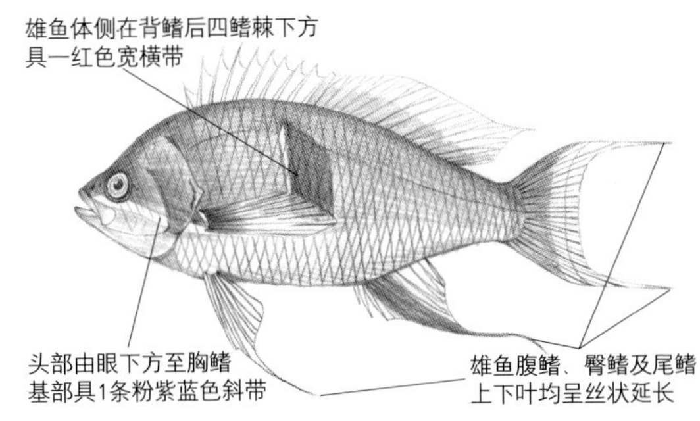

30. 红带拟花鮨 ***Pseudanthias rubrizonatus***

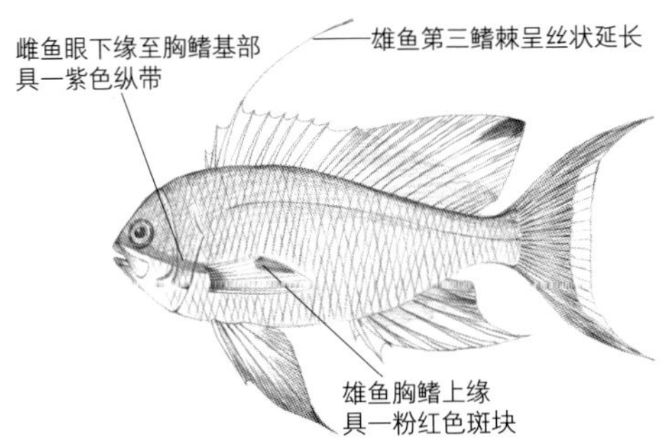

31. 丝鳍拟花鮨 ***Pseudanthias squamipinnis***

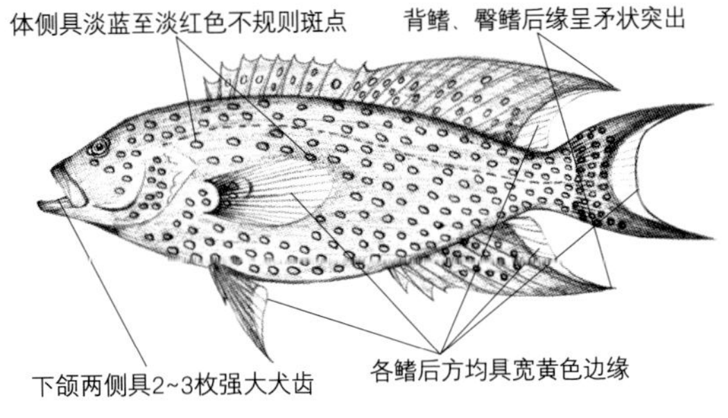

32. 侧牙鲈 ***Variola louti***

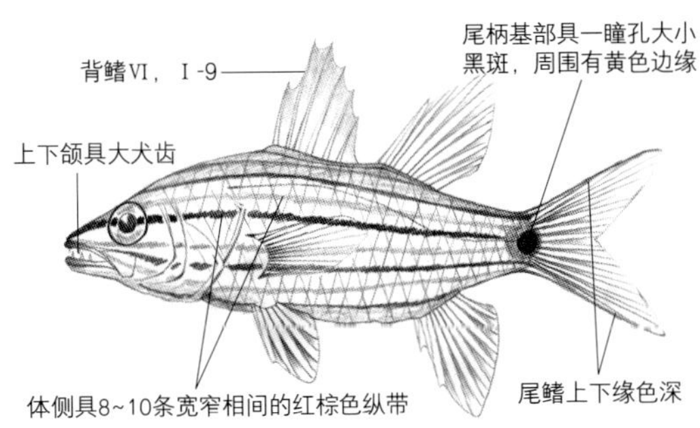

33. 纵带巨牙天竺鲷 ***Cheilodipterus artus***

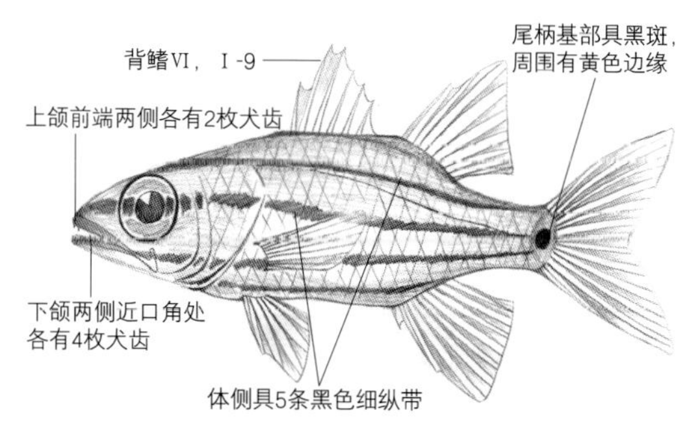

34. 五带巨牙天竺鲷 ***Cheilodipterus quinquelineatus***

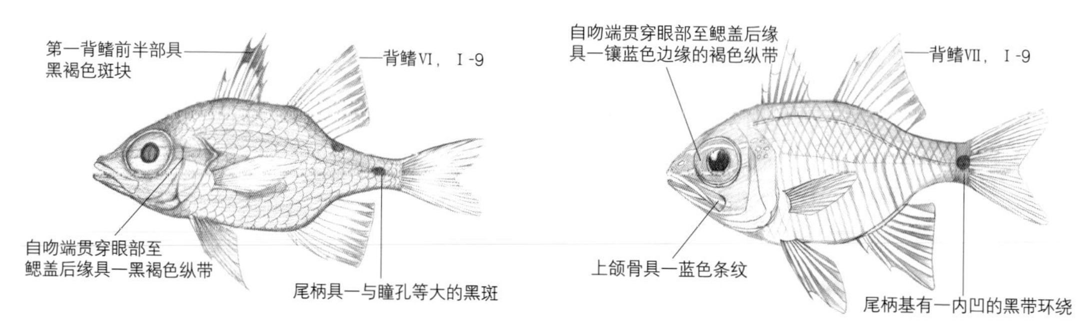

35. 条腹线天竺鲷 ***Fibramia thermalis***

36. 环尾鹦天竺鲷 ***Ostorhinchus aureus***

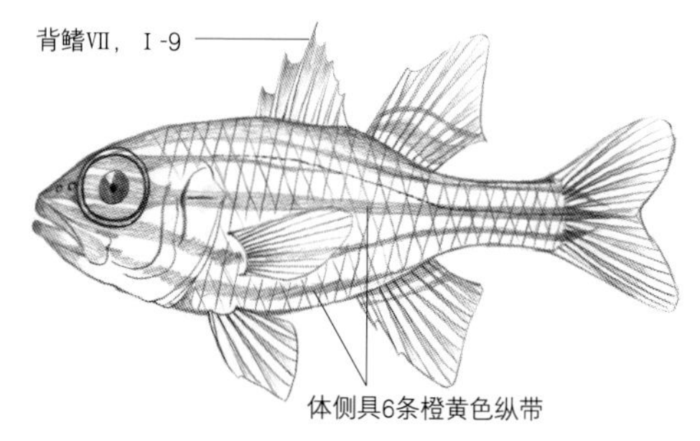

37. 黄带鹦天竺鲷 ***Ostorhinchus properuptus***

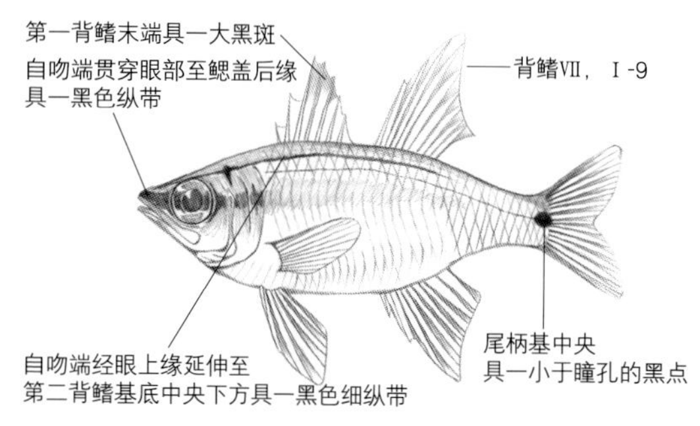

38. 半线鹦天竺鲷 ***Ostorhinchus semilineatus***

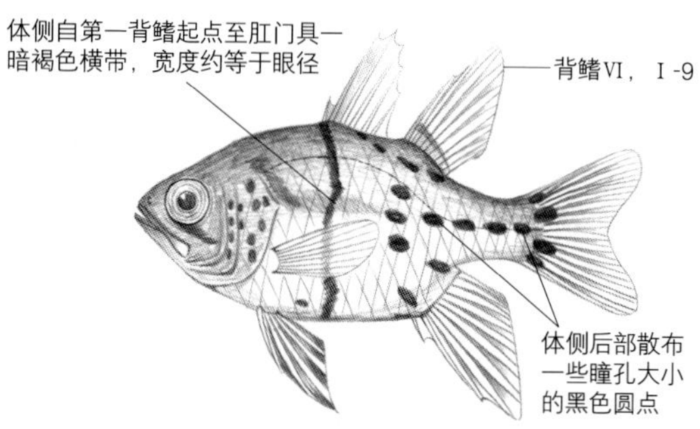

39. 环纹圆天竺鲷 ***Sphaeramia orbicularis***

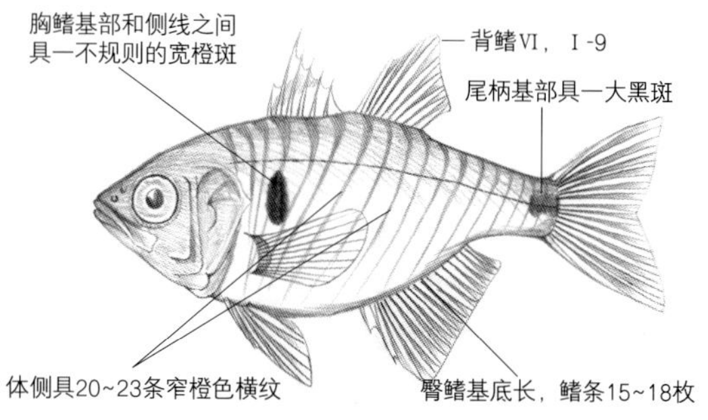

40. 褐斑带天竺鲷 ***Taeniamia fucata***

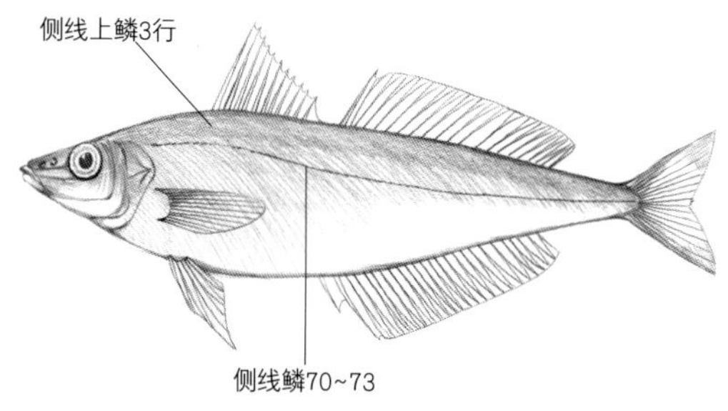

41. 少鳞鱚 ***Sillago japonica***

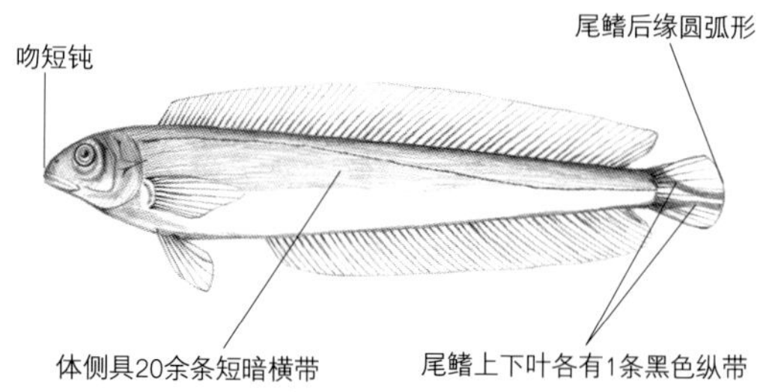

42. 短吻弱棘鱼 ***Malacanthus brevirostris***

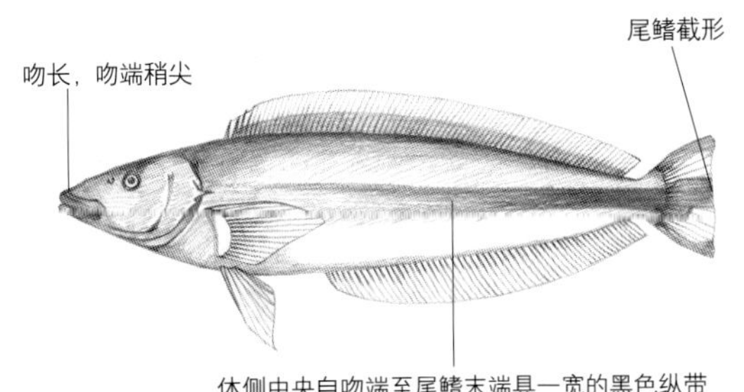

43. 侧条弱棘鱼 ***Malacanthus latovittatus***

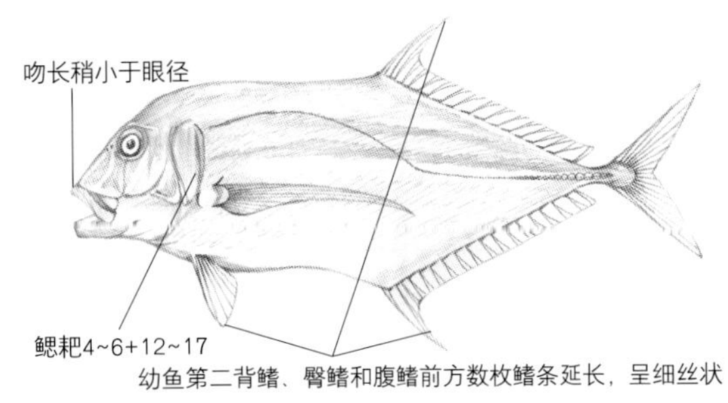

44. 丝鲹 ***Alectis ciliaris***

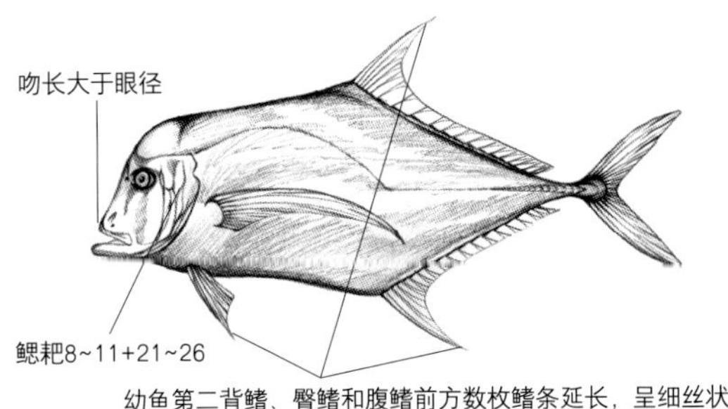

45. 印度丝鲹 ***Alectis indica***

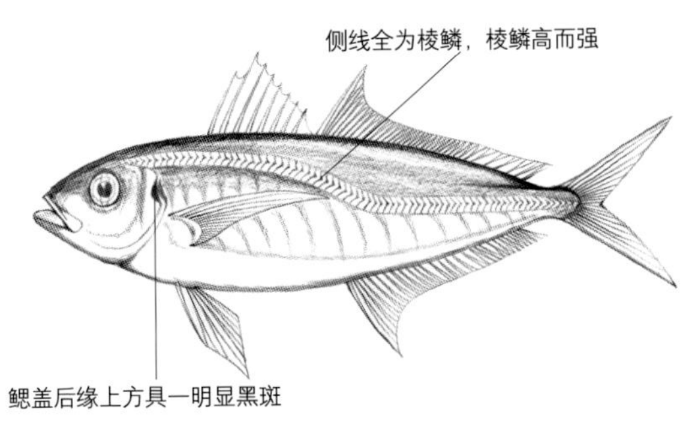

46. 日本竹筴鱼 ***Trachurus japonicus***

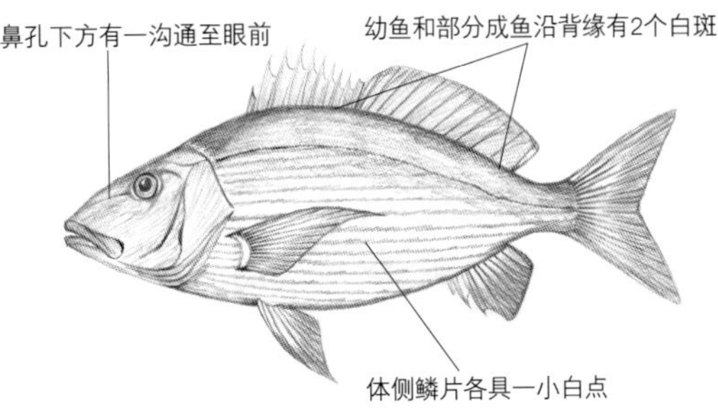

47. 白斑笛鲷 ***Lutjanus bohar***

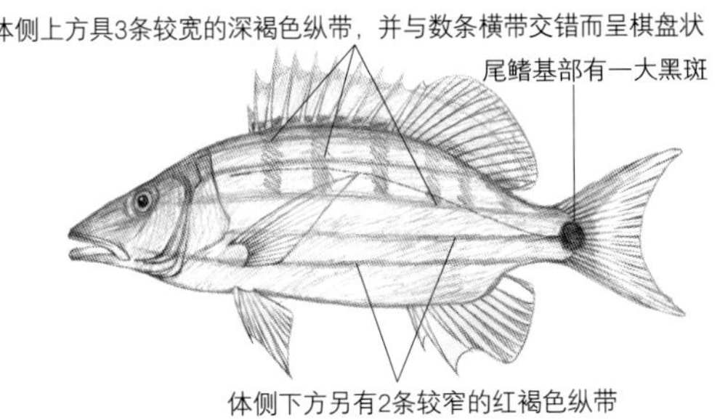

48. 斜带笛鲷 ***Lutjanus decussatus***

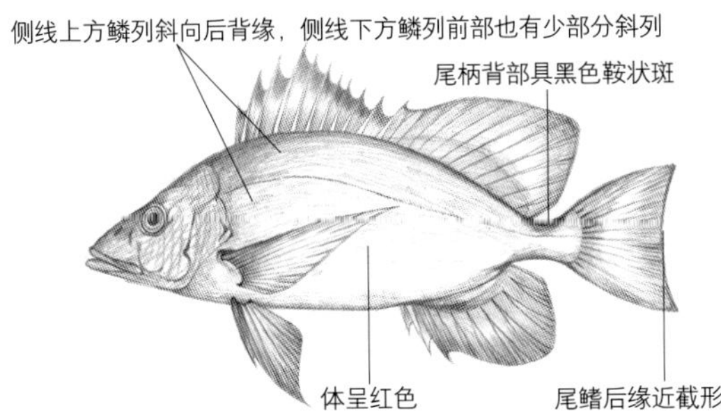

49. 马拉巴笛鲷 ***Lutjanus malabaricus***

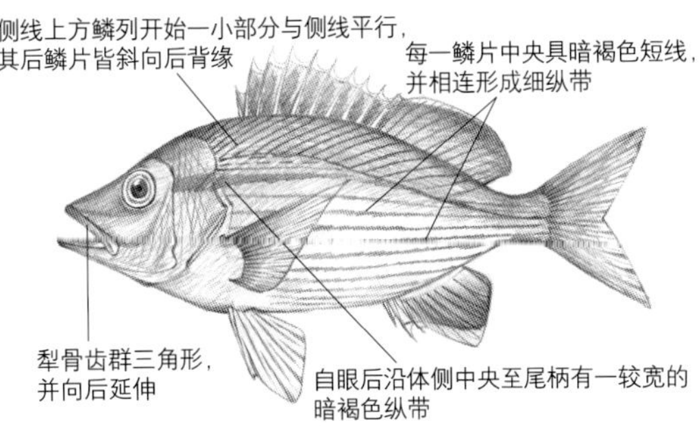

50. 奥氏笛鲷 ***Lutjanus ophuysenii***

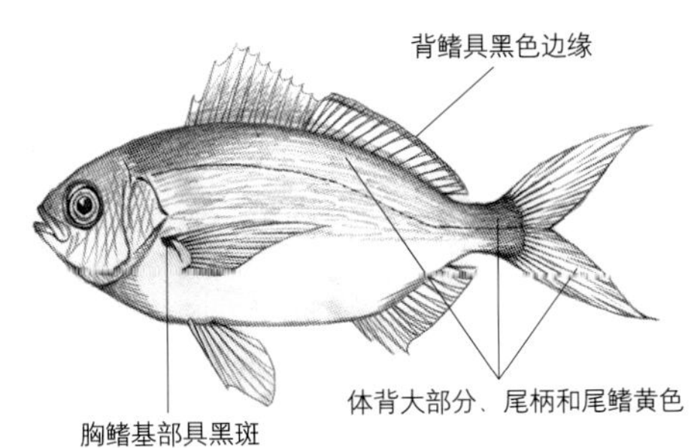

51. 黄尾梅鲷 ***Caesio cuning***

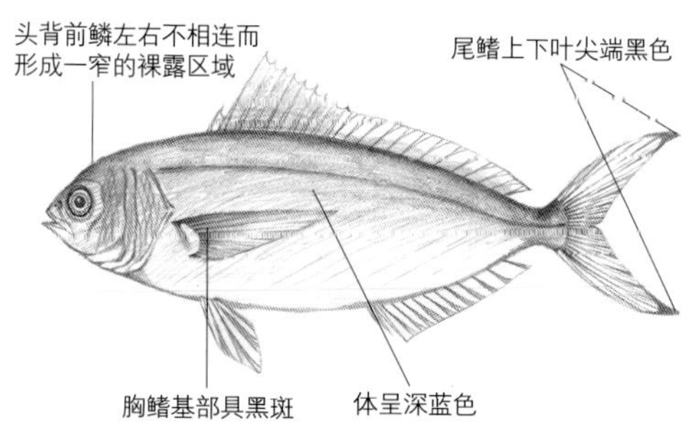

52. 新月梅鲷 ***Caesio lunaris***

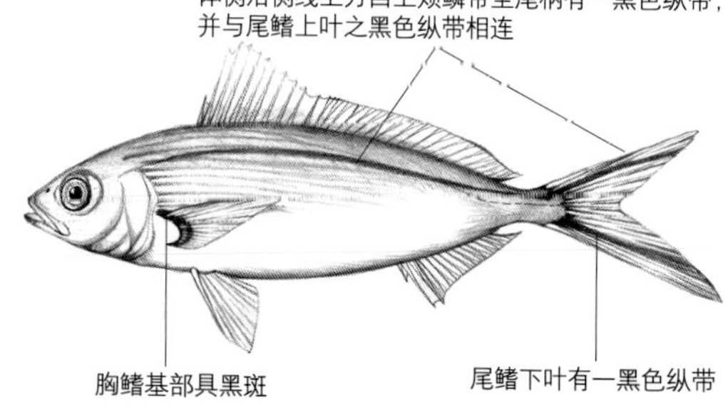

53. 黑带鳞鳍梅鲷 ***Pterocaesio tile***

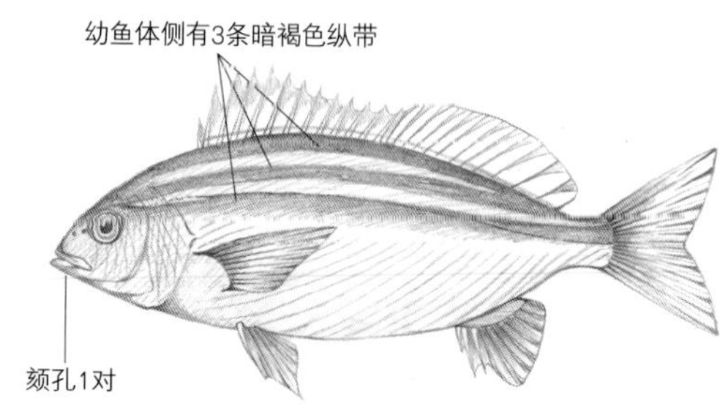

54. 三线矶鲈 ***Parapristipoma trilineatum***

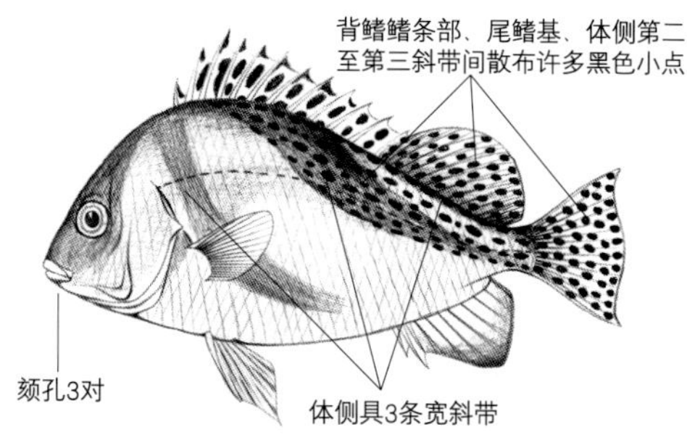

55. 花尾胡椒鲷 ***Plectorhinchus cinctus***

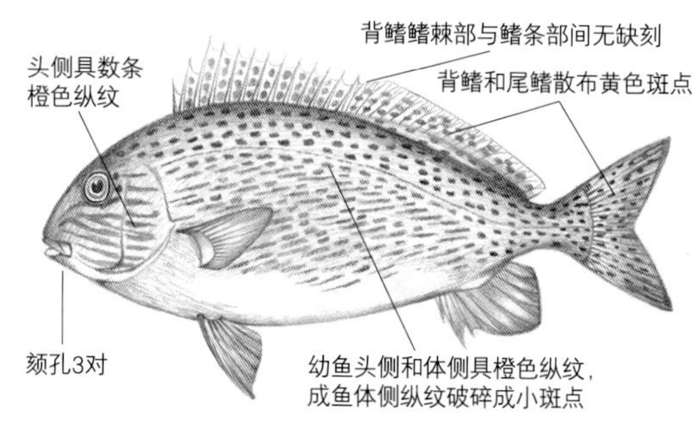

56. 黄点胡椒鲷 ***Plectorhinchus flavomaculatus***

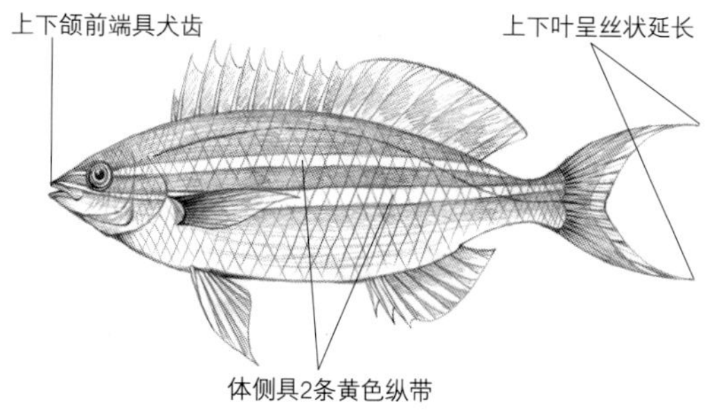

57. 犬牙锥齿鲷 ***Pentapodus caninus***

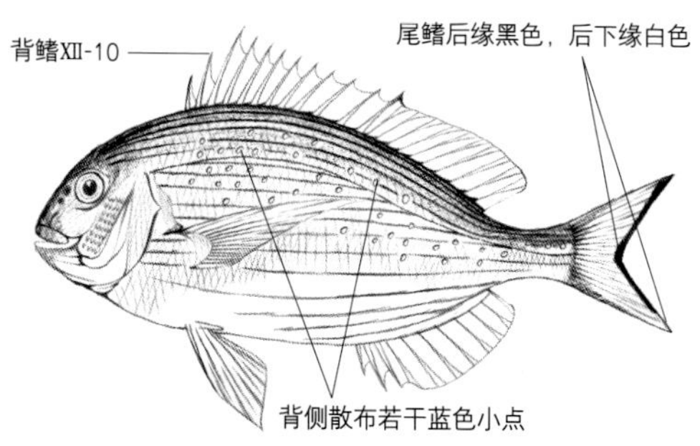

58. 真赤鲷 ***Pagrus major***

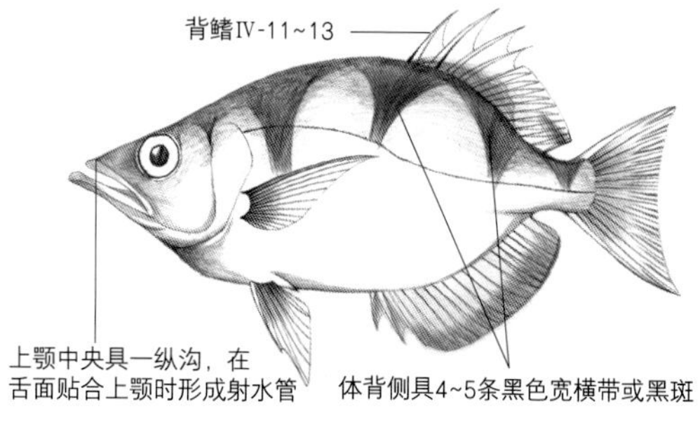

59. 横带射水鱼 ***Toxotes jaculatrix***

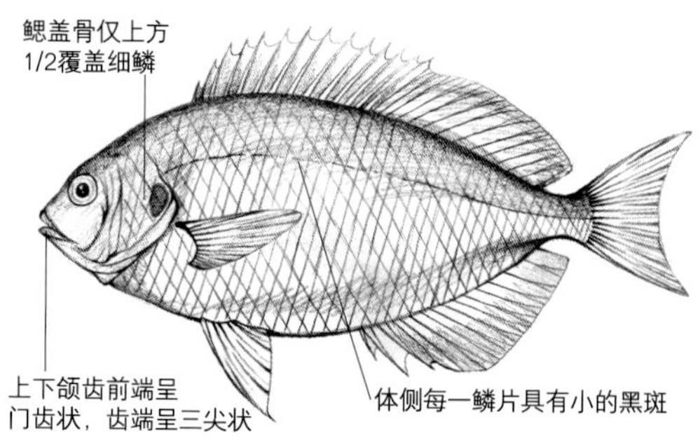

60. 斑鮀 ***Girella punctata***

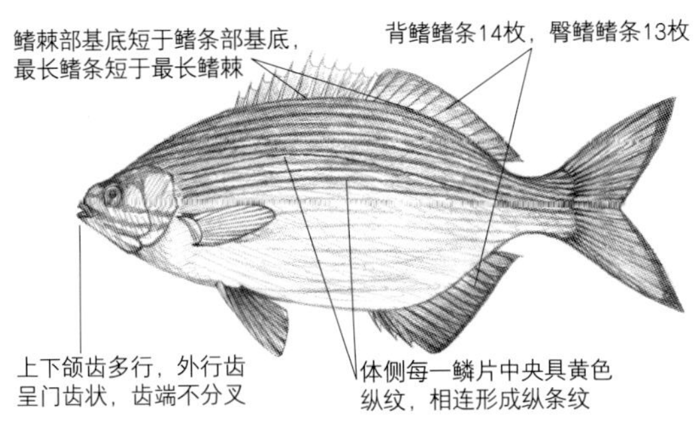

61. 低鳍鮀 ***Kyphosus vaigiensis***

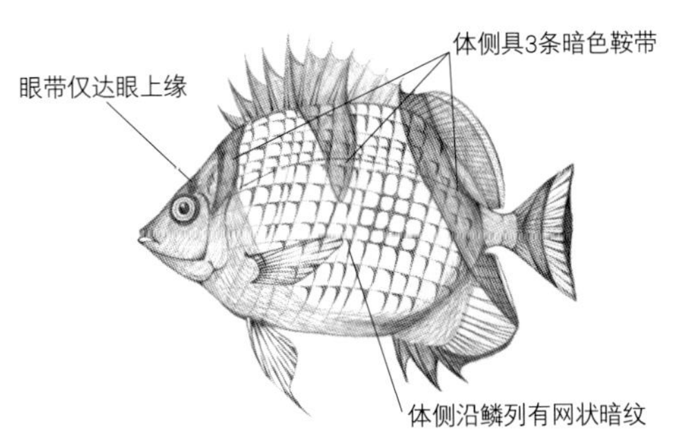

62. 银身蝴蝶鱼 ***Chaetodon argentatus***

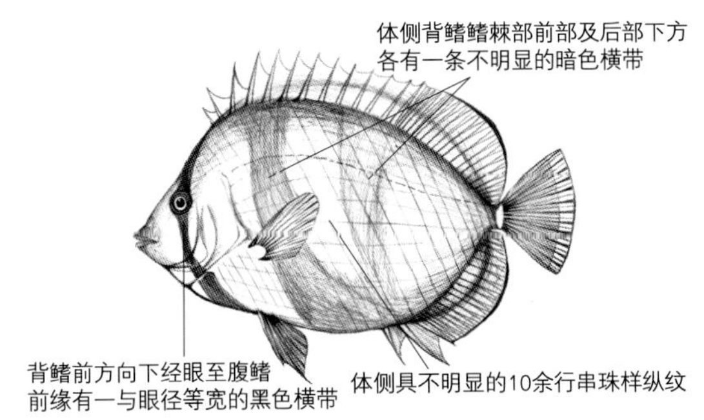

63. 珠蝴蝶鱼 ***Chaetodon kleinii***

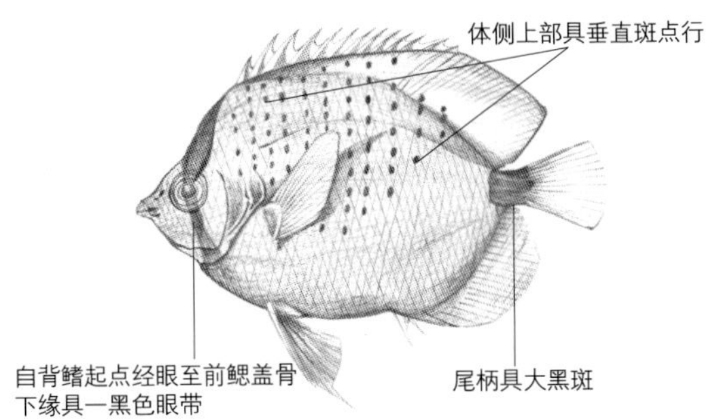

64. 粟点蝴蝶鱼 ***Chaetodon miliaris***

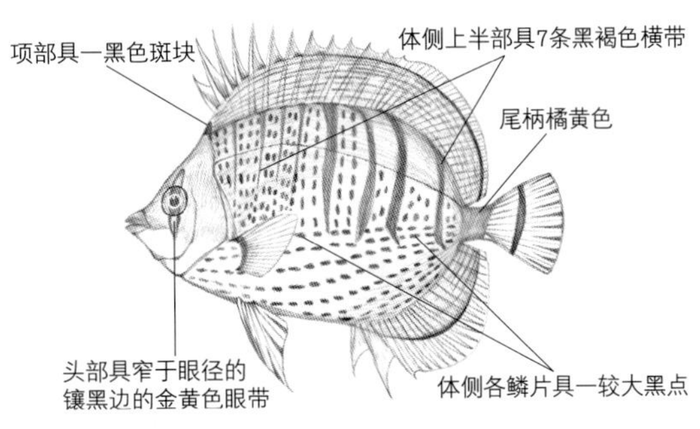

65. 斑带蝴蝶鱼 ***Chaetodon punctatofasciatus***

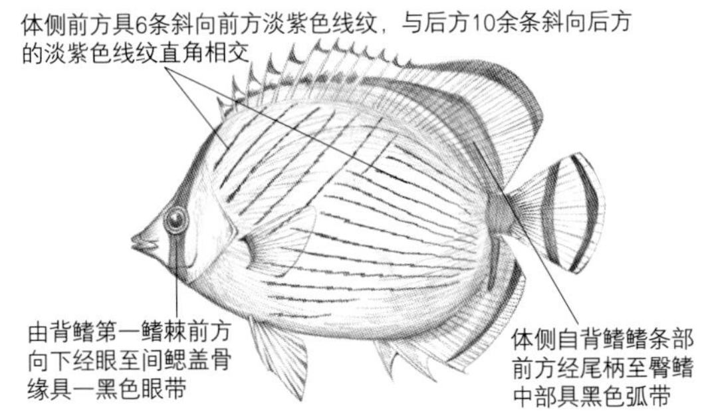

66. 斜纹蝴蝶鱼 ***Chaetodon vagabundus***

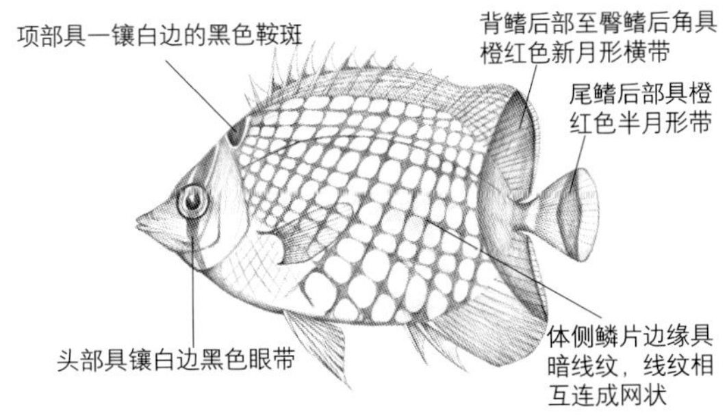

67. 黄蝴蝶鱼 ***Chaetodon xanthurus***

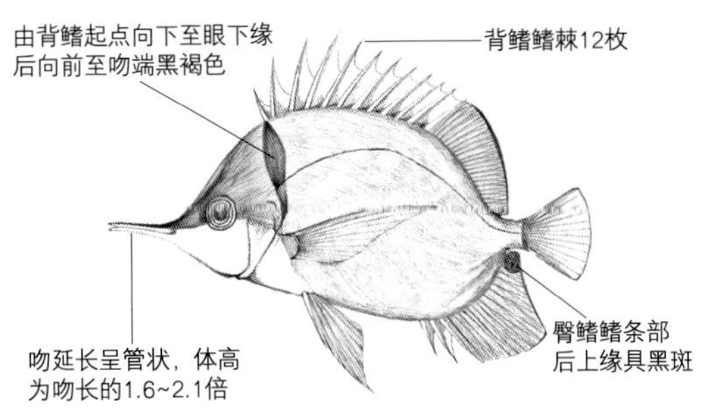

68. 黄镊口鱼 ***Forcipiger flavissimus***

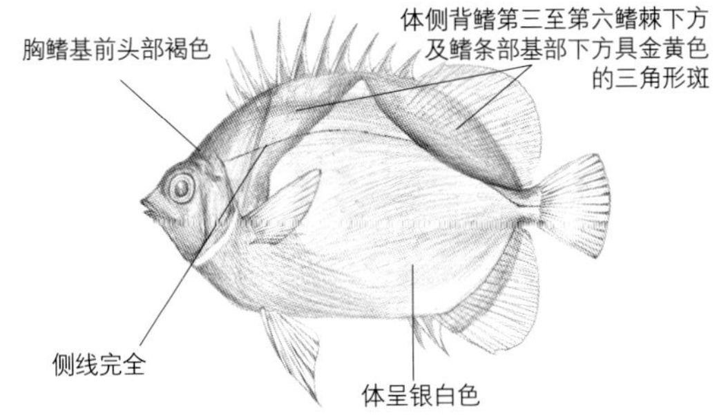

69. 多鳞霞蝶鱼 ***Hemitaurichthys polylepis***

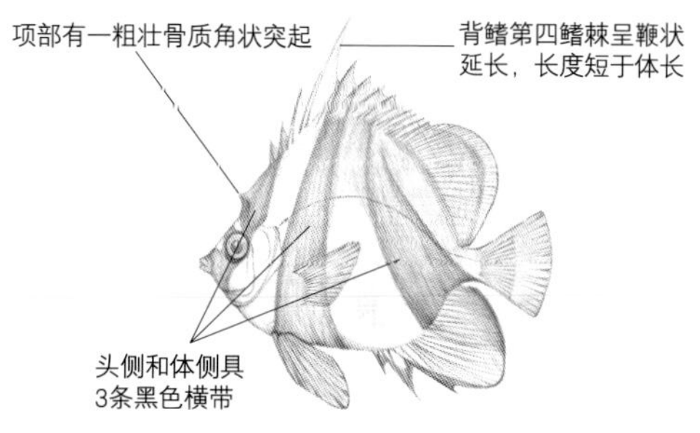

70. 单角马夫鱼 ***Heniochus monoceros***

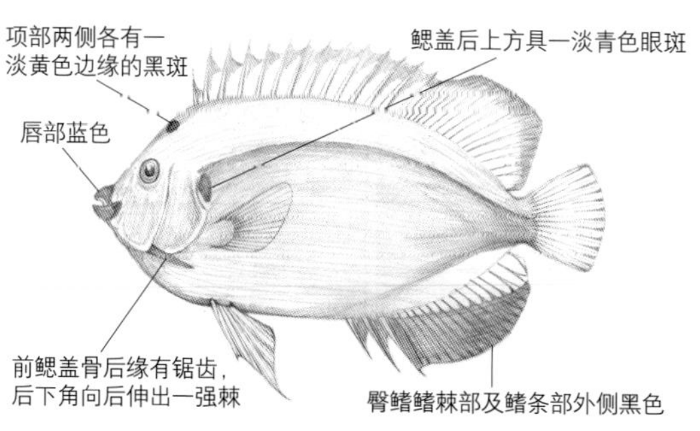

71. 三点阿波鱼 ***Apolemichthys trimaculatus***

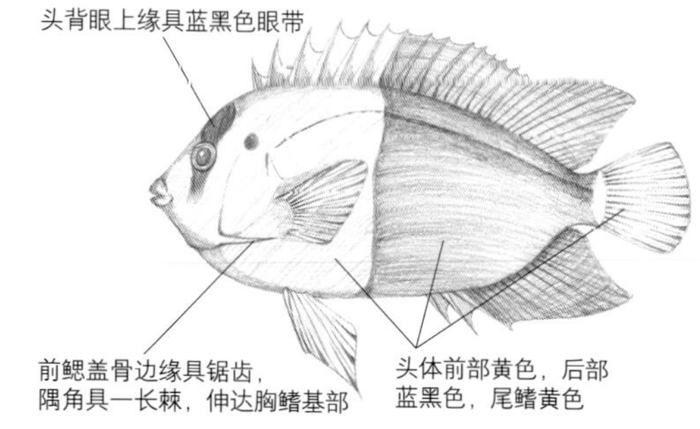

72. 二色刺尻鱼 ***Centropyge bicolor***

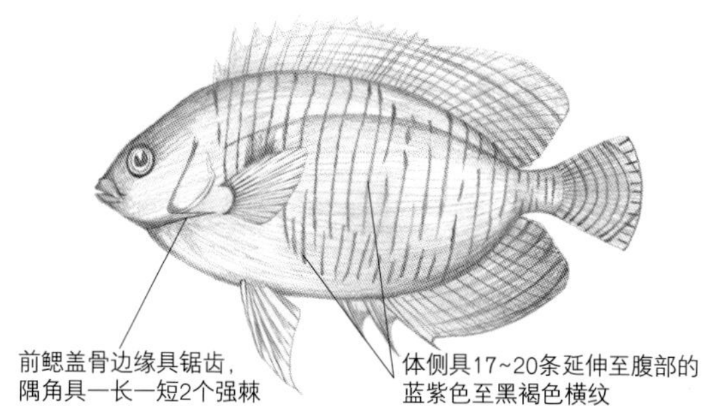

73. 双棘刺尻鱼 ***Centropyge bispinosa***

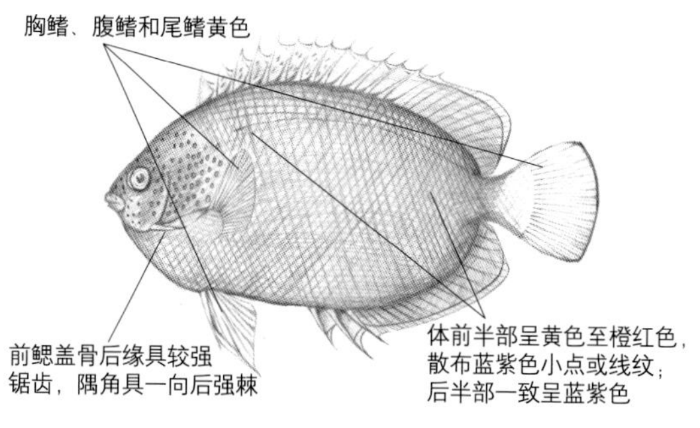

74. 断线刺尻鱼 ***Centropyge interrupta***

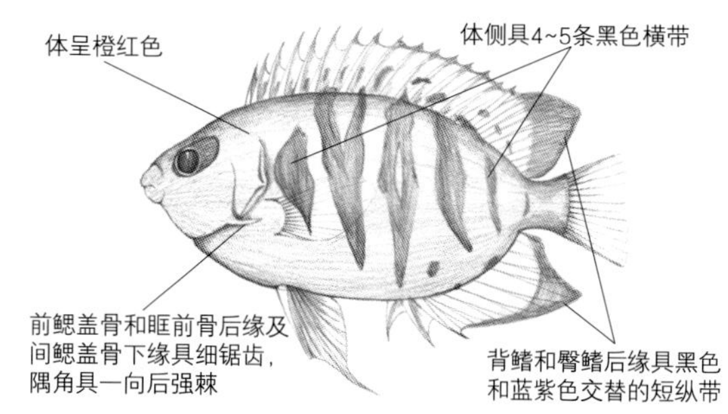

75. 胄刺尻鱼 ***Centropyge loriculus***

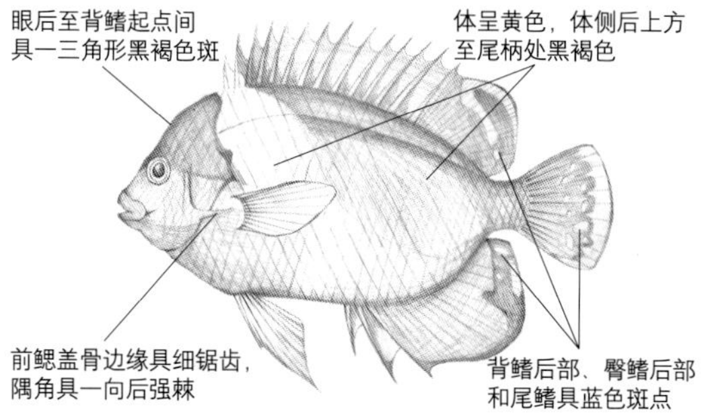

76. 仙女刺尻鱼 ***Centropyge venusta***

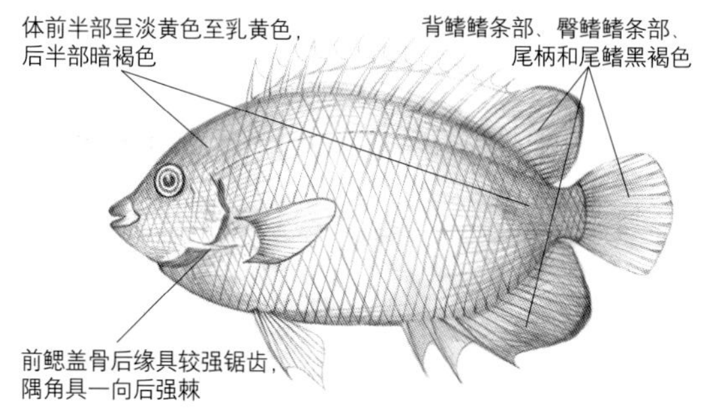

77. 福氏刺尻鱼 ***Centropyge vrolikii***

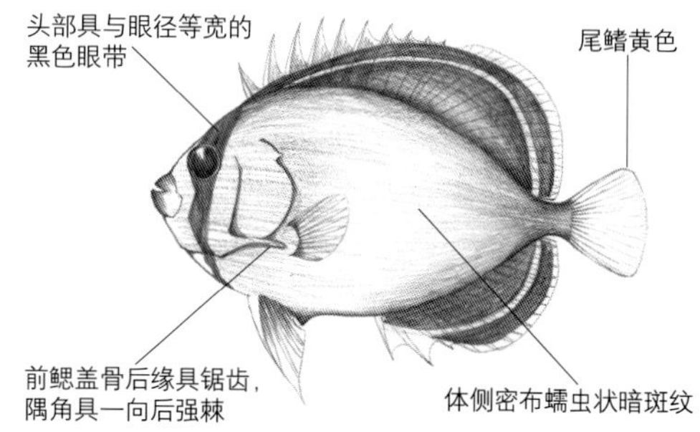

78. 中白荷包鱼 ***Chaetodontoplus mesoleucus***

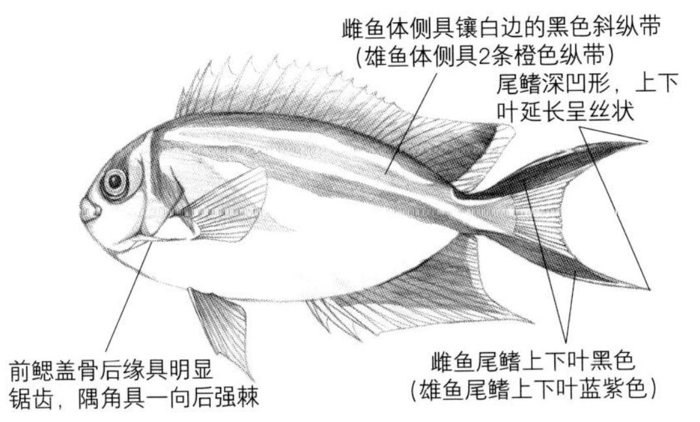

79. 美丽月蝶鱼 ***Genicanthus bellus***

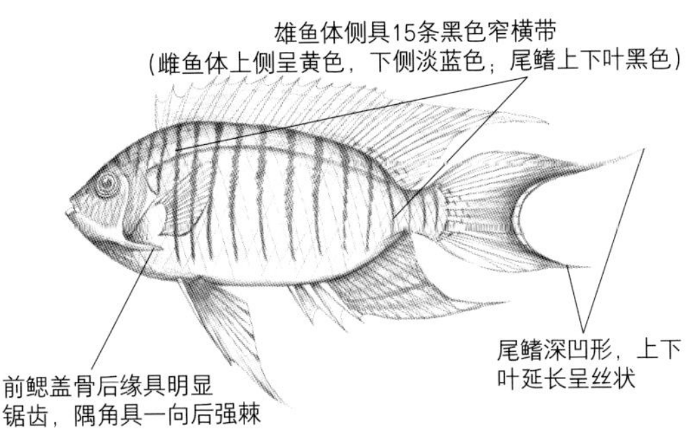

80. 黑斑月蝶鱼 ***Genicanthus melanospilos***

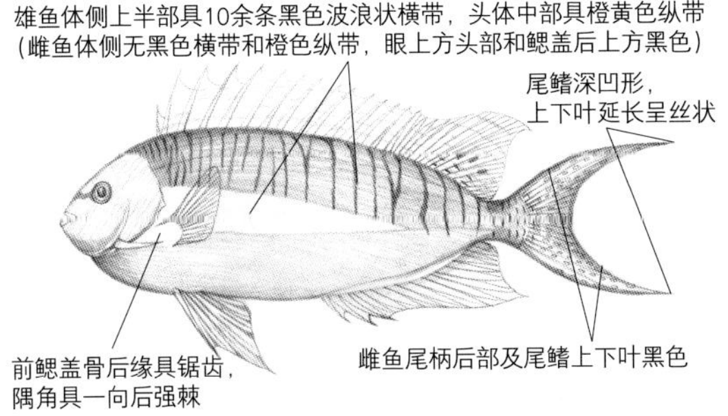

81. 半纹月蝶鱼 ***Genicanthus semifasciatus***

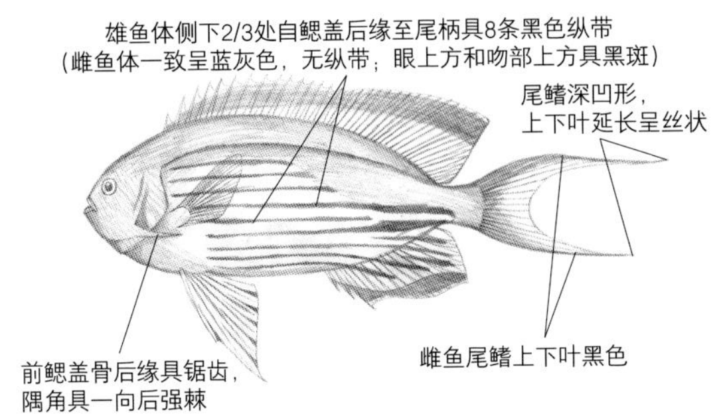

82. 渡边月蝶鱼 ***Genicanthus watanabei***

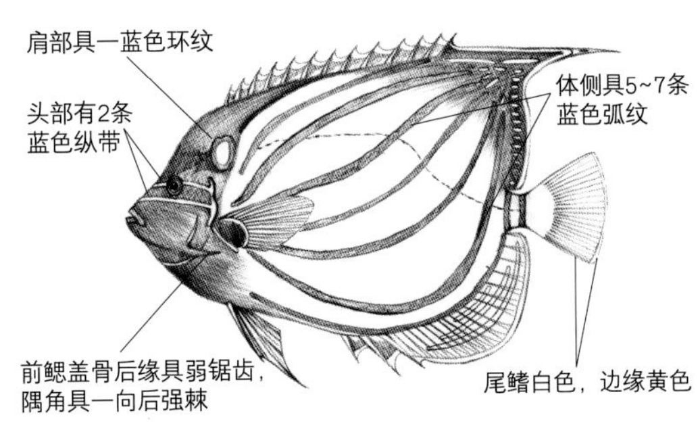

83. 环纹刺盖鱼 ***Pomacanthus annularis***

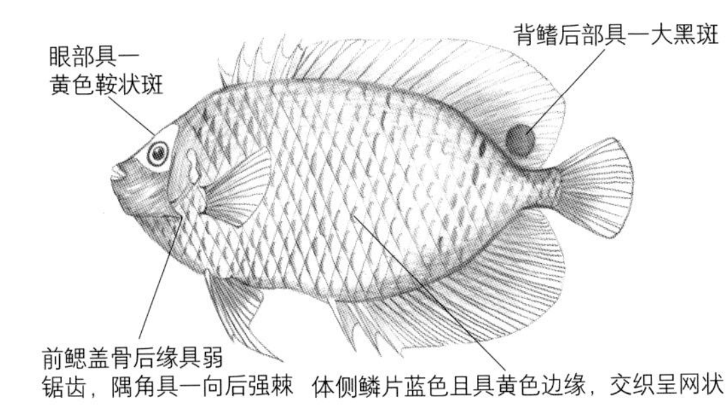

84. 黄颅刺盖鱼 ***Pomacanthus xanthometopon***

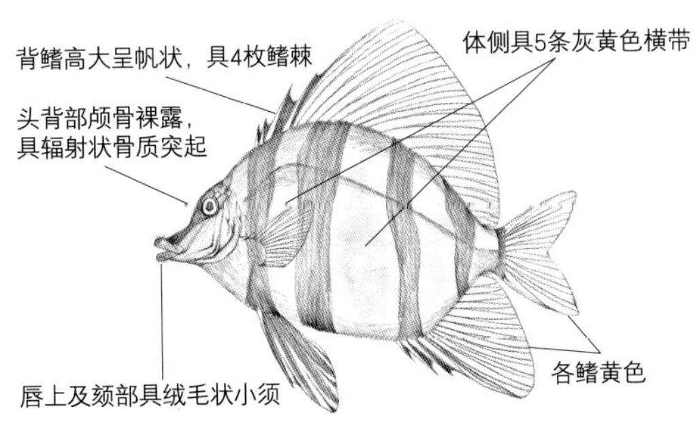

85. 尖吻棘鲷 ***Evistias acutirostris***

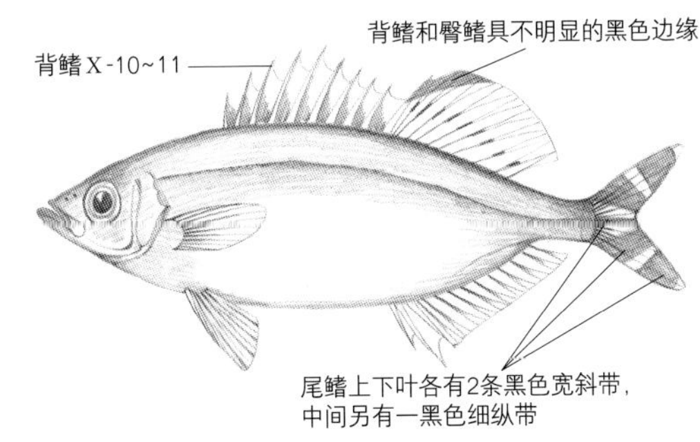

86. 鲻形汤鲤 ***Kuhlia mugil***

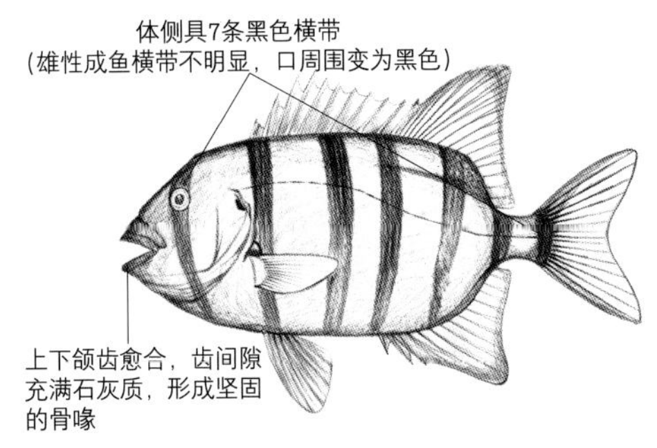

87. 条石鲷 ***Oplegnathus fasciatus***

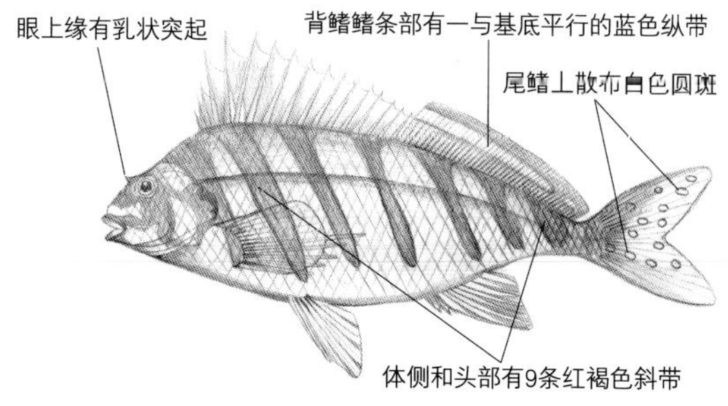

88. 花尾唇指䱵 *Cheilodactylus zonatus*

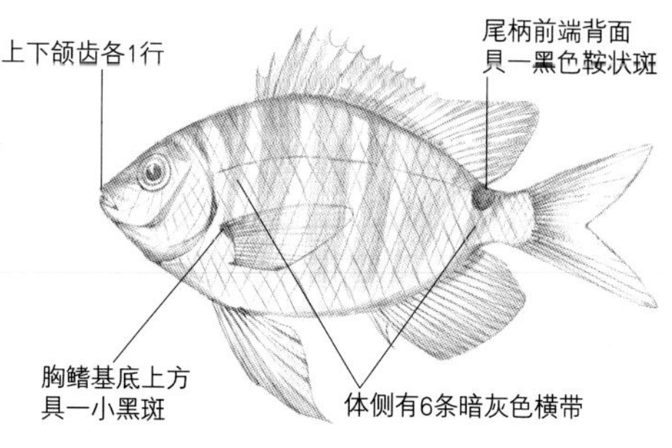

89. 豆娘鱼 *Abudefduf sordidus*

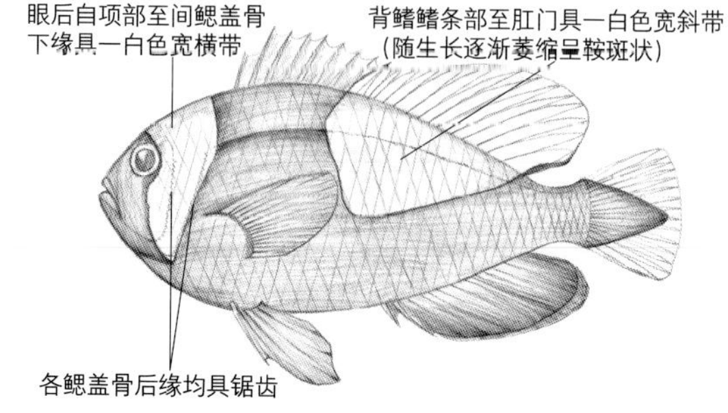

90. 鞍斑双锯鱼 *Amphiprion polymnus*

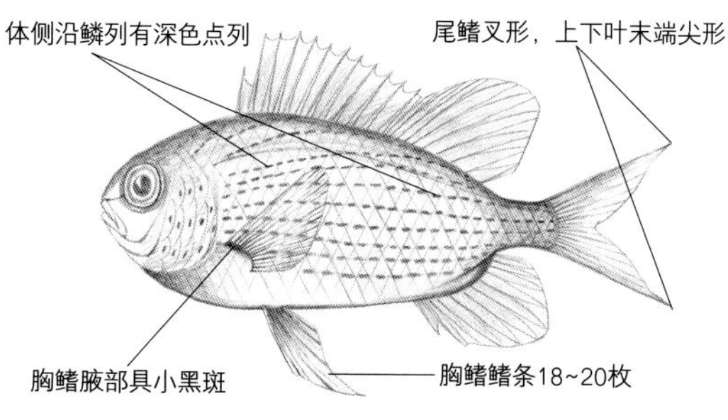

91. 绿光鳃鱼 *Chromis atripectoralis*

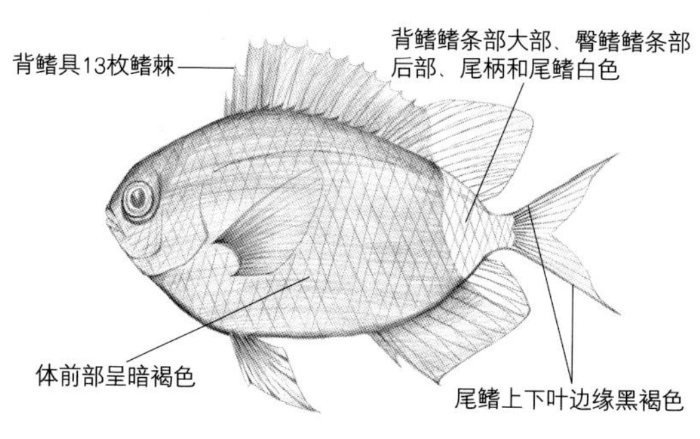

92. 长棘光鳃鱼 *Chromis chrysura*

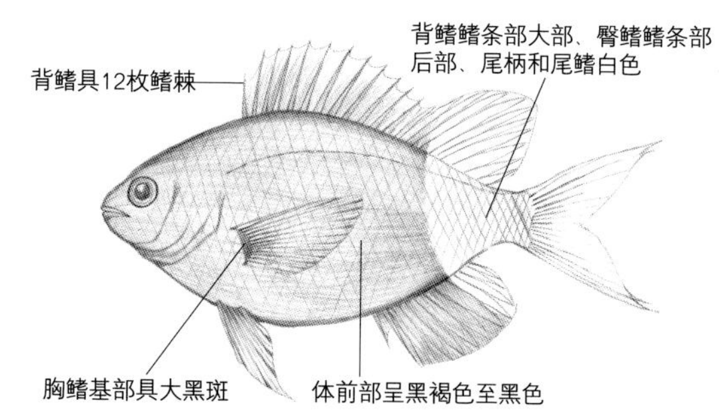

93. 双斑光鳃鱼 *Chromis margaritifer*

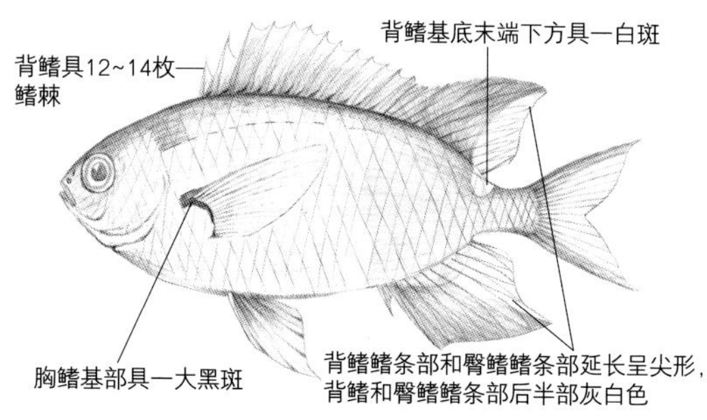

94. 尾斑光鳃鱼 *Chromis notata*

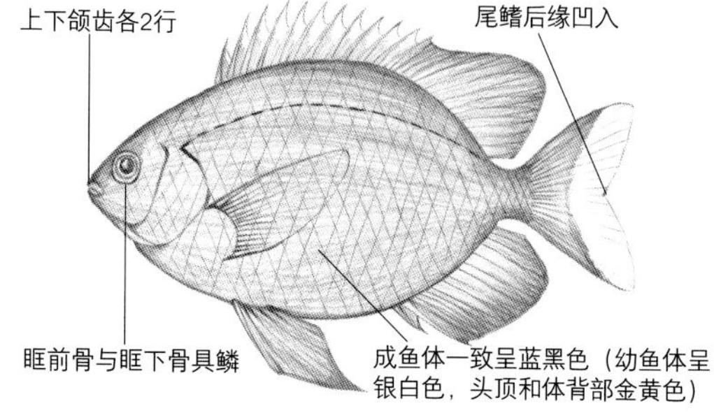

95. 黑新箭齿雀鲷 *Neoglyphidodon melas*

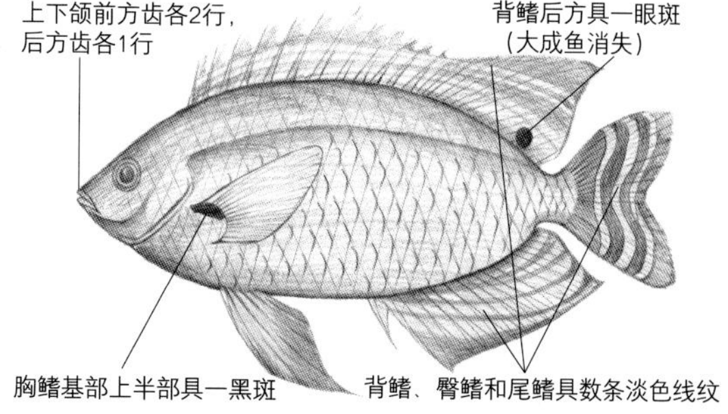

96. 长崎雀鲷 *Pomacentrus nagasakiensis*

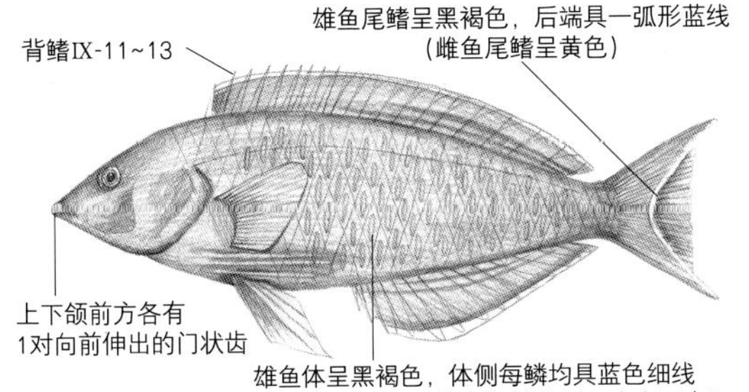

97. 黄尾阿南鱼 ***Anampses meleagrides***

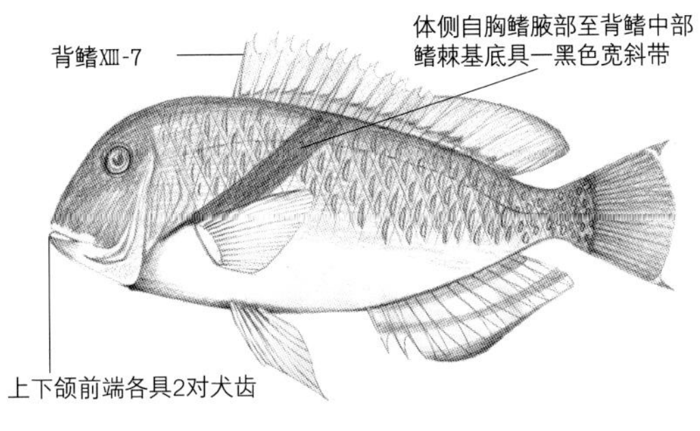

98. 蓝猪齿鱼 ***Choerodon azurio***

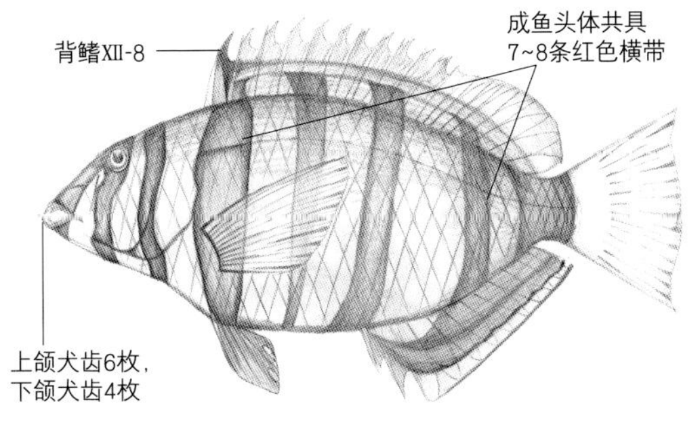

99. 七带猪齿鱼 ***Choerodon fasciatus***

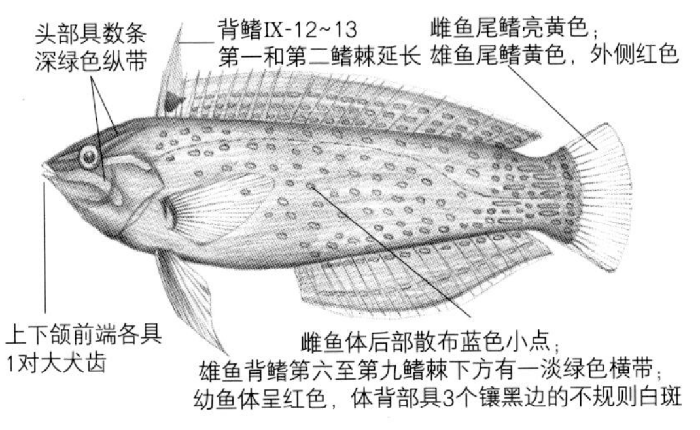

100. 露珠盔鱼 ***Coris gaimard***

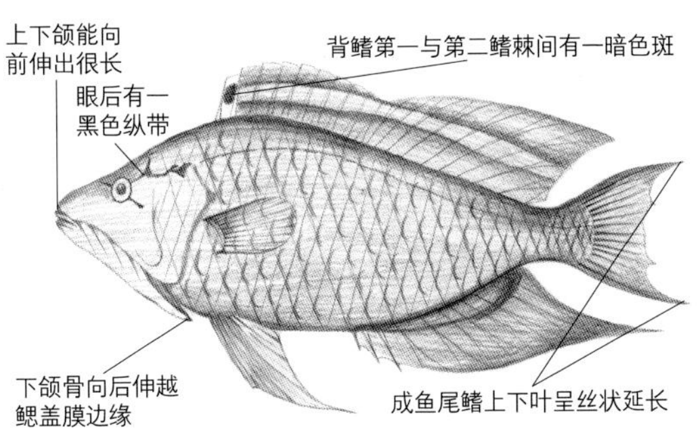

101. 伸口鱼 ***Epibulus insidiator***

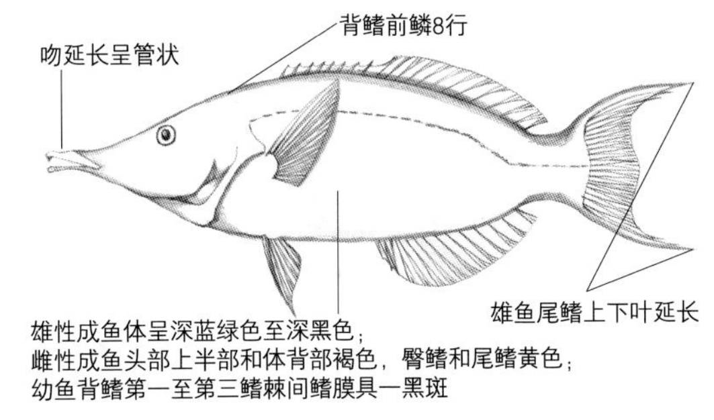

102. 雀尖嘴鱼 ***Gomphosus caeruleus***

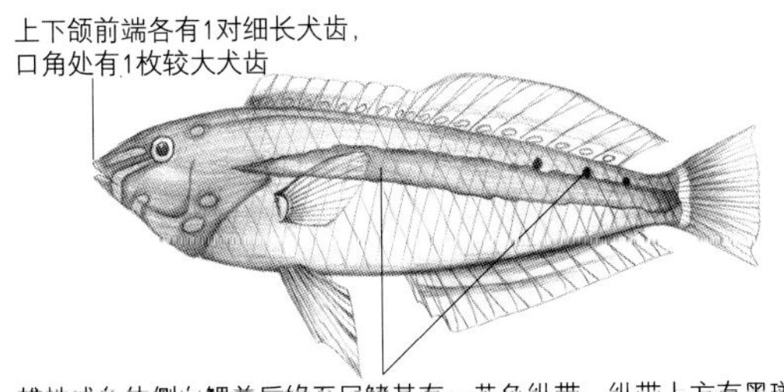

103. 哈氏海猪鱼 ***Halichoeres hartzfeldii***

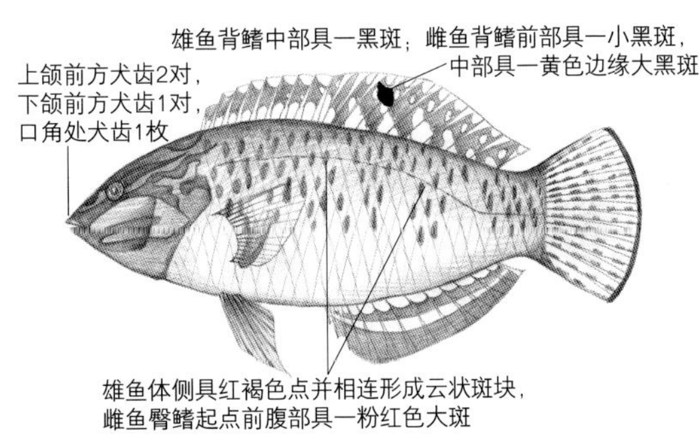

104. 斑点海猪鱼 ***Halichoeres margaritaceus***

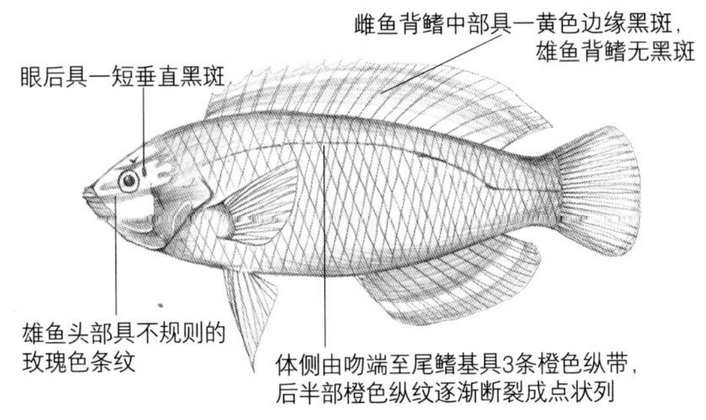

105. 饰妆海猪鱼 ***Halichoeres ornatissimus***

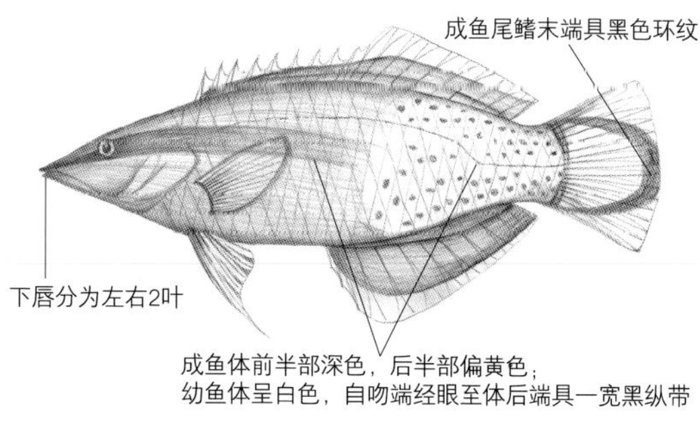

106. 双色裂唇鱼 ***Labroides bicolor***

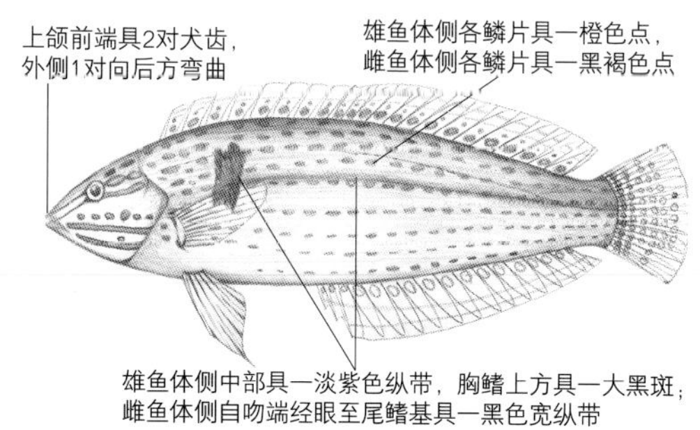

107. 花鳍副海猪鱼 ***Parajulis poecilepterus***

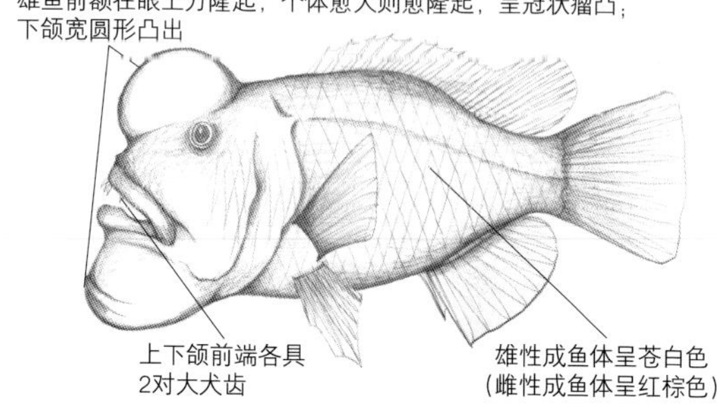

108. 金黄突额隆头鱼 ***Semicossyphus reticulatus***

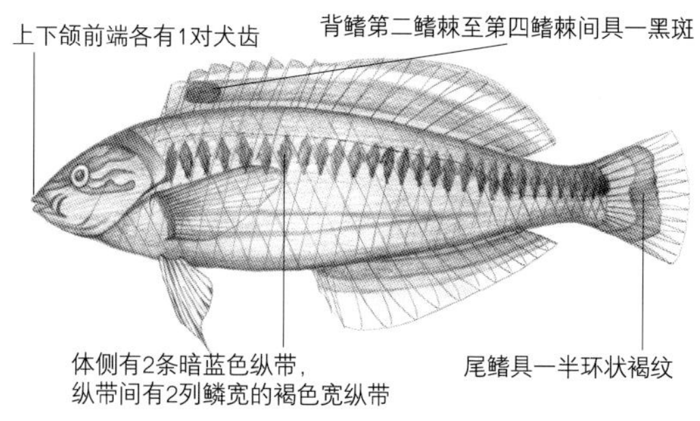

109. 环带锦鱼 ***Thalassoma cupido***

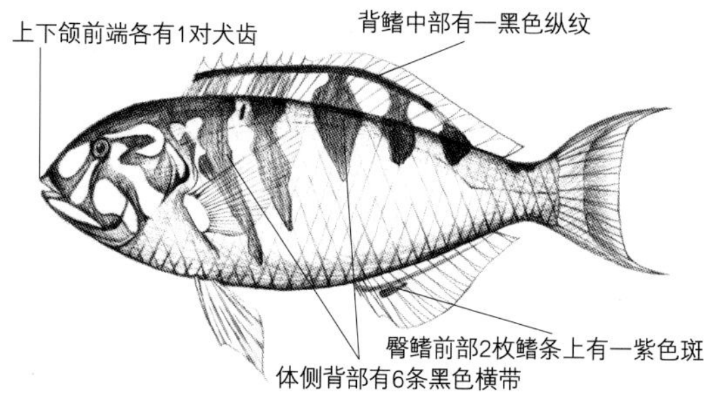

110. 鞍斑锦鱼 ***Thalassoma hardwicke***

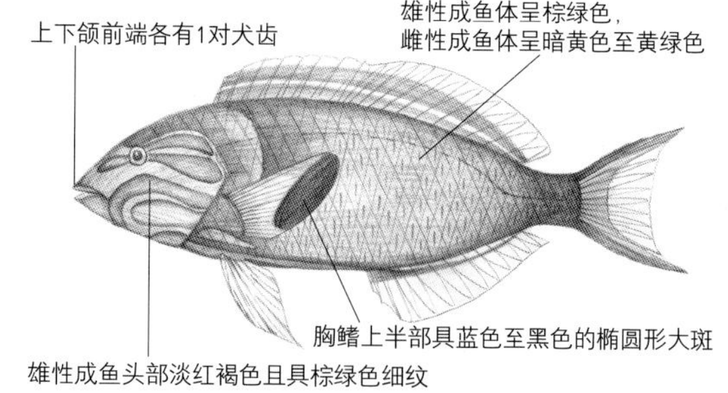

111. 胸斑锦鱼 ***Thalassoma lutescens***

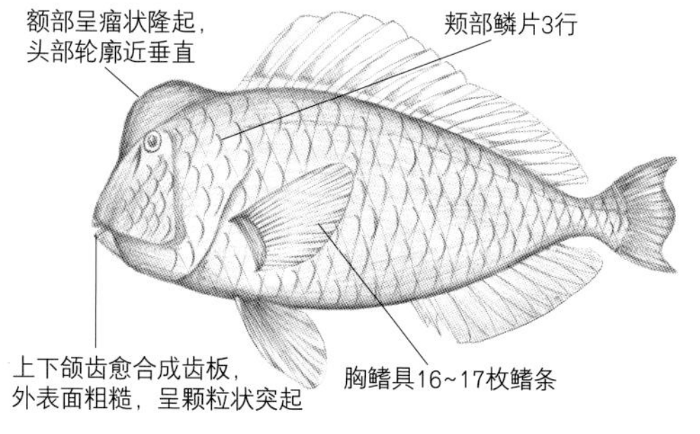

112. 驼峰大鹦嘴鱼 ***Bolbometopon muricatum***

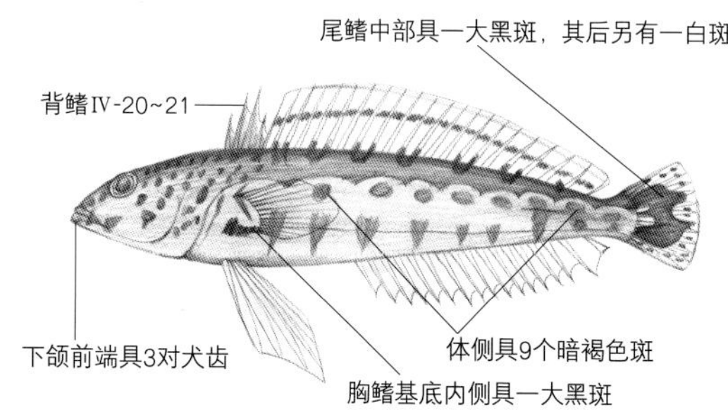

113. 雪点拟鲈 ***Parapercis millepunctata***

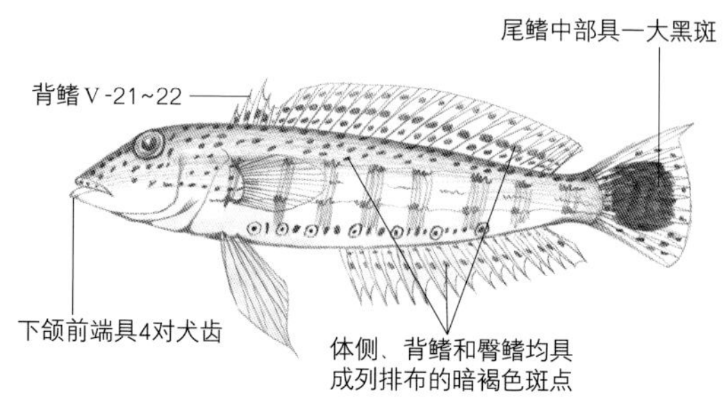

114. 太平洋拟鲈 ***Parapercis pacifica***

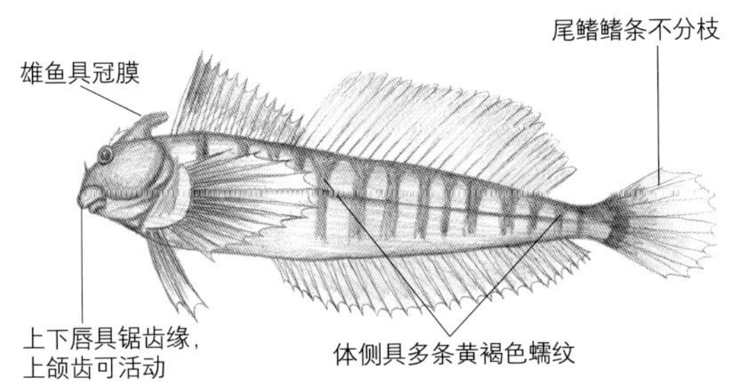

115. 高冠鳚 ***Alticus saliens***

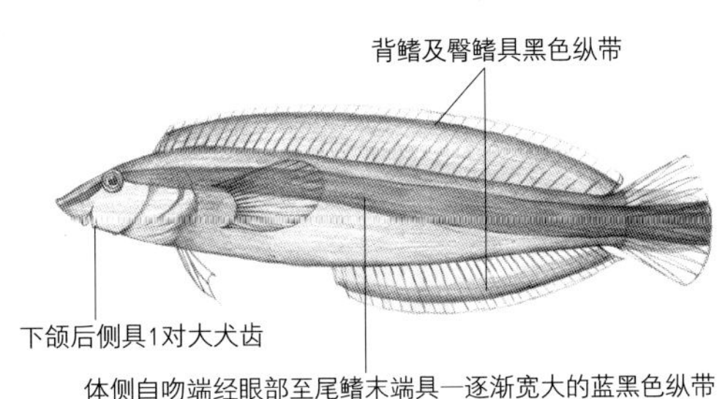

116. 纵带盾齿鳚 ***Aspidontus taeniatus***

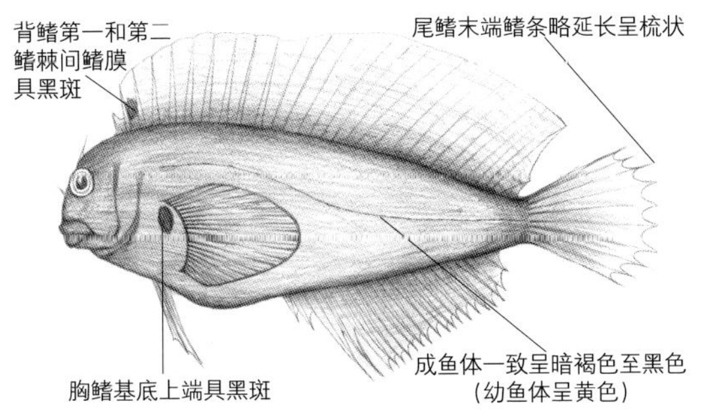

117. 全黑乌鳚 ***Atrosalarias holomelas***

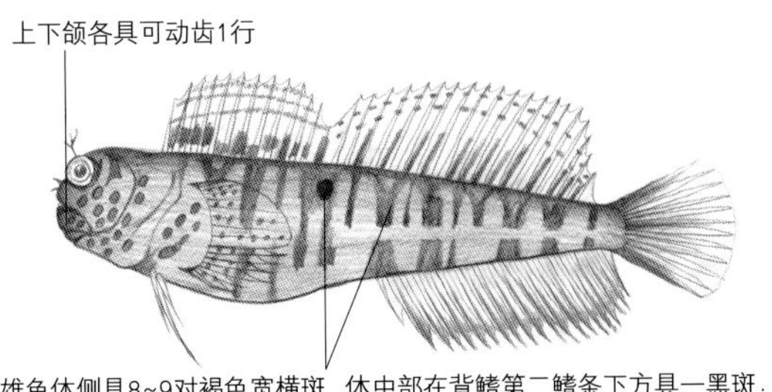

118. 红点真动齿鳚 ***Blenniella chrysospilos***

鼻须、眼上须和颈须均分支

上下颌各有
栉状齿1行，能活动

体侧有8对黑褐色横带

119. 细纹唇齿鳚 ***Salarias fasciatus***

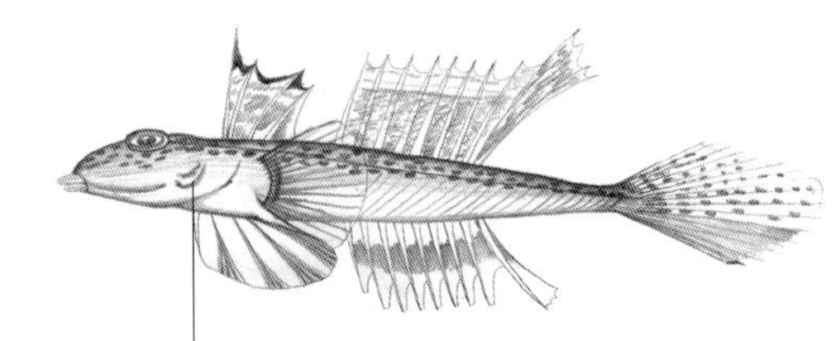

120. 弯角鰤 ***Callionymus curvicornis***

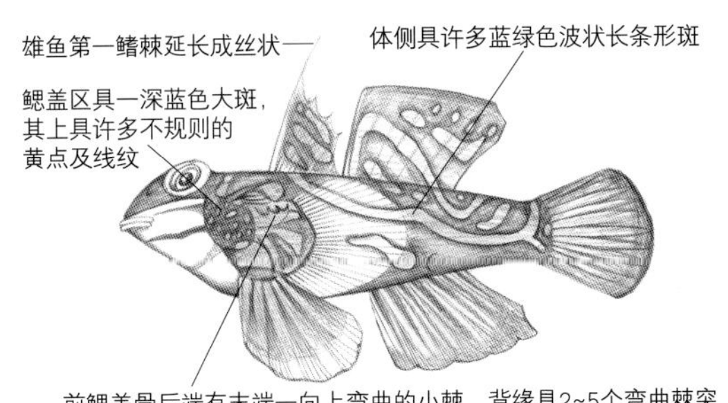

121. 花斑连鳍鰤 ***Synchiropus splendidus***

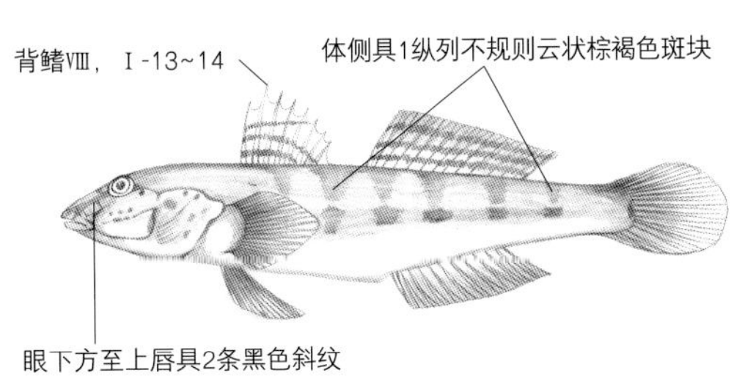

122. 黄鳍刺虾虎鱼 ***Acanthogobius flavimanus***

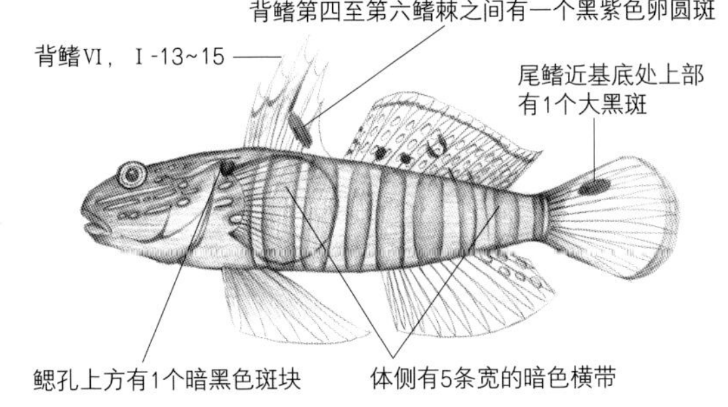

123. 尾斑钝虾虎鱼 ***Amblygobius phalaena***

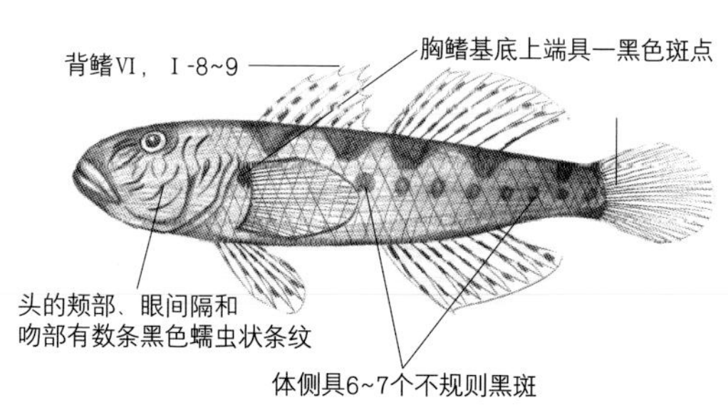

124. 子陵吻虾虎鱼 ***Rhinogobius giurinus***

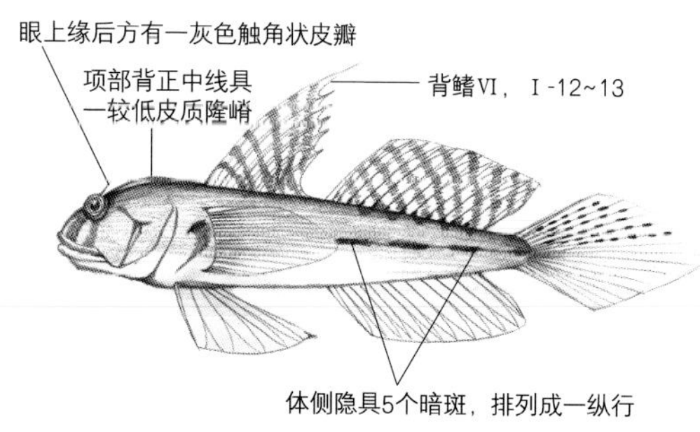

125. 眼瓣沟虾虎鱼 ***Oxyurichthys ophthalmonema***

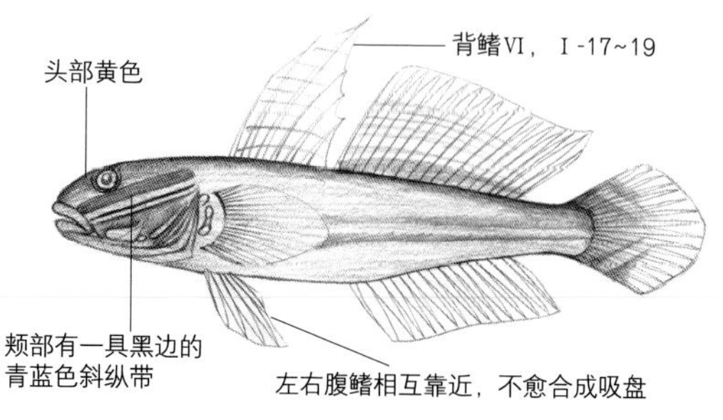

126. 丝条凡塘鳢 ***Valenciennea strigata***

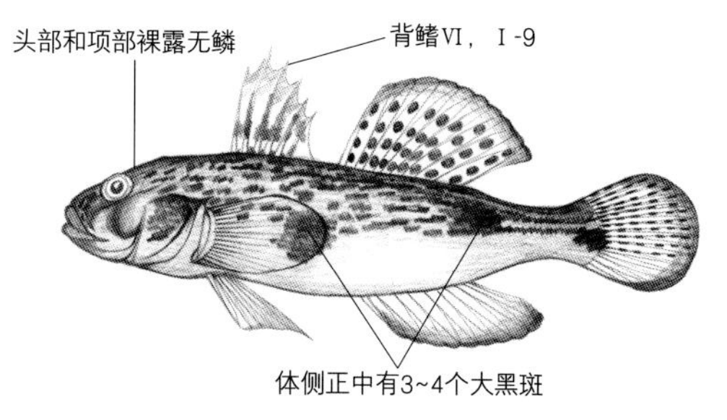

127. 云斑裸颊虾虎鱼 ***Yongeichthys nebulosus***

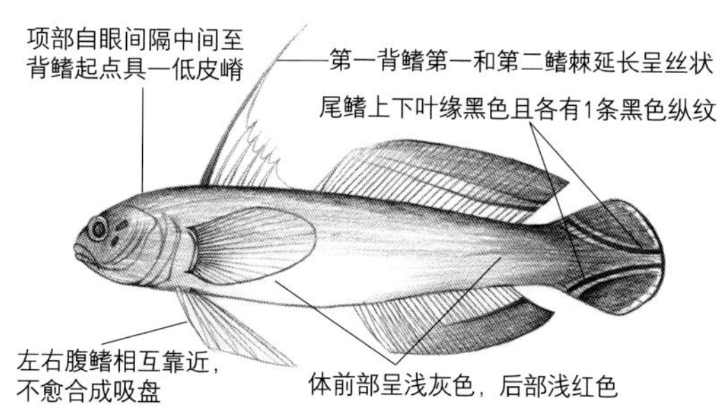

128. 大口线塘鳢 ***Nemateleotris magnifica***

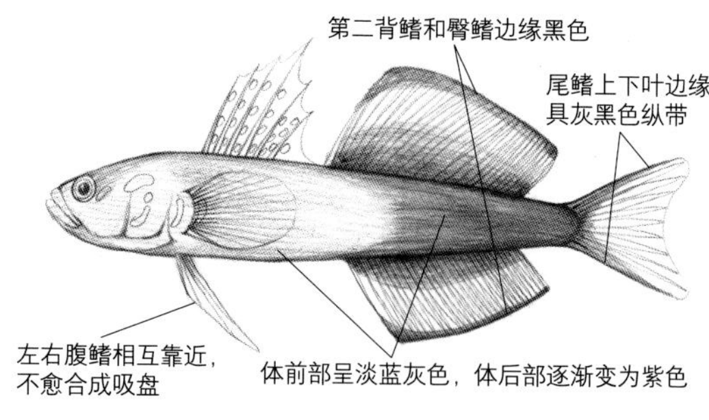

129. 黑尾鳍塘鳢 ***Ptereleotris evides***

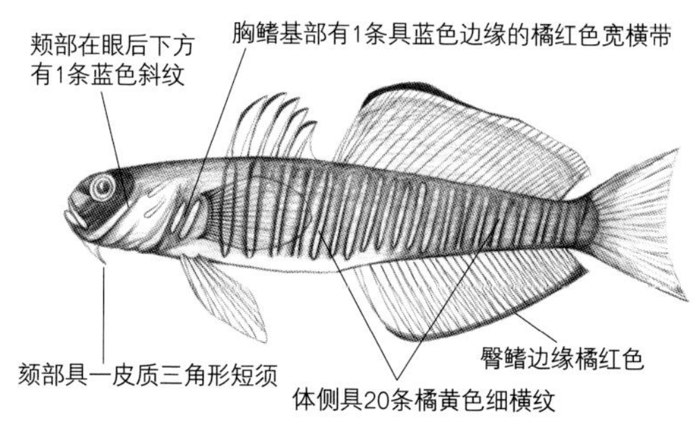

130. 斑马鳍塘鳢 ***Ptereleotris zebra***

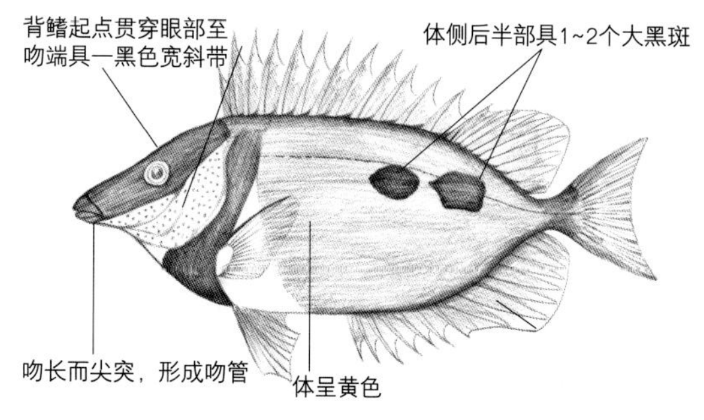

131. 单斑篮子鱼 ***Siganus unimaculatus***

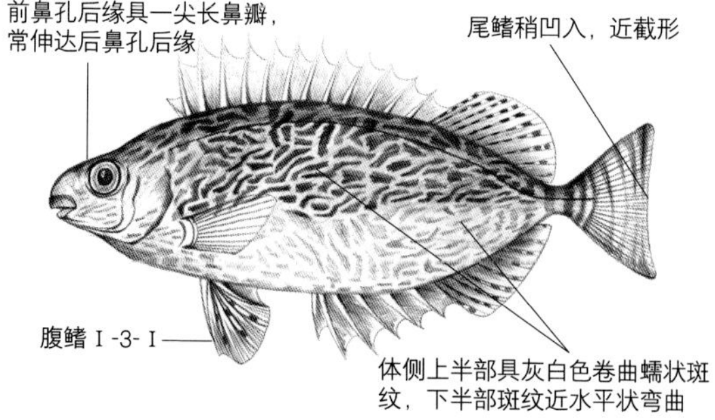

132. 刺篮子鱼 ***Siganus spinus***

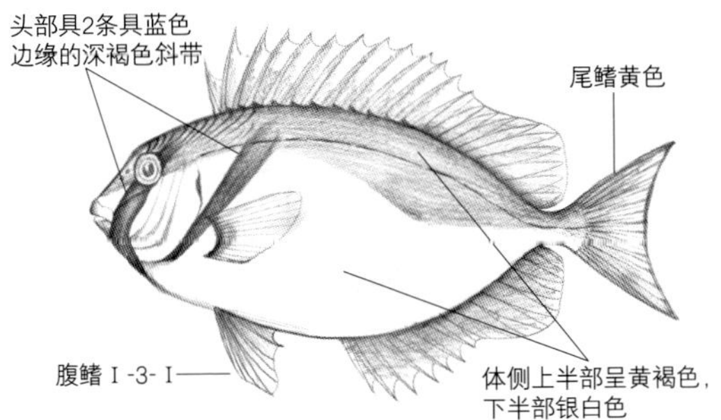

133. 蓝带篮子鱼 ***Siganus virgatus***

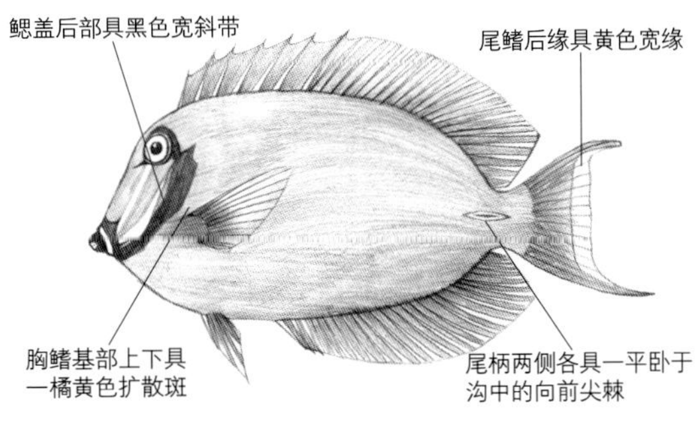

134. 黑鳃刺尾鱼 ***Acanthurus pyroferus***

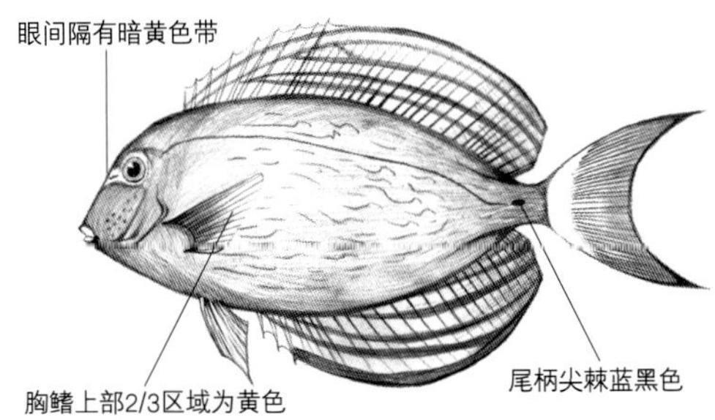

135. 黄鳍刺尾鱼 ***Acanthurus xanthopterus***

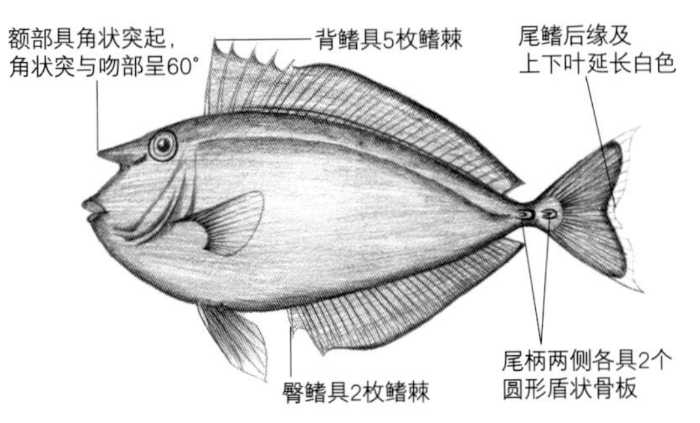

136. 突角鼻鱼 ***Naso annulatus***

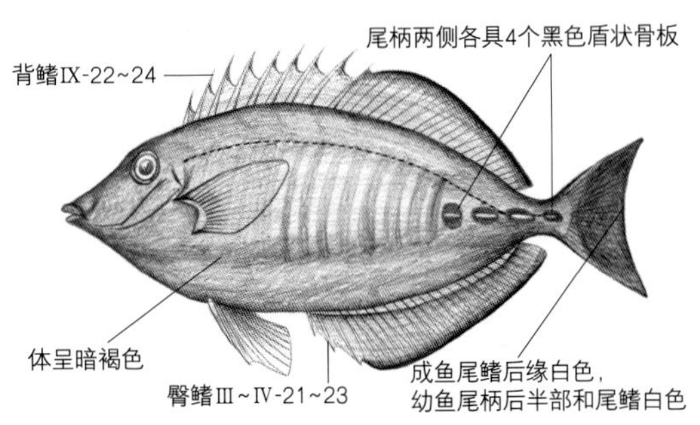

137. 三棘多板盾尾鱼 ***Prionurus scalprum***

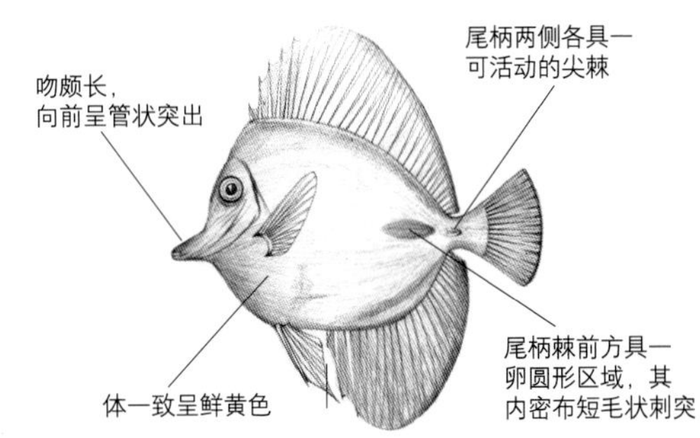

138. 黄高鳍刺尾鱼 ***Zebrasoma flavescens***

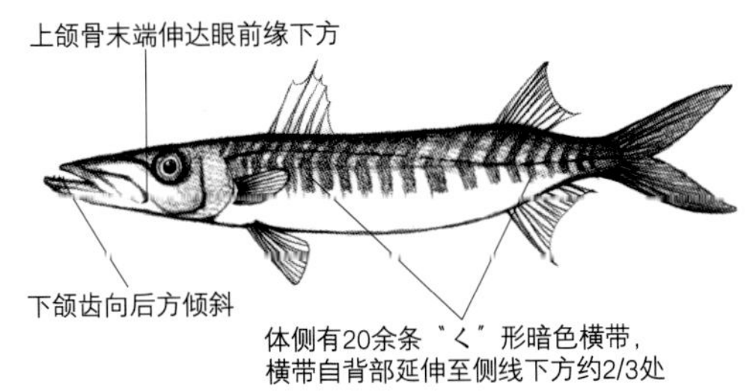

139. 倒牙魣 ***Sphyraena putnamae***

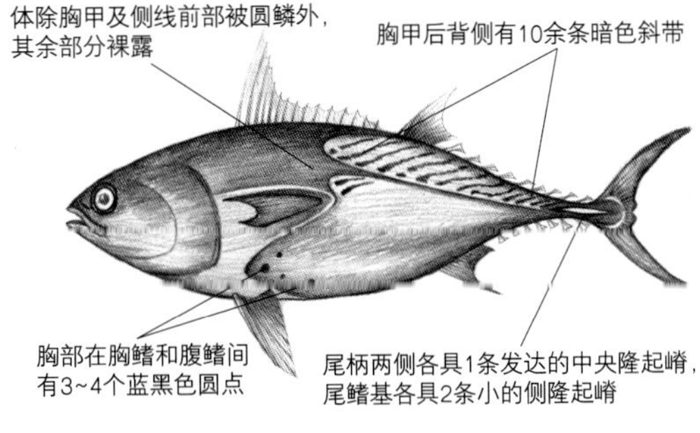

140. 巴鲣 ***Euthynnus affinis***

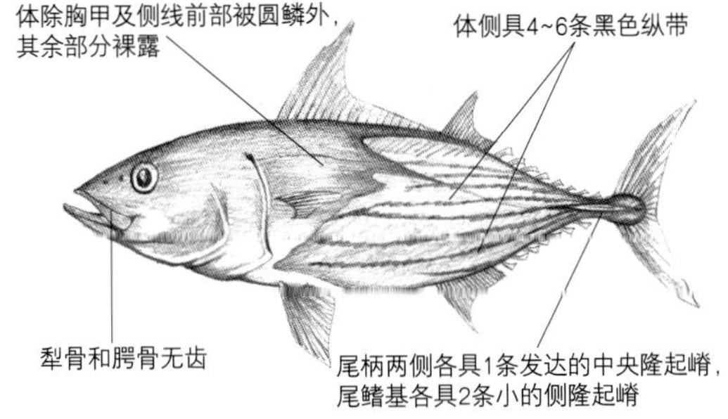

141. 鲣 ***Katsuwonus pelamis***

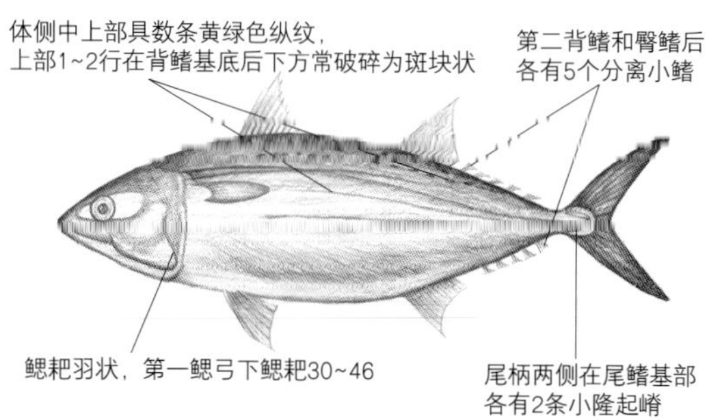

142. 羽鳃鲐 ***Rastrelliger kanagurta***

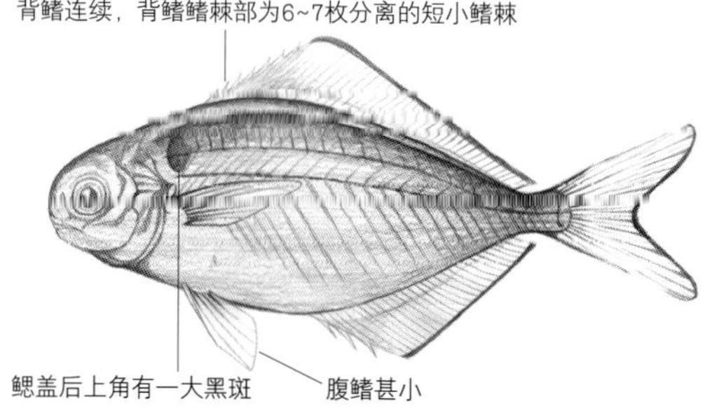

143. 刺鲳 ***Psenopsis anomala***

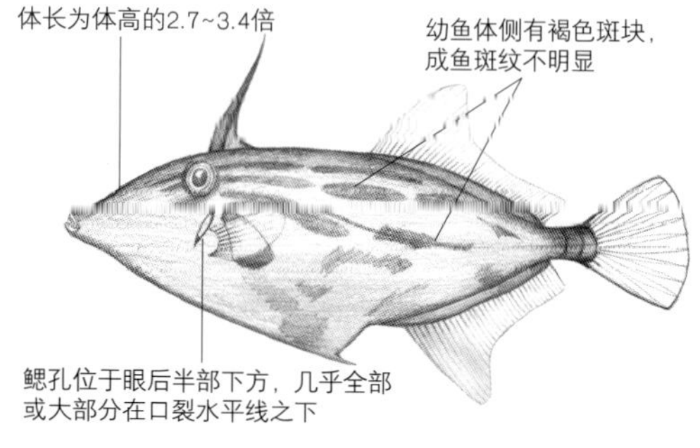

144. 马面鲀 ***Thamnaconus modestus***

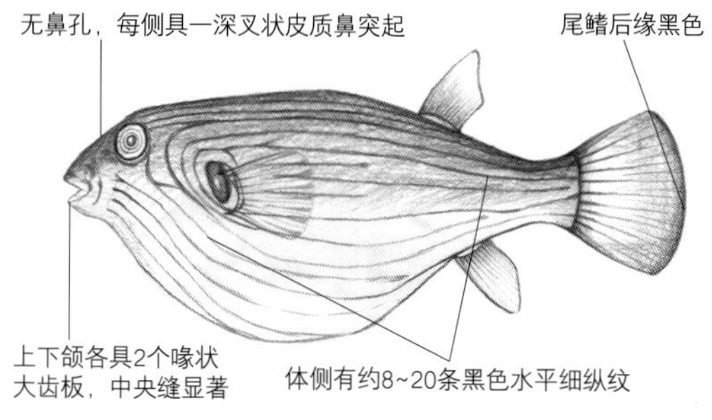

145. 菲律宾叉鼻鲀 ***Arothron manilensis***

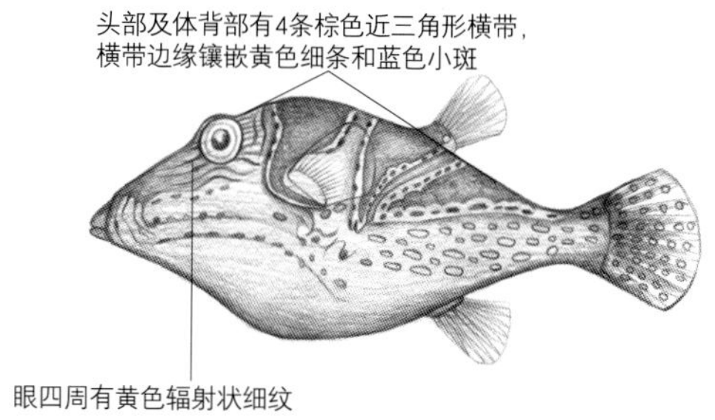

146. 轴扁背鲀 ***Canthigaster axiologus***

147. 横带扁背鲀 ***Canthigaster valentini***

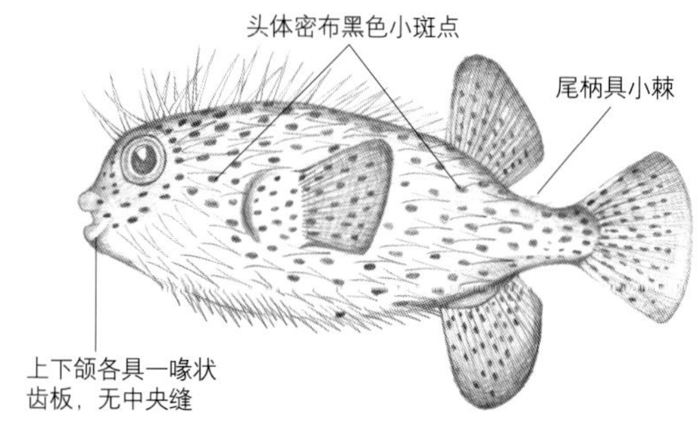

148. 密斑刺鲀 ***Diodon hystrix***

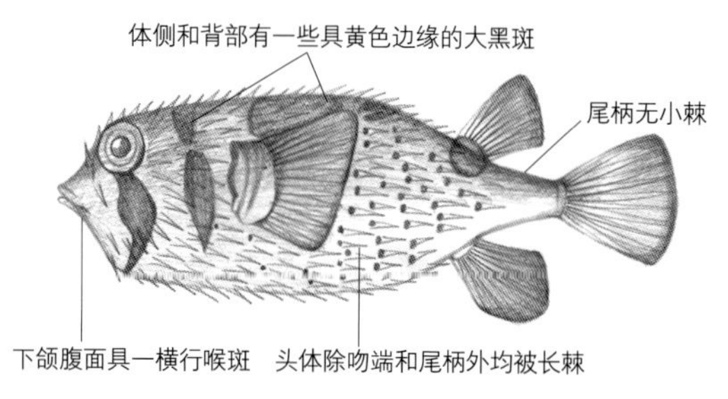

149. 大斑刺鲀 ***Diodon liturosus***

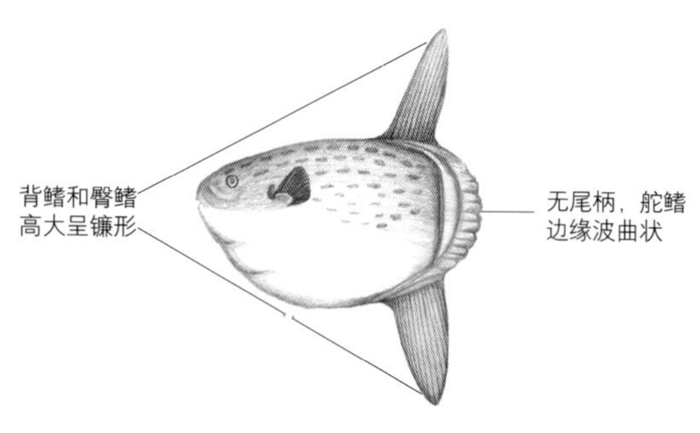

150. 翻车鲀 ***Mola mola***

作者简介

庄平，男，理学博士，二级研究员，博士研究生导师，长期从事鱼类资源保护和河口海湾生态学研究。“新世纪百千万人才工程”国家级人选，享受国务院政府特殊津贴，获得农业部“有突出贡献的中青年专家”“上海领军人才”“上海市五一劳动奖章”等荣誉称号。获得国家和省部级科技奖励多项。现任农业农村部东海与长江口渔业资源环境科学观测试验站主任，上海长江口渔业资源增殖和生态修复工程技术研究中心主任；曾任中国水产科学研究院东海水产研究所所长。